「從穿戴運動健康到元宇宙,個人化的AIoT數位轉型」

PREFACE

推薦序

和裴有恆理事長熟稔是我在 2020 年 5 月離開國發會之後，我們有更多的機會就台灣中小企業的數位轉型及人工智慧、數據經濟對未來產業發展的契機與挑戰進行交流。之後，我成立台灣地方創生基金會後，裴理事長也關注 AI 在地方創生推動上的可能性，並邀我做了一場分享。我知道他是數位轉型的業師，也是 AIoT 的倡議者，除了實務上對企業診斷，讓知名的無數中小企業成功轉型外，他也擔任相關協會的理事長，並著有許多數位轉型教戰聖經的書籍，是一位理論與實務兼備的數位經濟推動者，非常令人佩服。

元宇宙概念的興起雖然與 Covid-19 疫情沒有絕對直接的關聯，是數位時代要從 web 1.0 往 web 3.0 進化的必然且不可逆的趨勢，然而卻因為疫情及 Facebook 母公司的改名為 Meta 而推升了元宇宙的被關注度成為過去一年最夯且吸睛的議題。

談到元宇宙就得再回到區塊鏈這個在繼網際網路物聯網之後最重要的一個技術，可能帶動未來 20 年、30 年科技發展的引擎，極大機會可以改變人類的生活方式、消費習慣與商業模式。不但可以創造新商機、新機會，甚至可以創造無限可能的跨領域運用，包括第一部門的數位治理、第二部門的創新營運模式，及第三部門公益見證信任機器，結合元宇宙給 30 歲以下的年輕人帶來實現夢想的機會，因為，這個族群將成為元宇宙的創造者。

台灣區塊鏈大聯盟成立於 2019 年 7 月，是台灣第一個產官學研連結的大平台，我們透過法規調適、應用推廣、國際發展及產學應用各組的合作分工，已成功的做為政府與業者間解決面臨困難的橋樑，更進而與企業界合作培訓人才及和國際組織鏈結，讓台灣在以區塊鏈為基礎的各項研究與發展，都有相當的能見度，新創企業更是嶄露頭角，獲得國際創投的青睞，讓我們看到一個美好的機會時刻。

裴有恆理事長從 1999 年就開始接觸 3D VR，2000 年到 2002 年在台灣大哥大工作，因此對 5G 行動通訊相關作法與應用一直保持關切。2018 年和朋友合作，一起參加衛福部與臺北醫學大學合辦之 2018 TMU 醫療健康區塊鏈黑客松，榮獲第一名。在神達電腦工作期間更協助神達智慧手環產品獲得 ISO13485 醫療器材認證，特別是結合了國內深耕智慧型紡織品多年的台灣智慧型紡織品協會沈乾龍秘書長，兩人合作，結合彼此專長，才能完成這本新書。

從本書中的內容，可以看到作者想要幫助大眾了解在數位轉型的浪潮下，人人都會被影響，無論是在穿戴運動健康，或是現代數位科技發展在未來整合的元宇宙上，這樣的用心讓這本書非常值得推荐給大家。

陳美伶

台灣區塊鏈大聯盟總召集人

2022.08.15

PREFACE

推薦序

雖全球仍面臨疫情，但臺灣紡織產業在擁有強韌的產業生態鏈下，反而促使臺灣產業更升級轉型，朝向高階及智慧紡織品發展，同時結合 AI、數位化與大數據等新興科技於生產製程，使產業更智慧與更永續，讓臺灣成為全球紡織價值鏈與經濟體系的關鍵夥伴。

紡織所每年透過舉辦「紡織科技國際論壇暨研發成果展」，以創造臺灣紡織產業的多元創新局面及獨特價值，2022 年主題設定為「高階永續、數位創價」，邀請產、學、研各界代表機構專家分享未來臺灣產業發展策略與精實方案。其中，「數位創新」議題即透過深耕數位及 AI 科技落地產業應用及智慧製造數位創新與轉型應用；「智慧紡織」則從後疫情時代探討智慧醫療新視野及全球智慧型紡織品的新契機與挖掘跨業研發智慧機能穿戴紡織品。

全球數位健康（Digital Health）市場將持續快速成長，整體市場營收可望從 2019 年的 1,470 億美元成長至 2023 年超越 2,200 億美元（Frost & Sullivan 推估）。數位健康面向涵蓋: 行動健康、健康資訊科技、穿戴式科技、遠距治療及精準醫療等等。隨著 5G、物聯網、雲端技術與人工智慧等科技趨於成熟，最貼近人與生活的最佳穿戴載具「智慧型紡織品」成為未來最重要的人與生活資訊的來源，紡織所因應差異化、轉型、以及市場需求，積極投入智慧型紡織品，朝向友善人機、精準量化、舒適體驗、多工載具等方向發展。

非常高興看到這本書的出版，除了詳細介紹全球各種嶄新的穿戴運動健康裝置到智慧醫療應用，透過生動的企業訪談的方式介紹了台灣智慧紡織的企業能量，同時由個人健康串接到元宇宙的應用，讓我們有一個完整的概念與構想，值得一看。

李貴琪
紡織產業綜合研究所 所長

PREFACE

推薦序

新冠肺炎改變了人們的生活型態與帶動宅經濟的興起，各種新興科技包含：物聯網、人工智慧、5G、VR/AR 等蓬勃發展，也為產業帶來新發展的機會與契機。敝人自 2018 年始擔任台灣智慧型紡織品協會（tsta）理事長至今，積極推動智慧型紡織品的發展，透過跨領域技術及產品創新提升紡織品的附加價值，推廣產品檢測標準與產業規範，以及積極以台灣智慧型紡織品形象連結企業推廣與增加國際交流。

台灣紡織、資通訊以及醫療在全球的地位都是一級棒的，透過跨域整合開創台灣的新格局是敝人的志願與推動方向。因此，2021 年敝人接任第二屆台灣智慧型紡織品協會理事長，因應運動科技與智慧醫療新興市場發展趨勢，成立「運動休閒委員會」與「健康照護委員會」，加速國內供應鏈的整合與協作，期許加速台灣自主利基產品的上市。

由於現有智慧科技訊息層出不窮，急需有人可以透過系統式整理，引領跨域新鮮人快速掌握智慧科技發展趨勢。非常高興促成本書的出版，除了詳細介紹全球各種嶄新的運動科技與智慧醫療相關可穿戴裝置、VR/AR 裝置、智慧衣產品與技術，透過各種專題的介紹讓我們可以一窺時下最流行的元宇宙與宅經濟的發展趨勢，值得推薦一看。

林瑞岳

南緯實業董事長

台灣智慧型紡織品協會理事長

PREFACE

推薦序

近幾年來，由於科技的進步、5G 的普及化，再加上疫情的影響，衍生出許多創新的科技應用，而這些嶄新的技術名詞常讓人眼花撩亂，包含物聯網、大數據、人工智慧、AR/VR、機器人、區塊鏈、虛擬貨幣、自駕技術、量子計算…，也包含當下非常受關注的元宇宙議題，常常尚未搞懂一個新技術的內涵與實際商業應用情境，又誕生了一個引起熱烈討論的新技術。

然而，任何的新創科技與商業模式，不能只盲目追逐經濟上的利益，最終都應該以增進人類的福祉為目標，解決人類與社會所面臨的困境、提升生活的品質，並降低或消除對地球環境的負面影響。

而在這些新興科技的浪潮中，紡織成衣產業也必須能與時俱進，善用這些新創的科技改善企業的體質，並實踐 ESG 的責任目標。而在這些創新技術與產品的實踐上，紡織科技也扮演了相當重要的角色，尤其在智慧紡織的材料也有相當突破性的發展，非常適合跨業間的策略合作，讓這些終端的產品可以更融入人們的日常生活。

非常高興看到這本專書的出版，除了詳細介紹全球各種嶄新的科技健身、智慧醫療等產品與技術，也介紹了台灣智慧紡織的能量，而元宇宙的專題更讓我們可以一窺虛擬經濟的世界，值得一看。

周理平

聚陽實業董事長

PREFACE

推薦序

我在二代大學或其他受邀演講的活動中，不斷強調數位轉型的重要性，在面對無常變化中美貿易戰開展後的經濟環境與後疫情世界的到臨，只有數位轉型得以生存。而數位轉型，不只是在各個產業上，也在每個人的身上發生。

2021 年台灣代表隊在東京奧運的優異成績，讓大家更重視運動，而相關的運動科技發展也開始受到重視。加上隨著少子化與老年化的大趨勢，以穿戴式裝置監控與維護健康也成了重點，特別是在疫情來臨之後，大眾較疫情前更重視健康維護。而疫情期間，因為出外娛樂變得奢侈，所以在家玩線上互動遊戲變成顯學，而 3D 化的虛擬世界，可以創造較好的體驗，特別是戴上 AR/VR 眼鏡之後，深層的沉浸感讓體驗更佳。加上最近 NFT 的熱潮，讓元宇宙議題發酵，2021 年也被稱為元宇宙元年。而運動健康與元宇宙都是針對個人的數位轉型，在新冠肺炎疫情後受到重視。

此書由中華亞太智慧物聯發展協會理事長裴有恆，與台灣智慧型紡織品協會秘書長沈乾龍合作著作，將兩人的專業結合，好讓大家了解個人化數位轉型的最新趨勢，將智慧健康、運動科技與元宇宙這幾項在 2021 年起受到注目的主題結合，讓大家了解數位轉型的這個層面。

此書舉了很多例子，包括世界各國發展案例，也訪談台灣智慧型紡織品協會理事長及成員，讓讀者了解原來台灣智慧型紡織品已經達到世界頂尖水準。以及訪談了跟元宇宙有關的台灣代表性廠商、因為元宇宙的各個層面仍為發展初期，需要很多想像力，而在其中的被訪談的各家公司提供自己已經做到的部分，加上對未來的展望，讓讀者可以依此拼出未來元宇宙發展的可能方向。

正如科幻小說家威廉‧吉布森的名言：「未來已來，只是分佈不均。」穿戴運動健康是個人化數位轉型的現在進行式，而元宇宙是所有現有數位科技進展整合後的未來發展，這兩個都跟 AIoT 數位轉型有非常大的關係，透過兩位作者的用心整理，讓我們可以在未來普及前，先能了解其可能樣貌，並加以思考應用，甚至可能掌握所因應的新商機。

李紹唐

二代大學校長

中華亞太智慧物聯發展協會榮譽顧問

PREFACE

推薦序

讓人類生理與心理都更美好的未來，是企業數位轉型中要掌握的核心理念

收到裴有恆老師新書的書稿，著實有點納悶，因為一般來說如果談論到數位轉型，其實是相當企業營運導向的主題，但是為什麼會跟「個人化」有關呢？快速地翻閱一下，才終於明白，原來裴老師看到的是一個更個人化的時代，而這樣的時代因為有「穿戴裝置」以及「元宇宙」的兩種技術日益成熟，而得以實現，這既是趨勢，也就是未來的商機，就算企業自己不打算轉型，市場也會逼著企業開始轉型。

在拜讀完整本書籍之後，我想這本書對兩大主軸論述是相當清晰而明確的，但身為一位讀者，也透過另一個作者所沒有提到的角度來闡釋，希望能帶給大家更多啟發。

書中第一部分提到了「穿戴裝置」，從 Apple Watch 到各種裝上感測器的手套、內褲與鞋墊，很多人可能還無法理解為什麼要把這些看起來很科幻的東西穿在身上？但簡單來說就是更智慧化的監測與維持我們的生理健康，例如智慧鞋墊可以大幅降低糖尿病患者截肢的風險，也可用於監控並加強單車活動的表現。

這樣的發展，會跟哪些產業有關呢？醫療產業絕對是其中要角，但從書中的內容就可以發現，過去台灣很強的紡織業，其實在穿戴裝置的發展過程中，也會扮演非常關鍵的角色。簡單來說，穿戴裝置追求的，是個人身體與生理上更美好的未來，這必然有相當大的商機蘊含在其中。第 4 章整理了 38 種世界各國目前穿戴裝置的產品實例，我相信一定可以帶給你許多啟發：原來技術還可以這樣用！

書中第二部分提到了元宇宙，這是一個比穿戴裝置更新的領域，甚至還無法從字面上了解其意涵，那就更別提要去想像這新穎的產業能帶來什麼商機了。不過，簡單來說，就是一個讓我們的生活更虛擬化的改變過程，因為疫情的影響，許多人已經體驗過了遠距辦公，但在元宇宙的時代，你不只是遠距辦公、遠距開會、遠距交友，而是現在能遠距做到的，都虛擬化了，你會加入好幾個「宇宙」，在 A 宇宙生活，在 B 宇宙工作，在 C 宇宙娛樂，全都是虛擬的，透過區塊鏈技術，即便是數位資產也獨一無二、不可複製，於是連虛擬土地都可以交易。

換句話說，我們用科技幫人類創造出新世界，正等待人類去拓荒開墾，但是我們可以在新的虛擬世界有新的身份、新的識別，現實生活中也許失意，但虛擬世界中可能是領袖人物，人類可以進行揮灑自己的創意，創作再也沒有實體的限制。元宇宙發展過程中所追求的，是個人心理與精神上更美好的未來，這同樣必然有相當大的商機蘊含在其中。第 8 章整理了 29 個世界各國目前浮上檯面的元宇宙組織，我相信一定可以帶給你許多啟發：原來未來可能長成這樣！

想要掌握時代的紅利，你就不能不去理解未來的模樣，這本書未必能帶給你正確的標準答案，但是作者資深的經驗與深入的觀察，所整理出來的案例與專業論述，一定可以帶給你現在沒有的啟發。然後，拿起鏟子，開始挖自己的金礦吧！只要你是一位未來創造者，這本書就是你的賺錢秘笈。

李柏鋒

Inside 主編

PREFACE

作者序

這本書是我的第七本書，從六年前，我出版了《改變世界的力量 台灣物聯網大商機》開始，我每年出版一本跟 IoT 以及 AIoT 有關的書，最近三本是 AIoT 數位轉型的書。而從疫情期間到現在，數位轉型已經成為大家都熟知的概念，企業有意願開始導入數位轉型的數目也大大增加，光看去年的智慧製造展的參展家數是前年的同類展覽約兩倍得知。而跟做 AIoT 數位轉型的新創朋友聊天時得知，以前要花很多時間對客戶做數位轉型工具的解釋，現在客戶則直接問到這個產品/服務能帶來多少好處，可見新冠肺炎疫情期間，透過大量使用線上會議、玩線上遊戲以及外送等數位服務，大家的數位意識也大大強化，認知道使用數位工具的確能大大增加效率。

因為 2021 年底的週一我在「數位轉型脫口秀」直播時訪談了台灣智慧型紡織品協會的沈乾龍秘書長，因此討論到可以一起出元宇宙書籍的想法，就在 2022 年過完年之後做了一起出書的決定。剛好 2021 年是台灣的「運動科技元年」與全球的「元宇宙元年」，而於是書的主要內容就決定是沈秘書長專長的智慧型紡織品在運動健康上，以及元宇宙的主題上，而這些都是以強化個人的體驗為核心。

我從 1999 年就在甲尚科技參與過 3D/VR 專案，後來更是在跟我的 NPDP 學生也是 VR 專家陳歆筠（原名陳冠伶）一起出《改變世界的力量 台灣物聯網大商機》書時，從她那了解到相關技術的細節。西元 2000 年到 2002 年我在台灣大哥大工作，見證了 3G 移動通訊導入，也因此自己也對之後 4G、5G 一直保持關心，研讀了許多相關資料與參加了很多相關的研討會。對於區塊鏈，從 2018 年帶領團隊參加衛福部與臺北醫學大學合辦之 2018 TMU 醫療健康區塊鏈黑客松，榮獲第一名之後，對區塊鏈在元宇宙的底層運作，以及演化出的 DeFi、NFT，也保持相關了解。加上自己本來就熟悉的 AIoT 相關技術，這些剛好是元宇宙的技術核心。加上台灣本土並沒有整合這些層面的元宇宙書籍，這也促成了我寫本書這個部分的主要動機。

其實元宇宙現在其實才剛剛開始，未來會成為怎麼樣的面貌，其實很難百分之百的正確想像，大部分人都是透過科幻小說、電影，以及動畫的描繪來一窺面目。我認為這樣真的很像是瞎子摸象，於是我決定訪談 AWS，以及台灣發展的相關公司的現在主導的主管，從他們的見解中來思考未來，而這也是本書的一大特色。而這樣的特色也在跟沈副主任商量後，也在第一部分導入，成為對台灣智慧型紡織品理事長以及協會成員的訪談，希望透過本書，讓大家了解，台灣在智慧型紡織品的能力之好。

這次出書，我特別要感謝區塊鏈大聯盟 陳美伶召集人、二代大學 李紹唐校長、台灣人工智慧學校 蔡明順校務長、AWS 台灣香港區 王定愷總經理，紡織產業綜合研究所 李貴琪所長、台灣智慧型紡織品協會 林瑞岳理事長、聚陽實業 周理平董事長、Inside 李柏鋒主編，以及中央大學資訊工程學系 蔡宗翰教授在這本書付印前，願意支持推薦，提供推薦序或具名推薦。也謝謝 AWS 台灣香港區 王定愷總經理、宏達電大中華區 Alvin Wang 總經理、台灣智慧型紡織品協會 林瑞岳理事長、Yahoo TV 許朝欽經理、王牌數位資產管理創辦人 潘奕彰、光禾感知總經理 王友光、方舟智慧創辦人 林俊宏、甲尚科技 黃勝彥經理、集仕多創辦人 梁哲瑋、ITM 共同創辦人 陳洲任、智慧價值創辦人 陶建宇、獨立女子整合行銷 執行長 林艾達、WeMedia 執行長 李首清，以及台灣智慧型紡織品協會會員們的接受訪談。

元宇宙的核心技術區塊鏈、交互 AR/VR、遊戲引擎、人工智慧與大數據、5G，以及物聯網，正是現在引起數位轉型的核心技術，這些正在深深地影響著我們的生活，元宇宙其實是這些技術整合後的強化體驗的境界，本就一定會發生而且不可逆。反倒是誰因為看懂趨勢而先準備好，誰就有機會掌握對應的商機。

對需要相關輔導與演講的朋友，歡迎透過臉書粉絲專頁「Rich 老師的創新天堂 - AIOT 綠色數位轉型顧問 裴有恆的溝通專頁」或公司「昱創企管顧問有限公司」官網跟我聯繫。也歡迎加入「i 聯網（用智慧、創新、個性化做 AIoT 綠色數位轉型）」臉書社團跟我們一起數位轉型。需要「中華亞太智慧物聯發展協會」協助數位轉型的朋友，也請透過協會官網跟我們協會聯繫。

裴有恆 Rich

中華亞太智慧物聯發展協會 理事長

好食好事基金會業師

中小企業新創事業獎顧問

臉書社團：i 聯網、智慧健康與醫療 創辦者

昱創企管顧問有限公司總經理

中華亞太智慧物聯發展協會官網

i聯網

Rich老師的創新天堂

昱創企管顧問公司

PREFACE

作者序

2022 年 8 月，筆者將多年智慧型紡織品考察與研究經驗中，業界有興趣的主題，集結成冊，很榮幸能與裴有恆理事長共同出了這一本從穿戴運動健康到元宇宙，個人化的 AIoT 數位轉型，希望對有心探討最新運動健康智慧科技的讀者有一些幫助。

從事智慧型紡織品這個研究領域，真的要有無比的熱情與勇氣，要不斷地將新的科技與知識轉換成養分。感謝經濟部的指導與紡織所長官與同仁的長期支持， 讓筆者 20 年來可以專注研究智慧型紡織品領域，也很幸運的能獲得諸多業界前輩的幫忙，才能有機會讓多項研究的成果成功轉換成產品上市。本冊除了匯集多項國內外最新運動健康智慧服飾產品外，同時邀請多家國內智慧型紡織品先驅業者透過生動訪談的內容，希望可經由分享他們的研發與營運經驗，能讓讀者對於智慧型紡織品技術與應用有所啟發與認知。當然最重要的是希望各位讀者能從這些範例中，領悟到個人化的 AIoT 數位轉型的精髓！

沈乾龍

台灣智慧型紡織品協會 秘書長

健康照護委員會 召集委員

CONTENTS

目錄

CHAPTER 04 穿戴運動健康在國際上的目前進展

CHAPTER 05 台灣在穿戴運動健康的進展與相關專訪

第二部分　元宇宙

CHAPTER 06 元宇宙的概論與歷史

CHAPTER 07 元宇宙的核心要素與技術

CHAPTER 08 元宇宙在國際上的目前進展

CHAPTER 09 台灣元宇宙的進展與相關專訪

1

個人化的數位轉型概念

1.1 導論 - 從新冠肺炎強化的零接觸應用談起

新冠肺炎從 2019 年年底於中國首次被發現，台灣在 2020 年 1 月爆發，隨著新冠肺炎疫情在全球造成大流行，為減少傳染，保持社交距離成為很重要的措施，世界各國紛紛採取封城措施。

隨著新冠肺炎疫情的擴散，民眾工作、學習、生活型態跟著改變，遠距學習與工作成為新的習慣，為了個人健康，零接觸目的之數位應用崛起，像是雲端視訊會議、線上學習、遠距醫療、服務機器人與資安技術等大為熱門。而因為零接觸需求，防疫過程中的物聯網、人工智慧、5G、VR/AR[1] 中的各種新興科技對應應用蓬勃發展，因此資料安全成為重點，資訊安全跟區塊鏈的技術更受關注，這為產業帶來了新發展機會。

1 VR/AR：VR 全文為 Virtual Reality 虛擬實境，透過眼睛視覺與耳朵聽覺沉浸，讓使用者沉浸在電腦創造的 3D 虛擬環境的裝置。AR 全文為 Augmented Reality 擴增實境，是將電腦的資訊與真實世界的所見疊加起來，讓使用者看到的是疊加的影像。

同時，對個人相關生理健康指標的監視，也成為重點。在新冠疫情影響下，原來遠距醫療服務受限於病人隱私、法律適用性等限制，過去推廣往往成效不佳。但疫情期間很多國家放寬法規限制，如美國鬆綁遠距看診隱私規範，讓醫院可以採用通訊軟體進行遠端看診，並使用非侵入式生理特徵監測儀器，不僅能減輕醫護人員的對應負擔，還降低病人到醫院就診時感染新冠肺炎的風險，這也讓可量測生理特徵的個人穿戴健康裝置需求增加。而台灣在 2021 年也開放遠距醫療健保給付，接下來穿戴裝置結合遠距醫療將越來越蓬勃發展。

疫情期間讓大家想減少實體接觸，因此線上視訊會議與線上教學使用次數增加，網路使用流量增加也揭露系統資安風險，例如 2020 年發生的 Zoom 資安事件，包含 Zoom 可能會將使用者個人資料傳送至中國大陸；其重要的端對端加密技術僅適用於會議中的文字內容，不包括視訊與音訊，讓駭客有可趁之機；以及多起有心人士加入視訊會議後，騷擾與會者「Zoomboom」惡作劇等等事件。而物聯網穿戴裝置的使用增加，很多物聯網裝置當初的設計是以輕薄方便為主，相對的資訊安全考量不佳，也造成了可能的資安風險。

另外線上視訊會議或教學，因為 5G 的頻寬大、延遲低，透過 VR/AR 裝置有足夠高解析度傳輸，可增加臨場感，減少線上視訊會議或教學的空洞感，相關的應用也逐漸增加。

人工智慧的應用是將上述得到的數據做分析，可以從生理資訊中找出健康異常，以及視覺或聽覺的資料辨識應用大增，確認體溫是否正常，社交距離是否保持，還有遠距溝通的相關資訊的分析，了解教學效果，遠距教學單位更能夠進一步分析出上課客戶喜好，規劃出受客戶歡迎的課程。

而在新冠肺炎疫情封城期間，因為為了健康安全待在家中，減少與人交際時間，遊戲也因此發展迅速，特別是虛擬世界的連線遊戲，像是任天堂 Switch 的「動物森友會」因此大受歡迎，以及微軟旗下的「當個創世神 Minecraft」的會員人數在疫情期間大大增加。而代表元宇宙的重要廠商之一的 Roblox 也在疫情期間快速發展，2020 年成長率達 82%，每日活躍用戶數成長達 85%。[2]

1.2 穿戴運動健康

穿戴式裝置因為隨身，所以可以做到貼身感測及隨身顯示，直接對個人提供生理訊號量測或提供影音。穿戴式裝置最主要是具備感測器，可以量測相關數據，在圖 1.1 的 AIoT 四層架構圖中，是直接接觸可互提供生理或身體訊號的設備，這些設備將訊號傳給智慧型手機，再透過 4G/5G 傳輸到雲端平台層，或是本身就具備傳輸功能，直接就可以將數據透過 4G/5G 傳輸到雲端平台層。

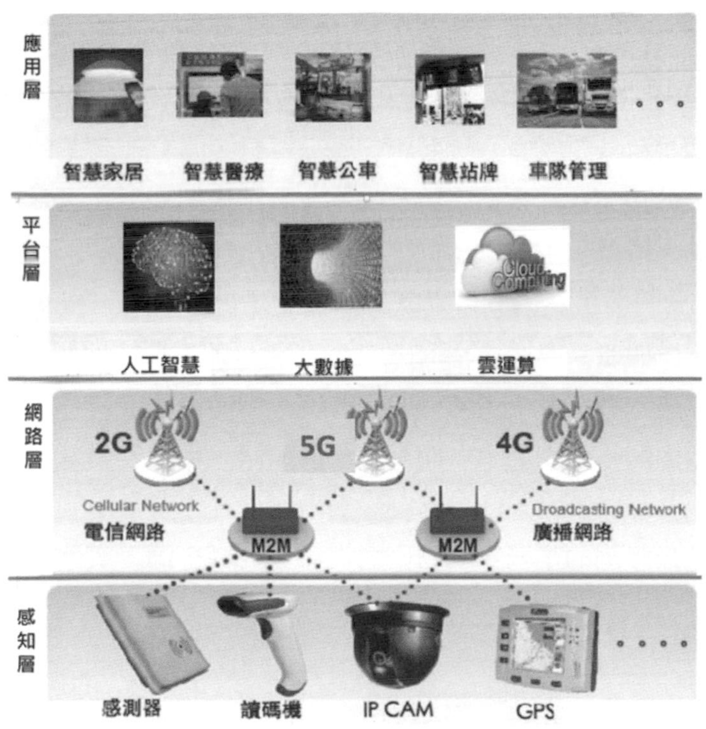

圖 1.1：AIoT 四層架構，裴有恆製圖

2 資料來源：未來商務官網 https://fc.bnext.com.tw/articles/view/1254

在雲端平台層會先將數據儲存起來，以雲端上具備的應用程式直接進行雲運算，或是做人工智慧相關的學習或處理，以作智慧醫療照護的應用。因為網路頻寬和反應延遲速度的考量，在設備端現在會增加邊緣運算的機制，安裝在智慧型手機或智慧型終端設備上，透過特殊設計晶片或晶片模組達成，以做人工智慧雲端平台學習得出的推論之用。

穿戴式裝置問世至今，醫療性[3]或消費性穿戴式裝置都已發展出多種形式，包括手錶、手環、耳機、手套、襪子、帽子、鞋子、衣服、頸鍊、腰帶、貼片、義肢、眼鏡…等等，除了專業醫療應用的義肢與眼鏡之外，功能大多是測量——心率、血氧、血壓、溫度、呼吸…等生理資訊。而隨著新冠肺炎疫情的爆發，為降低醫療人員的負擔，更有效地應用及管理醫療資源，醫療性穿戴式裝置的價值被凸顯出來，因此發展有越來越夯的趨勢[4]。

穿戴式裝置現在出貨最多的是手錶、手環，Apple Watch 第 4 代開始因為軟體透過 FDA 認證的心電圖量測心率功能，被視為可以協助心律不整的人平日觀察自身是否有心律問題的隨身器材，當偵測到戴的使用者一旦有嚴重跌倒的跡象，它會發出警示聲，並顯示畫面提示。這時可以選擇聯絡緊急服務，或是按下數位錶冠、點一下左上角的「關閉」或點一下「我沒事」，以關閉提示[5]。這對容易跌倒的長者是很不錯的服務。Apple Watch 第 6 代開始增加血氧濃度[6]量測的功能，在新冠肺炎疫情期間，發現感染新冠肺炎可能導致肺部發炎，降低血氧濃度。當血氧濃度降低時，可能感到疲倦或呼吸困難，但表面上可能沒有任何症狀，因此容易延誤就醫，也就是隱性缺氧，那時很多人就這樣突然倒地而亡，事前看不到任何徵兆，其中令人印象最深刻的是壹電視的一名資深棚內攝影師，突然猝死，才知道

---

3 醫療性穿戴式裝置指通過醫療等級認證，例如 TFDA 或美國的 FDA。

4 資料來源：EETimeshttps://www.eettaiwan.com/20210917nt31-using-medical-wearable-device-to-fight-covid-19/

5 資料來源：Apple 官網

6 血氧濃度指血液中氧氣濃度。可透過非侵入性裝置的監測，只需要幾秒鐘就可以知道使用者的血氧濃度。

他是確診新冠肺炎。Apple Watch 6 量測血氧濃度的功能，也因此成為新冠肺炎疫情期間的焦點功能，2021 年第二季，Apple Watch 6 創造了出貨 950 萬支的佳績。

穿戴式裝置跟健康有關的，另外一個大宗是智慧型紡織品，包含手套、襪子、帽子、鞋子、衣服，因為貼身的範圍大，所以可以更持續精確的量測生理訊號，像是上一段提到的 Apple Watch 4 手錶手環可以量測心電圖，但是只有兩個點的量測，對醫學上僅能參考，但是醫療級智慧內衣，可以達到標準心電圖儀器所需的多個量測點，就可以在協助達成醫療級量測。這也是智慧衣的優勢，上面可以有很多的感測電極。而在疫情期間舉行的東京奧運，也讓我們看到台灣的運動選手將可能透過穿戴式裝置了解其身體狀況，以後可獲得更佳成績的振奮結果。

醫療性穿戴式裝置最大的功能是提供即時生體數據以監控，而醫療性穿戴式裝置尺寸的縮小（比起傳統醫療器材），為患者帶來更高的舒適度、便利性，及安全性，以確保裝置免受遠端和本地駭客攻擊（所以要特別注意資安），確保患者都受到保護，特別對心臟監測或糖尿病血糖的控制尤為重要。內建藍牙的醫療性穿戴式裝置，能夠避免醫護人員及患者交叉感染風險，符合零接觸應用，目前已成為醫療照護市場的主流。新冠肺炎期間在科技部科創計畫下，台灣產官學在智慧醫療方面協助民眾及醫療院所有效抗疫的成果有不少實例。像是台北醫學大學陳瑞杰教授團隊研發的醫病零接觸防疫平台：零接觸智慧防疫自助機，降低醫病與一般民眾的接觸風險；前中央研究院研究員張韻詩及雲林科大副教授朱宗賢的團隊研發「室內定位追蹤系統」，讓使用者可配戴在身上，透過 APP 不僅可讓民眾快速無誤地找到診療處，也協助醫護人員有效追蹤院內病人，也能新冠確診者的足跡。還有中央大學教授羅孟宗結合學界、業界、穿戴式醫療裝置業者合作開發「生理資訊智慧監控系統」，可讓醫護人員在遠端即時掌握病患者狀況，並透過人工智慧技術針對患者癒後針對心臟、肺臟功能異常進行預測示警，以更智慧有效率地做好病房管理[7]。

新冠肺炎喚起越來越多人的健康意識，使用醫療穿戴式裝置的趨勢雖然因為價格仍不低，之前日常非在醫院的使用者不多，但是隨著新冠肺炎的推波助瀾，讓使用者越來越多，價格因而不斷降低，越來越普及，這個趨勢是回不去了！

另外，2021 年台灣在東京奧運獲得了史上最好的成績，讓大家重視運動，2021 年也成為運動科技元年，而運動狀況的感測更是需要透過穿戴式裝置，接下來往這個方向發展更是可以期待的。

1.3 元宇宙

在持續超過兩年的新冠肺炎疫情期間，讓小說或科幻電影中才看得見的虛擬世界和線上生活逐漸透過遊戲與線上會議成為現實，特別在 2021 年 5 月到 8 月，受 Delta 變種病毒，以及疫苗數量不足的影響，在台灣的組織或企業只得要求人員居家辦公，當時藉由線上處理業務與合作，成為主要的工作模式。所有的實體訓練課程暫停，只能上線上直播課程。日常飲食，不能到餐廳內用，只好透過 Uber Eats 跟 Foodpanda 等外送平台或自己到餐廳外帶來獲取餐廳食品。

在這樣的狀況下，難免因為行動被限制而不舒服，這時使用網路連線遊戲娛樂，特別是可以自己創造世界與社群連結的就大受歡迎，最有名的就是剛剛提到的 Switch 的《動物森友會》、被微軟買下的《當個創世神 Minecraft》，還有可以在虛擬 3D 世界中自己創造遊戲的《Roblox》都大受歡迎。另外在台灣，原來不受重視的 Podcasts 聽眾大增，使用聲音連線

7 資料來源：EETimeshttps://www.eettaiwan.com/20210917nt31-using-medical-wearable-device-to-fight-covid-19/

的 clubhouse 更湧現一波加入潮（雖然後來人潮退去）。作者裴有恆的一雙兒女就非常鍾愛「當個創世神」這套遊戲，喜歡連線共創他們共同的世界。

這些就是「宅育樂」、「宅商務」、「宅辦公」，以及「宅生活」[8]。這也顯示了人的需求，在實體無法滿足，於是搬到線上。而現有的數位做法體驗不夠好，然後根據現有科技的發展，結合了人工智慧、物聯網、區塊鏈、5G（以及未來的 6G）行動通訊，加上此時銷量大增的 VR/AR/MR 的裝置，推論出未來可以形成一個虛擬的生活空間，一如 1992 年出版的小說《潰雪》所言的虛擬世界「元宇宙」。

之前提過的《Roblox》於 2021 年 3 月 10 日上市，被稱為是全球第一支元宇宙概念股，後來 Facebook 公司於 2021 年 10 月 28 日決定改名 Meta，宣示其投入元宇宙的決心。2021 年 NVIDIA GTC 春季大會，創辦人黃仁勳以 14 秒的 AI 虛擬影像代打介紹發表會的重點，秋季大會又以虛擬角色站在小桌上對答自如展現 AI 實力，後來又推出 Omniverse 元宇宙平台，想以此協助企業在線上協作。AWS 宣布投入元宇宙，微軟也宣布全力投入元宇宙，並宣布 2022 年上半年推出《Mesh for Teams》預覽版，強化在虛擬世界線上聊天、開會與協作的功能[9]。這些都代表元宇宙概念在新冠肺炎疫情期間被重視。

2021 年被稱為是 NFT[10] 元年，在這一整年的時間裡，NFT 一詞的使用率增長了 110,000%[11]。因為元宇宙中也應該有經濟活動，而將其中的物品做到價值對應，基於區塊鏈為基底的 NFT，結合智慧合約讓其可透過交易

---

8 出自震旦月刊。

9 資料來源：IT Homehttps://www.ithome.com.tw/news/147647

10 NFT：Non-Fungible Token，非同質化代幣，是一種被稱為區塊鏈數位帳本上的資料單位，每個代幣可以代表一個獨特的數位資料，作為虛擬商品所有權的電子認證或憑證。由於其不能互換，非同質化代幣可以代表數位檔案，如畫作、聲音、影片、遊戲中的專案或其他形式的創意作品。（出自 Wikipedia）

11 資料來源：鉅亨網 https://news.cnyes.com/news/id/4797686

改變對應物件擁有權，搭配區塊鏈的去中心化、匿名性、不可篡改等特性，被認為是元宇宙中最好的經濟活動交易元素。

元宇宙在新冠疫情因而被廣受注意，而在虛擬世界生活的趨勢隨著這些科技發展，也是必然會成為真正的未來。只是這個未來虛擬世界會如何完整的構建，在現在人工智慧硬體運算能力不足，網路傳輸能力還需強化，VR/AR/MR 等設備的解析度與普及度都還有待強化，特別在虛擬世界要達成完整沉浸體驗，相關的科技與技術都有待加強，到底未來會發展成如何樣貌，目前都說不準，但是往元宇宙的大方向前進的趨勢不變，卻是不爭的事實。這也是很多大廠開始紛紛投入，就是希望能在未來成為主要角色，贏得最大的商機。

1.4 個人化的 AIoT 數位轉型的現在與未來

這次的新冠肺炎疫情，影響了所有人，由於待在自家中的時間大大增加，因此「宅育樂」、「宅商務」、「宅辦公」，以及「宅生活」成為很長一段時間的常態，使用數位工具協助成了不得不為的日常，因而體驗到數位工具帶來的好處：更有效率的跟人溝通、節省交通時間與費用…等等。很多研討會和課程也因此由線下改為線上，特別是以學習新知為主的研討會。而很多展覽也提供了線上版，讓想要參觀的人，可以有另一種新的選擇。另外，因為疫情發展與科技進步，透過穿戴設備不僅能協助自己更了解自身健康狀況，也促使了遠距醫療的法律約束提早鬆綁。

這些都是聚焦在個人身上，透過 AIoT 設備，可以達到在實體生活中的健康監控，透過收集數據，建立模型，用人工智慧協助即時得知異常是否發生，亦可預測未來可能發展，以及及時提供健康運動發展建議。而元宇宙更是以未來可能的虛擬世界為出發點，結合各大數位科技：人工智慧、物聯網、區塊鏈、5G/6G、VR/AR/MR 裝置，針對參與這樣的虛擬社群中每個人，提供一個可以多元創造與良好體驗的新虛擬環境。

經過新冠肺炎，這樣的發展趨勢是不可逆的，而這也是本書想要討論的主題「個人化 AIoT 的現在與未來」，就是指透過 AIoT 系統，大家使用穿戴裝置更注重運動健康。而因為疫情期間，線上活動的增加，讓大家看到了線上活動可以透過 VR/AR/MR 裝置提升體驗，在未來的運算能力與相關科技更強大時，使用 AIoT 及各種數位科技綜合發展的可能未來結合現實的虛擬世界：元宇宙。

新冠肺炎發生了，這讓數位轉型的步調大大加速，而個人化的 AIoT 數位轉型正在發生中，現在協助我們更健康，未來將幫助我們強化體驗，在虛擬世界中有更多的自我實踐與創造的機會，這都在接下來的章節裡會一一闡述。

第一部分

穿戴運動健康

這一部分的第 2 章到第 5 章談到穿戴運動健康的概論與歷史、核心要素與技術，以及各國家/區域目前進展。

第 2 章談「概論與歷史」提到歷史與發展概論。穿戴式裝置歷史悠久，作者裴有恆之前出版的《改變世界的力量 台灣物聯網大商機》與《物聯網無限商機 - 產業概論 x 實務應用》兩本書中都有就當時的科技發展與應用狀況做仔細探討，現在經過了多年，特別是因為新冠肺炎疫情，讓利用穿戴式裝置做健康照護的趨勢加速。而且 2021 年是運動科技元年，使用穿戴式裝置強化運動健康也蔚為風潮。

第 3 章談「核心要素與技術」會點出現在智慧技術與應用作法，提到穿戴運動健康的技術概論、核心要素與主要應用，特別是大量收集到的數據，透過人工智慧做分析，可以做出更好的預測與異常判斷。

第 4 章談「國際上的目前進展」，這裡會談到美國、日本、歐盟、中國的現狀，而第 5 章談「台灣穿戴運動健康的進展與相關專訪」，會特別跟台灣智慧型紡織品協會的成員廠商做訪談，也讓大家了解到台灣紡織產業綜合研究所的研究主軸。這個部分會讓大家知道穿戴式裝置世界上的進展，透過本書兩位作者的合作，把國內的智慧穿戴運動健康能力及近況跟大家說明。

2 穿戴運動健康的概論與歷史

2.1 概論

自古以來，穿戴的物品就代表著人類的喜好與個人表徵，這種現象從古時候的人們喜歡在身上穿金戴玉，念佛的人手上一定不忘有串佛珠便可窺其端倪。而穿戴的衣物更是象徵了人們的品味，在每次金馬獎及金鐘獎等頒獎典禮上，都可以看到每個走紅毯的女星展現她們的不凡穿著，這些穿戴的東西，常常代表著一個人的感性表徵，也可能是心中堅定不變的信仰，例如未婚男女間，可能是定情之物，貼身穿戴著，代表著一種會時時惦念的盟約。這些穿戴的裝置經過高科技的強化，被賦予了新的力量。

就如好萊塢的電影一直都代表人們對未來的想像：在電影《全民公敵》中，男主角的行蹤被 FBI 探員鎖定的原因，是他的西裝上被裝了 GPS 位置發報器，所以他到哪裡都被 FBI 探員追到。在《007》電影中，007 特工會脫下腳上的鞋子打電話；而在漫威宇宙中，鋼鐵人只要穿上鋼鐵衣，就可以飛行，有強大武器及超乎常人的巨大力量，這些都是穿戴式裝置的可能應用。

只要是可穿戴的物品就能歸類在穿戴式裝置上，此類別產品相當多采多姿，頭上的有帽子、頭盔、眼鏡、耳機、耳環；身上的有項鍊、衣服、褲子、手套、手錶、手環、皮帶、戒指；腳底的有襪子、鞋子、鞋墊…等，甚至有廠商發明了貼片式的穿戴式裝置，要量測時，就是貼哪裡量哪裡。還有輔助不良於行的人身體行動或強化力量的義肢，都是現在已經發展出來的穿戴裝置。

這樣的裝置，也因為直接展示在人們的外表上，進入生活中，外型時尚和功能應用就成了現代人們最重視的兩個方向，也造成了穿戴式裝置在外型上必須加入很強的時尚設計感，同時對應人們想要的特殊功能。

這樣的特殊功能，必須跟智慧型手機已經提供的有所區隔，像是 Apple Watch 強調健康因而大受歡迎，並因此成為穿戴式裝置銷售第一名，讓大家看到這個利基。而後來在第四代 Apple Watch 更加入透過美國 FDA 的心電圖量測功能。而智慧手錶手環貼身（雖然貼到的部分只限手腕，而且面積不大），但是因為穿戴方便，儘管 Apple Watch 具備每天都得充電這個不方便的問題，仍然大受歡迎，特別在 2021 年 Q2 創了超越之前的最高銷售記錄。

智慧型紡織品因為可以植入多電極感測點，在醫療健康上的應用就朝向在醫療健康應用提供更精確醫療等級的資料。德國在 2014 年世界杯足球賽利用智慧衣感知球員身體狀態，並由此求得最佳策略運作，因此獲得第一。越來越多運動員的訓練都是透過貼身的智慧紡織品，甚至之前透過穿戴式裝置上電流刺激，好激發運動員潛能的科技禁藥[1]都曾經出現過。圖 2.1 將歐美日韓在智慧型紡織品的用途做了整理。

1　不是真正的禁藥，是透過電流刺激與數據分析，讓運動員發揮出自己最佳的能力。

◆智慧型紡織品是「以人為本」的最佳感測層。

美國	日本	歐洲	韓國
		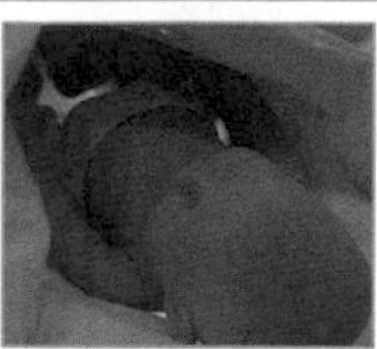	
• 先進功能性織物聯盟 (AFFOA) • 國防部資助 • 高科技生態系統 • 半導體纖維 • **軍人通訊與監測**	• 政府宣導 • 企業自主 • 高值化產品 • 智慧服飾系統 • **勞工安全照護**(熱衰竭預防)	• 歐盟技術創新應用平台 (Textile ETP) • 歐盟資助 • 紡織科技創新 • 電子智慧紡織 • **醫療健康照護**	• 產業通商資源部 • 政府資助 • 扶植大型企業，朝差異性高值化 • ICT智慧服飾 • **運動訓練**

資料來源:紡織所整理

圖 2.1：智慧型紡織品在歐美日韓的用途

圖源：2022 年 1 月 12 日沈乾龍在中華亞太智慧物聯發展協會年度大會演講

2.2 穿戴健康裝置歷史

穿戴物品對人類是非常重要的，有保暖、裝飾等基本功能，而手錶除了是人類掌握時間的重要工具，更可以顯示擁有人的身份地位。另外關於虛擬實境及擴增實境相關的裝置，會在後面第 6 章討論。

談起穿戴式裝置，可從 1945 年美國科學家萬尼瓦爾・布希（Vannevar Bush，原子彈研發製造工程師）說起。他曾預想未來機器的多樣性，其中一項就是透過機器運算資料，讓人類能夠有效率地吸收全世界的訊息或知識，於是他設想將一個照相機放在使用者頭上，使用者可以透過鏡頭拍下所處的環境與行動，就能將這些資訊儲存下來（圖 2.2）。

第一台穿戴式電腦，是愛德華・索普（Edward・Oakley・Thorp）將他對增加賭輪盤勝率的想法，與克勞德・夏農（Claude Shannon）合作在 1961 年製作的一台以 12 個電晶體製成，約香菸大小的裝置。他戴著這樣的裝置藏在身上去賭場賭博，以確定是否可以增加賭贏的機率（圖 2.3）。

AS WE MAY THINK

A TOP U.S. SCIENTIST FORESEES A POSSIBLE FUTURE WORLD
IN WHICH MAN-MADE MACHINES WILL START TO THINK

by VANNEVAR BUSH

圖 2.2：萬尼瓦爾・布希的穿戴式裝置概念圖

圖源：http://www.ohio.edu/people/jp432611/AsWeMayThink.html

圖 2.3：在博物館內愛德華・索普的第一台穿戴式電腦

圖源： http://www.engadget.com/2013/09/18/edward-thorp-father-of-wearable-computing/

1961 年，當代工藝在紐約市博物館舉辦了名叫 Body Covering 的展覽，展示了太空人的太空裝，可以充氣、放氣、亮起光、加熱、冷卻衣服本身。這是最早用電子操控的智慧紡織品。

1972 年，美國的漢米爾頓鐘錶公司（Hamilton Watch Company）發表了第一款可計算手錶「Pulsar」（後來此款式單獨成為一個品牌，在 1978 年被精工收購），1982 年精工（SEIKO）也生產了「Pulsar NL C01」，是第一台可儲存 24 個數字，使用者可編寫記憶體的手錶（圖 2.4）。

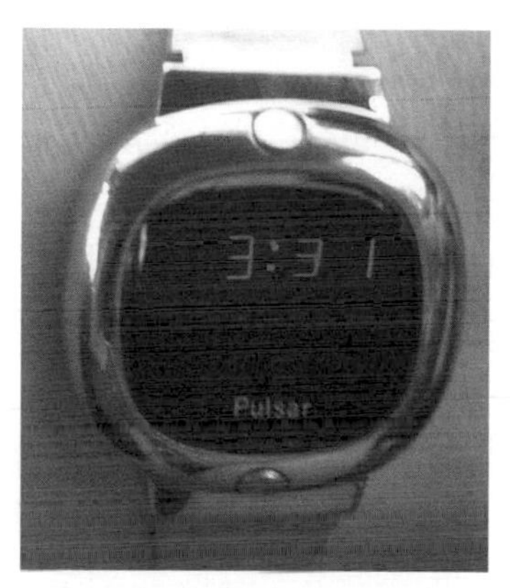

圖 2.4：第一支 LED 可計算手錶 Pulsar，圖源：Wikipedia CC 授權 作者：Alison Cassidy

1972 至 76 年間，基司・塔夫（Keith Taft）為了明確計算與預測 21 點撲克牌遊戲的出牌率，將機率理論更具體化，設計了一套穿戴式裝置「David」：這套系統綁在腰間接收鞋底裝置的按鍵訊息，且在眼鏡上裝上 LED 燈，用 LED 的閃燈跟夥伴溝通，用這樣的工具在賭場製造贏面。人機介面的三大功能：輸入指令、主機運算、傳導訊息等成功的在這套裝置上實現。

1982 年精工發表了「SEIKO TV Watch DXA001」，錶面的液晶螢幕僅僅只有 1.2 吋，是史上最早且最小的攜帶型穿戴式電視（圖 2.5）。

圖 2.5：SEIKO TV Watch，圖源：http://www.retrothing.com/2006/04/stretching_the_.html

1985 年 Harry Wainwright 創造了第一件動畫運動衫，由光纖、導線、微處理器構成，在服裝上展現全彩動畫。

1992 年 CamNet 網路企業發展出遠端傳輸溝通的智慧眼鏡，讓遠距醫療成為可能，醫生可以在家即時問診、判斷症狀和諮詢慢性病治療。技術原理是利用頭戴攝影鏡頭將畫面用網路傳輸到遠方機台，同時由遠端傳送影音到裝置上。

1995 年，精工發表了「Seiko Message Watch」，可透過 FM 頻道接收天氣預報、股市等訊息（圖 2.6）。

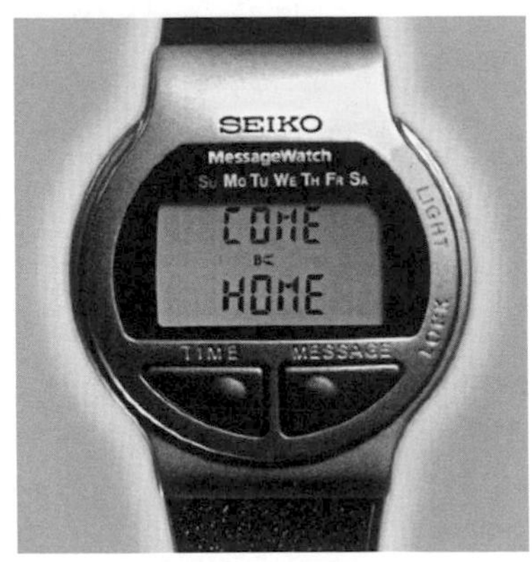

圖 2.6：Seiko Message Watch，圖源：http://www.askmen.com/entertainment/guy_gear/smartwatches-before-the-apple-watch.html

1998 年，芬蘭的 Clothing+ 發展出第一件心率監控的衣著，這是第一件針對健康偵測的智慧衣。

2000 年時，Triplett 研發了「VisualEYEzer 3250 Multimeter」這款給電工使用的裝置，可以讓執行檢測的工人一邊檢測一邊看到現狀，以確保工作安全。電工可用一隻手操作兩個探測器，另一隻手調整電路或處理 LED 顯示資訊。此裝置使用食用級彈性皮帶固定在頭上，還可加戴在工程安全帽上，搭配的運算設備則是繫在腰間（圖 2.7）。

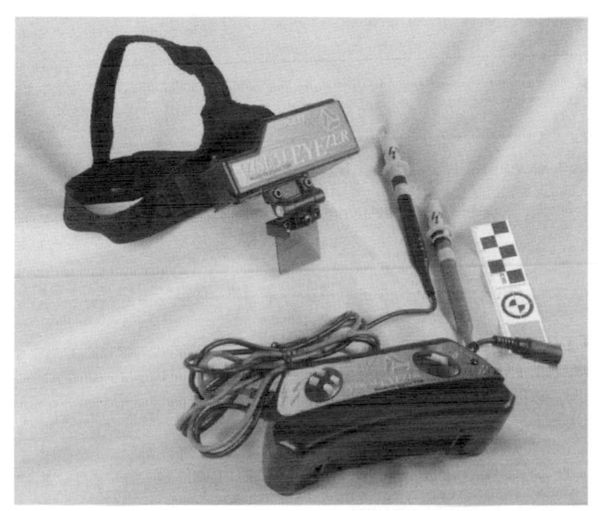

圖 2.7：VisualEYEzer 3250 Multimeter，圖源：http://wcc.gatech.edu/exhibition

2000 年，Levis 跟飛利浦（Philips）合作了 Levis ICD+ 夾克，第一件商業化的穿戴式紡織品問世，透過一個可移動的線束連接便攜式設備，從中間控制模組來控制這些便攜式設備（圖 2.8）。

圖 2.8：Philips／Levis ICD+，圖源：http://www.vhmdesignfutures.com/project/192/

2001 年，VivoMetrics 發表了 LifeShirt 系統，專門為偵測病人的心臟功能、姿勢和身體活動，並具備日記功能來記錄患者經歷（圖 2.9）。

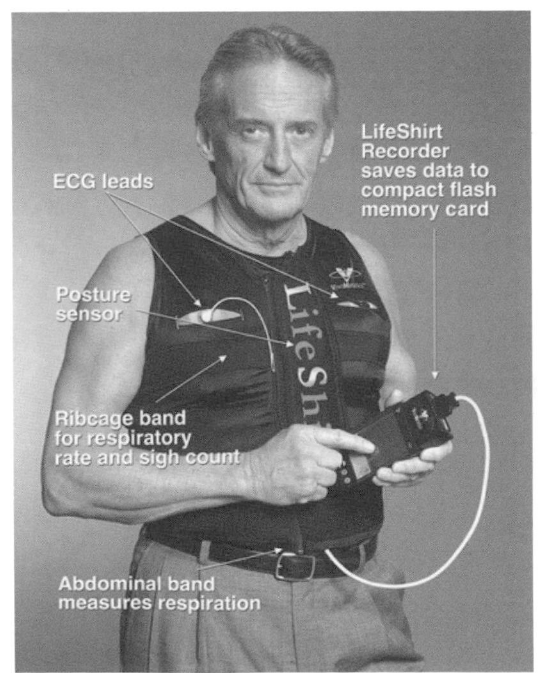

圖 2.9：VivoMetrics LifeShirt

圖源 http://www.virtualworldlets.net/Shop/ProductsDisplay/VRInterface.php?ID=49

2002 年，Fossil 發表了第一支穿戴式手錶的 PDA 的 Fossil Wrist PDA，使用當時最流行的 Palm 作業系統，黑白螢幕解析度 160x160，使用紅外線做數據傳輸（圖 2.10）。

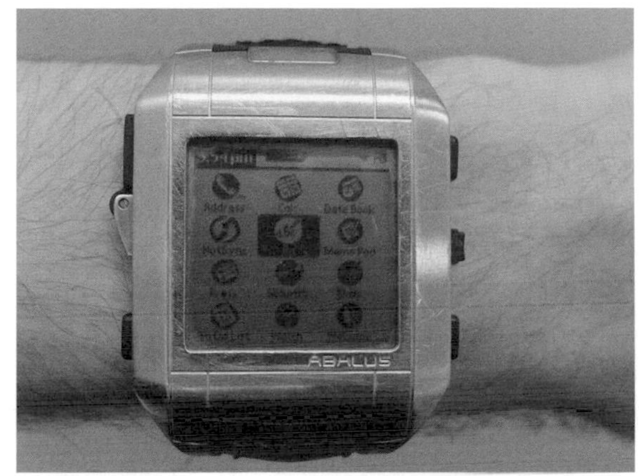

圖 2.10：Fossil Wrist PDA，圖源：Wikipedia CC 授權 作者：Danski14

2003 年，Garmin 針對專業運動人士市場，發表了「Forerunner 101」跟「Forerunner 201」兩支黑白螢幕的液晶及 GPS 定位功能的手錶，從此 Garmin 便陸續推出一系列穿戴式手錶與手環裝置（圖 2.11）。2015 年 Garmin 推出 Vivosmart HR 有偵測心律功能，開始深入健康領域。

圖 2.11：Garmin Forerunner 101，圖源：Wikipedia CC 授權 作者：Matti Blume

2003 年，Burton 跟蘋果（Apple）合作，發表了 Burton Amp 夾克，整合了 iPod 的控制系統，消費者可以透過夾克的袖子直接控制音樂播放（圖 2.12）。

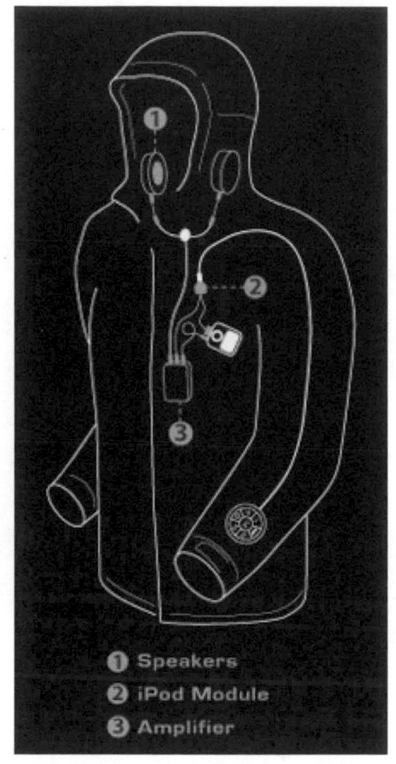

圖 2.12：Burton Amp 夾克，圖源：http://www.talk2myshirt.com/blog/archives/3260

2006 年，Nike 跟 Apple 合作推出了 Nike+iPod，其中包括一個需要裝在鞋底的感應器，以及一個可跟 iPod Nano 結合的通信接受器。使用者運動後的資料可以立刻同步至 iPod Nano（圖 2.13）。

圖 2.13：Nike+iPod，圖源：Wikipedia CC 授權 作者：Arthbkins

2006 年，愛迪達（Adidas）發表了「自適應鞋（Self-Adapting Shoes）」，可以感測表面狀況與跑步方式的變化，而因此對應調節腳跟緩衝量。

2007 年詹姆斯‧朴（James Park）跟艾瑞克‧佛里曼（Eric Frienman）兩人合作成立了 Fitbit 公司，他們在 2008 年 9 月 9 日舉行的 Crunch50 會議中發表了第一款產品「Fitbit Tracker」，一個利用類似 Wii 遙控器的三軸加速器來感測用戶的動作，並運用記錄下來的數據計算行走距離、消耗的卡路里、地板攀升和活動持續時間與強度，透過追蹤使用者是否有睡眠時躁動來量測睡眠品質，所有資訊會透過一個 OLED 顯示器顯示（圖 2.14）。Fitbit 曾經成為穿戴式裝置美國銷售第一名的廠商，以社群方式擴大其佔有率，但是後來銷售成績下降，最後在 2019 年 11 月被 Google 買下。

圖 2.14：Fitbit Tracker，圖源：Wikipedia CC 授權 作者：Ashstar01

2008 年，Oakley 出了一款具備太陽能電池板的手提沙灘袋，可以直接幫手機或蘋果配件充電。

2009 年，Metallica 出了 Metallica M4 夾克，這件夾克具有控制面板、放大器及兩個喇叭，可以直接播放音樂。

2009 年，Zegna 出了 Ecotech 太陽能夾克，可幫你的手機或 MP3 充電。

台灣的蓋德科技（Guider）在 2008 年成立，2010 年推出台灣本土品牌第一款主動式 RFID 手錶，後來開始跟台灣的醫療院所合作，以年長者照護與個人健康為主軸發展（圖 2.15）。台灣後來有很多廠商也依循跟台灣醫療院所或醫療大專院校合作的模式，例如廣達電腦跟台北醫學院就有不錯的合作。

圖 2.15：蓋德第一支具主動式 RFID 的手錶，圖源：蓋德官網

1999 年成立的 Jawbone 公司，在 2011 年時推出第一支智慧手環「up」，可測試睡眠、運動、速度、卡路里、GPS 位置。Jawbone 的智慧手環產品，除科技外，也強調時尚造型（圖 2.16）[2]。Jawbone 在 2017 年停止營運。

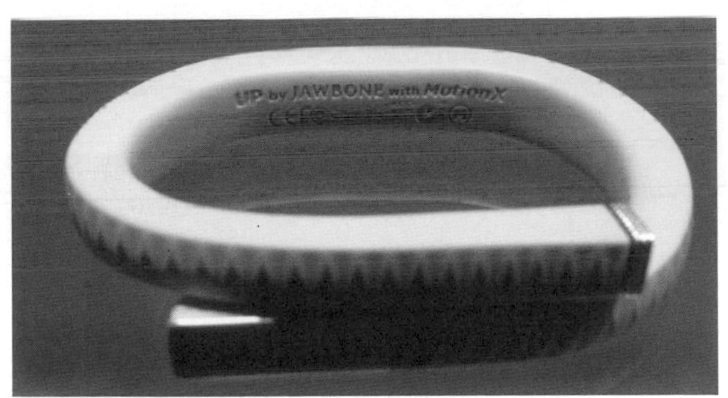

圖 2.16：Jawbone Up Band，圖源：Wikipedia CC 授權 作者：Arthbkins

2012 年台灣的神達電腦利用自己在美國的品牌 Magellan 在美國 CES 展（Consumer Electronics Show，消費電子展）上，發表了針對健身市場具 GPS 功能的智慧手錶「Switch」及「Switch up」（圖 2.17）。後來神達

2 Jawbone 已經不再做一般穿戴式裝置。

跟學術單位合作研發，而發表了具備心電圖量測功能的智慧型「MiVia」心率呼吸手環，此設計後來更通過了美國的 FDA 認證，但是因為後來手環銷售不佳，最後只好把整套設計賣出。

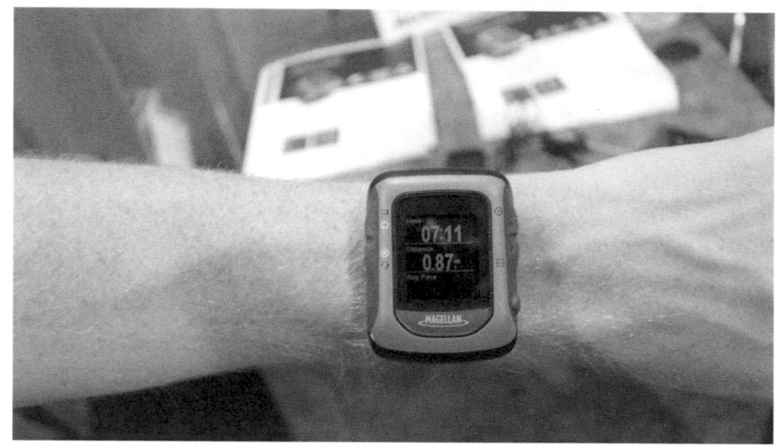

圖 2.17：Magellan Switch

圖源：http://www.dcrainmaker.com/2012/01/hands-on-look-at-magellan-switch-and.html

2012 年 SONY 也發表了第一支智慧手錶「Smartwatch」，其特點為可與 Android 手機連接，並顯示 Twitter 及 Facebook 的訊息，具備 GPS 功能（圖 2.18）。

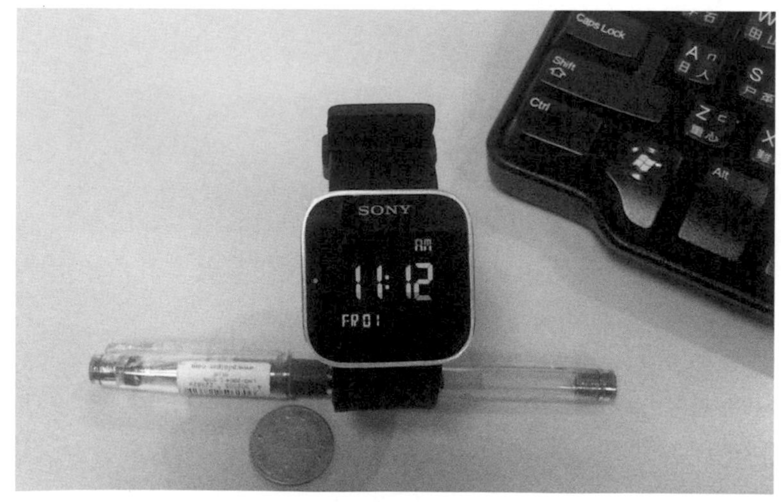

圖 2.18：Sony SmartWatch，圖源：Wikipedia CC 授權 作者：Alexsh

2012 年「Pebble」智慧手錶在募資網站 Kickstarter 上的籌得了 1,026 萬美元，遠高於原來的目標 10 萬美元，此款智慧手錶使用了電子紙的技術，共有黑白紅橘灰五種顏色可供選擇。此外，也能與 Android 和 iOS 作業系統的智慧型手機直接整合，具備支援簡訊、應用程式訊息到「Pebble」、中文來電顯示、手錶上接聽／掛斷／靜音，及查找手錶及在「Pebble」跟手機連接狀態下遙控手機發出聲音等功能（圖 2.19）[3]。Pebble 後來在 2016 年被 Fitbit 收購。

圖 2.19：Pebble Watch，圖源：Wikipedia CC 授權 作者：Pebble Technology

2012 年 Nike 發表了「Nike+ FuelBand」智慧錶帶，戴在手腕上，你只要設定好「每日運動目標」，手環就會自動記錄你運動的時間、卡路里、步伐，和 Nike 自行發明的一種叫做「NikeFuel」的運動評估指數。手環可以透過 USB 與「Nike+」以及「Nike+ FuelBand」網站同步個人運動數據資料（圖 2.20）。Nike 後來改成與 Apple 合作發表聯名款 Apple Watch，不再發行「Nike+ FuelBand」。

3 Pebble 於 2016 年賣給 Fitbit，品牌消失。

圖 2.20：Nike+FuelBand，圖源：Wikipedia CC 授權 作者：Peter Parkes

2012 年，4iiii 推出了「Sportiiiis」運動用穿戴式裝置，配合心率感測器，將訊息轉換成眼睛前的 LED，用來提醒運動員鍛鍊期間的心率、節奏、力量、速度和步伐。

2012 年 WHOOP 創立，在 2015 年美國穿戴裝置 WHOOP 發布智慧手環產品 Whoop Strap 1.0 ，是一款 24 小時全天候佩戴在手腕上的穿戴式裝置，用於追蹤心率、心率變異性、皮膚電導率、環境溫度和運動，並且還可以提供有關睡眠品質的見解。該設備透過藍牙將數據發送到教練或教練使用的智慧型手機或平板電腦應用程式[4]。這樣的功能掀起睡眠科技風潮。其智慧健康追蹤手環不僅是美國代表隊在 2016 年里約奧運中所使用，目前也運用於 NFL、NBA 與英格蘭足球超級聯賽，協助運動員提升表現[5]。現在最新版是 WHOOP 4.0。

2013 年三星（Samsung）推出了自家廠牌的智慧型手錶「Galaxy Gear」，具備 NFC 功能及可從三星應用程式商城「Market」下載 APP、內建 190 萬像素相機、512MB 記憶體與 4G 儲存空間，並具備拍照、攝影以及手勢操控功能，還可以跟手機同步和計步器功能（圖 2.21）。

---

4 資料來源：Mobile Health News 網站 https://www.mobihealthnews.com/46964/whoop-a-wearable-for-athletes-raises-12-million

5 資料來源：台灣經濟研究院 Findit 網頁 https://findit.org.tw/researchPageV2.aspx?pageId=1788

圖 2.21：Samsung Galaxy Gear，圖源：Wikipedia CC 授權 作者：Div2005

2013 年，Zegna Sport 出了藍牙功能的通勤夾克，可透過控制器透過藍牙控制手機或 iPod，也可以在跟手機連接後，接聽與結束通話，並且播放音樂，透過夾克上的洞連接耳機可以直接聽。

2014 年，Google 針對穿戴式裝置推出了 Android Wear 作業系統。此後很多廠商都使用這個作業系統開發裝置，這些裝置可以與 Android OS 的智慧型手機之間有很強的「互通」連結性，不但可以接收手機上的訊息通知，也能操控手機開啟應用程式，進而減少手機的使用頻率。不過 Android Wear 相關產品銷售不佳，後來 Google 在 2019 年買下 Fitbit。

2014 年，小米手環第一代（圖 2.22）以 79 元人民幣的低價搶市，具備測跑／走路運動、睡眠功能，後來還增加了與小米體重機的結合，廣受歡迎。後來還推出可量測心律的新版本。之後出的版本都有螢幕，續航時間長是其特色。

圖 2.22：小米手環第一代，圖源：wikipedia 作者：boerge30

2014 年的 Computex，台灣的紡織產業綜合研究所展示了女性的跑步智慧衣、運動的智慧衣，可以測血氧的手套，與開胸手術後的復健衣。而 2015 年的 Computex，又展示了救火員專用的救火衣、警用專用智慧背心。由這些可以看到台灣的紡織所的技術當時已經趕上了歐美的技術。

2015 年三月 Apple Watch 上市（圖 2.23），有三種款式，還有多款相對應的應用程式。不過 Apple Watch 續航力不足以及反應稍嫌緩慢，是在市場上被人詬病的缺點，但是 Apple Watch 外型以及設計上的時尚與品味深受消費者歡迎，也肯定了對於穿戴式裝置，消費者重視外在樣式的重要性。後來 Apple Watch 推出第二代，把最貴的機種大幅調降，並且確定以健康醫療為主軸， 2018 年出的第四代增加透過 FDA 的心電圖軟體加兩個感測電擊的功能，以及跌倒時會自動打出緊急電話通知；2020 年出的第六代，具備量測血氧的功能，剛好符合新冠肺炎可能因為擔心肺部受損造成血氧不足致死的量測需求。

圖 2.23：Apple Watch 第一代，圖源：Wikipedia CC 授權 作者：Justin14

2015 年 3 月 3 日，華為智慧型手錶第一代在世界行動通訊大會發表；9 月 2 日，在德國柏林國際電子消費品展覽會上，華為宣布該產品於 2015 年 9 月開始銷售。該手錶是第一款同時支援 iOS 系統和 Android 系統，而且是第一款使用藍寶石玻璃鏡面的 Android Wear 手錶[6]。

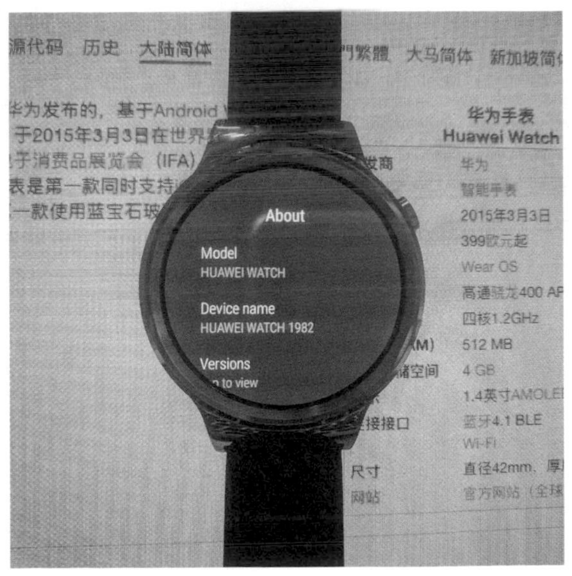

圖 2.24：Huawei 手錶第一代，圖源：Wikipedia CC 授權 作者：Sparktour

6 資料來源：Wikipedia https://zh.wikipedia.org/zh-tw/華為手表

2017 年台灣智慧紡織聯盟成立，參與廠商在當年 Computex 推出多項產品。而紡織產業綜合研究所所研發出的「織物態體表電極技術」從心電圖應用更衍生到肌電圖應用。台灣智慧紡織聯盟就開展了整合與共同展覽之旅，每年有重大展覽就一起出去展覽。像是三思達就展出智慧腿套的雛型產品，除可偵測肌電圖、心率，同時可得知肌肉狀態與疲勞程度，可提供訓練方向、強度調整參考[7]。

2018 年台灣智慧紡織聯盟改成台灣智慧型紡織品協會，許多電子業加入成為會員，秘書長由本書共同作者沈乾龍擔任，台灣物聯網產業技術協會也在 2021 年加入成為贊助會員。

2021 年台灣在東京奧運中獲獎牌數為歷年之最，而智慧運動科技因此更受到矚目。而智慧型紡織品因為貼身，更是智慧運動科技很重要的獲取數據的裝置。

2.3 結論

穿戴式裝置從一開始資訊連結、擷取的概念，逐漸走向與紡織品、手錶、眼鏡做結合，在健康方面更是與透過生理偵測與主動放電治療等方式與運動、照護結合，以帶給人們更健康的生活。下一章將會談到其關鍵技術及核心要素。

7 資料來源：台灣針織同業公會官網紡織新知網頁 http://knitting.org.tw/Member_details.aspx?Category=knittingnews&id_no=448

3

穿戴運動健康的核心要素與技術

3.1 穿戴運動健康相關的技術概論

穿戴運動健康的技術本身有物聯網系統的聯網、其中的裝置主力為智慧手錶/手環，以及智慧紡織品。得到的數據的通訊透過 4G/5G，藍牙以及 ANT+傳輸到中介裝置（如智慧型手機）再傳到雲端給人工智慧分析。以下一一討論。

3.1.1 物聯網

物聯網是個系統，具備四層架構：感知層、網路層、平台層與應用層。

1. 感知層最常見的有兩種架構，一種有很多終端設備群組合，並且具備統合的閘道器（Gateway），將感測器感測得到的資料整合，甚至加速運算處理得結論後再透過網路層傳往雲端平台層；另一種是單一具感測器的智慧設備直接把感測到的數據傳送至雲端平台層。

2. 網路層以有線或無線網路傳遞感測與相關數據。
3. 平台層（位在雲端）具備大量的運算與分析能力，AI 機器學習的訓練模型在此操作。
4. 應用層則是將分析數據的結果提出洞見或主動反應成為服務應用。

也就是說，整個系統是 IoT 設備在前端負責收集大量資料，AI 機器學習在平台層負責從資料中學習而得到精準預測的模式，協助決策，最後在應用層提供服務。可是如果網路層沒處理好，在接下來終端設備愈來愈多，傳輸的資料數量越來越大趨勢下，現有的行動通訊 4G 傳輸速度不夠，同時連結數目不夠，是無法處理的；而且傳輸起來的資料延時也要夠低，才能做好傳遞品質與符合需求。所以傳輸速度快，連接設備多、低延時是 5G 甚至 6G 的新一代行動通訊設定的優勢。而對穿戴健康來說，因為穿戴設備是為了移動所設定，會運用到新一代的連接設備多這個特性。

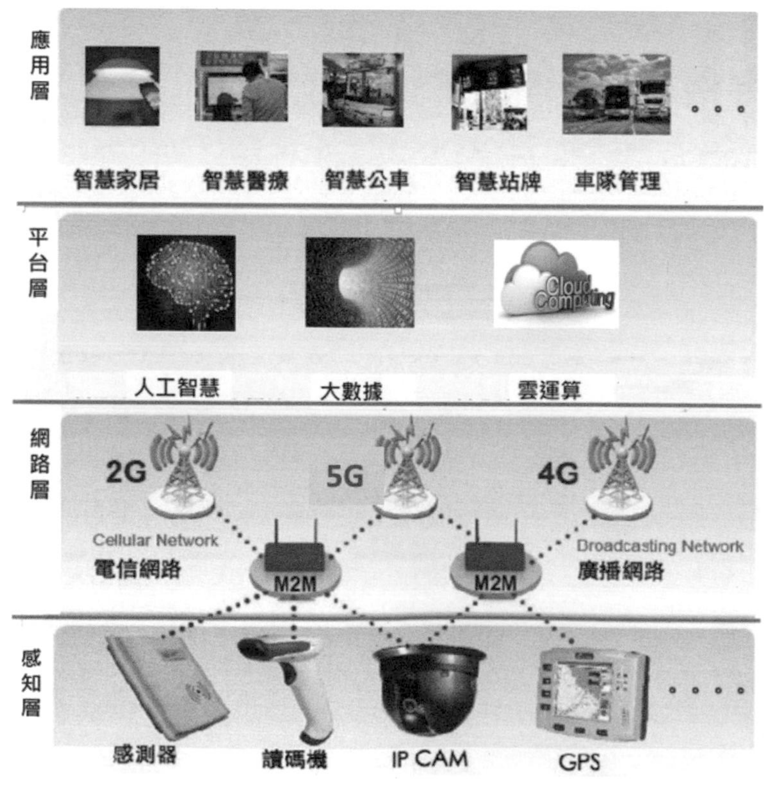

圖 3.1：AIoT 四層架構圖，資料來源：裴有恆製作

3.1.2 智慧手錶/手環

人類從 19 世紀就開始戴手錶，所以智慧手錶、手環消費者的接受度很高，現在更是很多人為了量走路步數、心跳、睡眠、血氧等生理資訊而使用智慧手錶與手環。智慧手環與手錶出貨量前幾大的廠商皆屬此類：Apple、三星、小米、華為、Garmin。而最熱門的應用都跟健康有關。一開始都是量心率、測運動，之後導入醫療級的心電圖，以及血氧量測。

3.1.3 智慧紡織品

談到紡織品，台灣在機能性紡織品的設計製造出口上，有很不錯的成績，很多歐美品牌大廠的衣服都是台灣生產的。機能性紡織品大家所熟知的有夏天會讓你產生涼感的涼感衣，以及冬天會讓你感受暖和的發熱衣。在機能性紡織品之後，很多紡織業的廠商都寄望智慧紡織品未來可以有好的發展。

智慧型紡織品，本身具備感測電擊點，紡織入金屬織線（最常用銀線）或石墨烯線做訊號傳導，最後連結上運算單元做相關用途。智慧紡織品可用於專業使用、娛樂休閒及健康醫療。主要的用途是醫療協助，但結合虛擬實境做觸覺搭配，與運動教練回饋功能也越來越普及。運動服飾品牌大廠 Under Armour 大舉進入此領域，並買下好幾家相關網路社群公司，可見其看好這部分的未來性，而 Nike、Adidas、Ralph Lauren 也都有生產相關產品。

健康醫療方面的智慧紡織品，可以幫忙預防、診斷與復健，不過診斷及復健的用途要根據醫生的醫囑以及復健師的要求。而這類的紡織品因為價格偏高，到目前為止，專業人員、運動員及病人是主要客群。

運動員很容易有運動傷害，透過運動用智慧紡織品，主要著重於監測運動員的生理狀況，並協助加速恢復，可以利用 APP 協助做到自我教練，或是教練根據數據回饋，據以調整運動員的狀態。特別是 2021 年台灣在東京奧運拿到史上最好的表現，使運動科技受到重視，於是在經濟部技術處科技專案支持下，11 月 22 日財團法人資訊工業策進會數位服務創新研究所「MOVE 運動科技大聯盟」與國立臺灣師範大學國際產學聯盟，聯合舉辦「台灣運動科技元年大會」，提供完整的產學研平台，以體感技術、AI 虛擬教練、精準訓練及運動數據管理等應用方案來協助運動教練[1]。

結合虛擬實境做觸覺搭配的部分會在元宇宙的章節中做深入探討。

3.1.4 人工智慧

根據 Wikipedia 所述，人工智慧的研究重點是從「推理」到「知識」，再到「學習」。

機器學習是人工智慧的一個分支，涉及很多領域，包含機率論、統計學、逼近理論[2]、凸分析[3]、計算複雜性理論[4]…等多門學科。機器學習理論主要是設計和分析讓電腦可以自動學習的演算法，一般是從資料中自動分析獲得規律（模型），並利用規律對未知資料進行預測的演算法。

機器學習現在廣泛用於資料探勘、電腦視覺、語音與手寫辨識、自然語言處理、生物特徵識別、搜尋引擎、醫學診斷、DNA 序列測序、檢測詐欺、證券市場分析、戰略遊戲與機器人[5]。

---

1 資料來源：中央社訊息服務 https://www.cna.com.tw/postwrite/Chi/304891

2 根據 Wikipedia 的解釋，是指「如何將一函數用較簡單的函數來找到最佳逼近，且所產生的誤差可以有量化的表徵，以上提及的『最佳』及『較簡單』的實際意義都會隨著應用而不同」。細節請參考：https://zh.wikipedia.org/wiki/%E9%80%BC%E8%BF%91%E7%90%86%E8%AE%BA

3 根據 Wikipedia 的解釋，是指「專門研究凸函數和凸集性質的數學分支，通常應用於凸最小化，即優化理論的子域」。細節請參考：https://en.wikipedia.org/wiki/Convex_analysis

4 根據 Wikipedia 的解釋，是指「理論計算機科學和數學的一個分支，它致力於將可計算問題根據它們本身的複雜性分類，以及將這些類別聯繫起來。」細節請參考：https://zh.wikipedia.org/wiki/%E8%A8%88%E7%AE%97%E8%A4%87%E9%9B%9C%E6%80%A7%E7%90%86%E8%AB%96

5 資料來源：Wikipedia https://zh.wikipedia.org/wiki/%E6%9C%BA%E5%99%A8%E5%AD%A6%E4%B9%A0

機器學習可以分成以下幾種類別：

1. **監督式學習**：從給定的訓練資料集中學習一個模型，當新的資料到來時，可以根據這個新的模型預測結果。學習的訓練資料集包括特徵與目標，而目標需要被標註（label）。
2. **非監督式學習**：訓練資料沒有被標註。
3. **半監督式學習**：部分資料有被標註（但是量不多），其他沒有，所以介於監督式學習與非監督式學習之間；做法上會結合監督式學習與非監督式學習。
4. **增強學習**：透過觀察來學習達成目標的動作，根據環境反饋來做出判斷。

因為 Alphabet 旗下的 DeepMind 以 AlphaGo 打敗圍棋韓國棋王李世乭，而 AlphaGo Master 在圍棋上打敗人類所有高手，AlphaGo 及 AlphaGo Master 都是使用監督式學習，學習人類歷史上所有的圍棋棋譜，但是 AlphaGo Zero 以兩台 AI 機器彼此學習，在一個月左右時間就打敗了 AlphaGo Master，AlphaGo Zero 就是使用增強學習。

在穿戴健康上，因為跟人的身體健康很有關係，在人工智慧上會使用監督式學習，其必須符合醫療正確性，這時有正常與異常的標記很重要，標記錯誤會造成 AI 模型建立錯誤，導致誤診。

3.1.5 通訊

在穿戴運動健康裝置，大部分會利用藍牙做近距離傳輸，有些也用到 ANT+，或是特別的無線訊號，這是因為這類裝置距離人體很近，特別是在人體重要器官附近，不宜有太強的訊號以高功率傳輸，通常會藉由藍牙的低功率傳輸達成大量的資訊傳輸到智慧型手機或其他中介傳輸器，再由手機或中介傳輸器透過高頻寬的無線通訊（例如 4G/5G/Wi-Fi）或有線通訊傳輸出去。

智慧手錶/手環因為是配戴在手上，大部分時間都距人體重要器官較遠，可用 4G/5G 行動通訊技術傳輸。目前 Apple Watch、三星的智慧手錶等等裝置的行動通訊版本會使用 4G/5G 行動通訊直接傳資料到雲端，不必透過中介傳輸裝置。

藍牙從在 2010 年 7 月推出的 4.0 版本開始，支援省電：有「低功耗藍牙」（BLE，Bluetooth low energy）、「傳統藍牙」、「高速藍牙」三種模式。高速藍牙模式為資料傳輸用，傳統藍牙模式為裝置連線與資訊溝通用，低功耗藍牙模式下非常省電。因為省電、低功率，讓藍牙技術現在在穿戴式裝置上應用的很多，尤其是在穿戴式裝置與智慧型手機的連線通信上。

ANT+ 是 ANT 無線網路的一個子集合，是由 Garmin 的子公司 Dynastream 所創立的一個專有協議，目前有一些穿戴式裝置、血糖儀、血壓計、心率監控儀或照明控制使用此技術。ANT 無線網路協定採用 2.4GHz 頻帶，可使用點對點、星型、樹狀、網狀網路，傳輸距離最大 30 米，使用 64bit 加密。最大速率可達 128kbps。

3.2 核心要素與主要應用

根據美國市場調查公司 GRAND VIEW RESEARCH（2019.03）指出，2025 年全球智慧紡織市場規模約 55 億美元，2015 - 2025 年期間年複合成長率約 30.2%。隨著電子布料逐漸成熟、智慧手機普及、5G 及物聯網、元宇宙等環境發展，加上醫療保健、運動健身等生活應用需求快速增長。除了 Apple、SAMSUNG、Intel、Google、Microsoft 等知名國際科技大廠積極布局智慧紡織相關專利外，Ralph Lauren、Nike、Adidas、Under Armor、Levi's…等運動品牌業者也紛紛投入智慧紡織的發展，如：美國 Ralph Lauren 首次與福懋合作，於 2018 年平昌奧運首次推出 Polo 11 Heated Jacket 溫控智慧外套（圖 3.2）獲得搶購風潮；2021 年東京奧運 Ralph Lauren 更推出 Cooling Jacket 降溫外套（圖 3.3）的新產品。

圖 3.2：Polo 11 Heated Jacket，圖源：Ralph Lauren 官網

圖 3.3：Cooling Jacket，圖源：Ralph Lauren 官網

全球很多新創公司透過科技與紡織的整合，發展各項創新紡織產品，如：加拿大 Myant 與 Stoll 合作推出 Myant SKIIN 發展可以偵測心率的內衣褲（圖 3.4）、以色列透過圓編一體編織成型發展通過 FDA 510K 認證之 24 小時心電圖內衣（圖 3.5）、美國 Sensoria 發展編織型壓力偵測襪（圖 3.6）、德國 Antelope 發展編織型 EMS 肌肉電刺激運動衣（圖 3.7）、美國 MAD Apparel 發展 Athos 肌電圖偵測衣等等。日本電腦橫機大廠 SHIMA SEIKI 也陸續發表多款智慧紡織專用設備，用以一體編織成型的感測衣、溫控衣以及空調衣等。

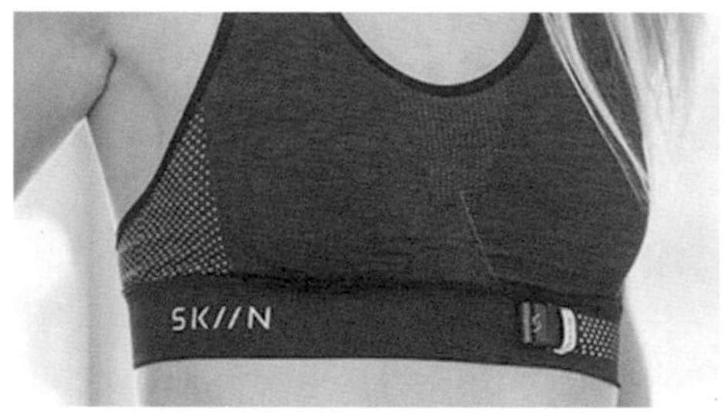

圖 3.4：Myant SKIIN，圖源：Myant 官網

圖 3.5：HealthWatch 醫療級 12 導程心電圖衣，圖源：HealthWatch 官網

圖 3.6：Sensoria 壓力偵測襪，圖源：Sensoria 官網

圖 3.7：ANTELOPE EMS Suit，圖源：Antelope 官網

根據 Deloitte 在 2022 年全球醫療保健展望中指出，2028 年全球數位健康（Digital Health）市場將達 2,952 億美元，2021-2028 年估計以年複合成長率 15.1%增加。透過數位工具的數據蒐集與分析，對於個體健康有更全面的掌握，並增加消費者對於自己健康的控制權；數位健康涵蓋行動健康、健康資訊科技、穿戴式裝備、遠距醫療以及精準醫療，將提供促進醫療效能與改善醫療效率的機會。

國內諸多智慧紡織業者雖有意朝向差異性高值化的醫療應用市場發展，但由於醫療領域門檻高、跨域人才不足以及對相關法規不熟悉等因素，遇到極大的瓶頸與挑戰。因此，在經濟部技術處科技專案的支持下，紡織產業綜合研究所協助產業開發多項科技復健紡織品技術作為產業升級與轉型的參考依據，如：與三軍總醫院復健部合作之心肺復健運動輔助智慧服飾系統，利用精準心率偵測內衣與復健運動健康處方，透過即時語音回饋監督患者在宅運動，連續介入三個月後評估有效降低多項生理指標（圖 3.8）；與台大物理治療所合作發展之肩夾擠症候群復健輔助服飾系統，透過強力織帶與肌電圖用織物電極發展精準掌握復健之目標肌群運動成效（圖 3.9）；與北醫、中山醫及三總合作之精準復健動作偵測輔助服飾系統，整合紡織傳輸排線、織物電極等醫療級智慧布料，協助肌少症患者與中風癒後患者之復健訓練輔助及治療師之復健評估輔助用（圖 3.10）。

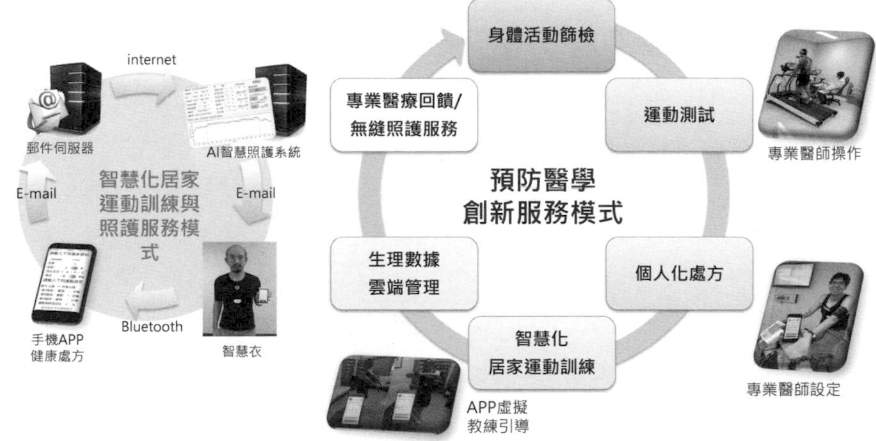

圖 3.8：智慧衣於居家運動復健訓練系統架構

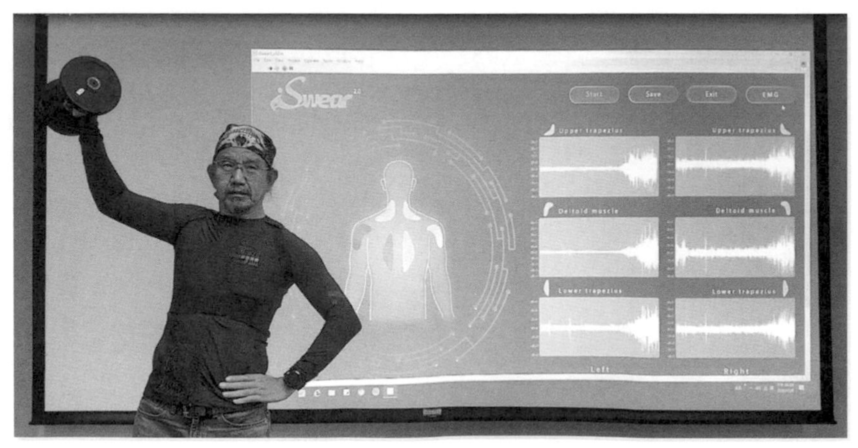

圖 3.9：肩夾擠症候群復健輔助服飾系統，圖源：沈乾龍提供

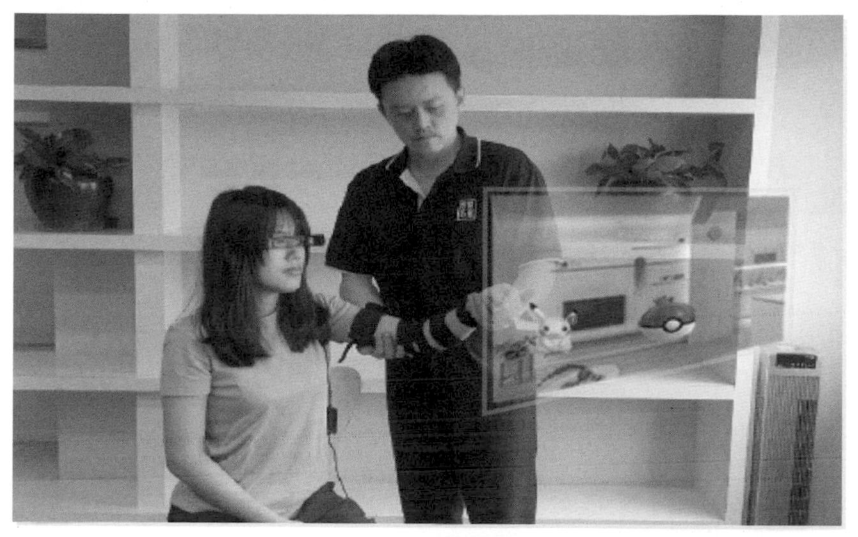

圖 3.10：精準復健動作偵測輔助服飾系統，圖源：沈乾龍提供

由以上資料得知，穿戴運動健康主要是透過穿戴裝置上的感測器，收集生理資料，而因為收集到的生理資料，可以反映穿戴者的生理狀態。

穿戴運動健康在這幾年的最新發展可以大致分為以下四種：

1. **用於慢性疾病的可穿戴設備**：針對慢性病客戶提供價值。例如用於哮喘的智能石膏、用於糖尿病早期檢測的智慧能鞋底，針對帕金森氏病的特殊解決方案等；
2. **用於復健的可穿戴設備**：針對需要復健的客戶提供價值。例如智能石膏，攜帶式膝蓋和手部復健感測器等；
3. **運動與健身技術**：針對運動與健身需求的客戶，提供相關的分析、監測等技術價值。例如動作監測、心率分析、新陳代謝分析以及肌電圖分析等；
4. **生理數據和患者照護的行動監測**：提供需要知道生理數據與需被照護的患者客戶提供獲取數據與行動的監測的價值。例如心率、呼吸、壓力、血氧飽和度、跌倒偵測、居家照護機器人、智能照護貼片、體溫測量，以及醫用紡織品等。

這也對應到商業模式圖的客戶區隔與價值主張的部分。

表 3.1：穿戴運動健康四類最新發展的對應商業模式，裴有恆製作

<table>
<tr><th>關鍵夥伴</th><th>關鍵活動</th><th>價值主張</th><th>客戶關係</th><th>客戶區隔</th></tr>
<tr><td rowspan="3"></td><td></td><td rowspan="3">1.慢性病解決方案
2.復健解決方案
3.運動健身分析監測價值
4.獲取數據與行動的監測的相關價值</td><td></td><td rowspan="3">1.慢性病客戶
2.需要復健的客戶
3.有運動與健身需求的客戶
4.各年齡客戶（特別是患者）</td></tr>
<tr><th>關鍵資源</th><th>通路</th></tr>
<tr><td></td><td></td></tr>
<tr><th colspan="2">成本</th><th colspan="3">獲得</th></tr>
<tr><td colspan="2"></td><td colspan="3"></td></tr>
</table>

3.3 結論

由上面的關鍵技術及核心要素可以得知，穿戴裝置在健康照護、運動的生理監控上，透過物聯網、智慧手錶/手環、智慧紡織品，以及人工智慧等技術，可以提供慢性病解決方案、復健解決方案、運動健身分析監測，以及獲取數據與行動的監測，而後收集監測數據，透過人工智慧發揮更大的價值。在下一章，我們會以國際上的智慧穿戴健康方面的產品案例來做對應分析。

4

穿戴運動健康在國際上的目前進展

4.1 概論

如前章所言，穿戴運動健康在這幾年的最新發展，根據需求的類型，大致分為以下四種分類：

- 第 1 類：用於慢性疾病的可穿戴設備。
- 第 2 類：用於復健的可穿戴設備。
- 第 3 類：運動與健身技術。
- 第 4 類：生理數據和患者照護的行動監測。

我們在提到各國的產品案例時，也會依其性質對應到這四類方式，而一個產品可能對到多種分類。

4.2 美國

美國在物聯網設備上，位居全球的領先地位，這當然也跟美國的科技實力居於世界第一有關。而在穿戴運動健康上，有 Apple Watch 這樣在穿戴健康第一名市佔的手錶手環產品，也有 Fitbit 這樣靠健康社群曾經在世界上第一名的公司，以及眾多在智慧穿戴紡織品上有優秀技術的廠商。

針對穿戴運動健康，美國提出了先進機能織物計畫，是以創新先進纖維與織物為主，整合電子元件於纖維或織物中，透過大數據工具使織物具有感測、聯繫、儲能等功能，藉以引導紡織業跨異業整合開發新產品。以此角度可以看到美國的產品發展，以下舉出各類實例：

產品實例 1：Apple Watch

Apple 公司出的 Apple Watch 到出書為止已經有七代產品，是全世界穿戴式裝置佔有率第一名的公司，全球用戶已經突破一億。而 Apple 公司也針對健康照護與多家醫療機構合作：如 2017 年蘋果與史丹佛醫學院合作 Apple Heart Study，共 40 萬人參與，以 Apple Watch 輔以安裝心電圖 APP 套件檢測異常心律和心房顫動。2018 年與美國醫療病歷業者合作，以 Apple Health Records 整合電子病歷，提供醫療機構和需求用戶快速查閱就醫紀錄與資訊。2019 年再推出 Apple Heart & Movement Study 計畫，以觀察行動與異常心率關係，好辨別中風徵兆。2021 年與西雅圖流感研究中心合作，研究心率、血氧等生理數據與新冠肺炎的病徵關聯[1]。

穿戴式裝置在手錶手環上重視運動健康，是由 Apple Watch 開始強調，並與醫療單位合作。Apple 為它製作了 Watch OS，跟 iPhone 與 iPad 上的 iOS 做對應整合。對外通信有藍牙與 Wi-Fi 兩種通訊協定，也必須透過 iPhone 的 4G/5G 連上網際網路。其中附的 APP 不只能記錄運動，連教練功

1 資料來源：《利眾產業研究電子報 EP01》。

能都具備，是運動員的好幫手。內建多種感測器：GPS、加速度計、陀螺儀、心率感應器、心電圖 ECG[2]、血氧感測器、NFC[3]…等等。這讓它除了可以量測睡眠、運動之外，還可用來了解生理狀況。

Apple Watch 從第一代就有心率量測功能，啟用通知可以提示心率過高或過低。Apple Watch 上的心律不整通知也可以在識別出疑似心房顫動的心律不整時提示使用者[4]。從第四代開始增加心電圖量測與跌倒自動打電話的功能，2020 年，Apple Watch 心電圖 APP 為首個獲台灣食藥署（TFDA）認證為第二級醫材軟體。第六代新增加血氧濃度量測的功能，讓使用者可以方便得到血氧濃度的數據，新冠肺炎期間大家發現血氧濃度不足是確診新冠肺炎的重要指標，此裝置便可幫助使用者實時的監測並做適當的因應措施。

雖然 Apple Watch 的量測距離醫療需求等級仍有一段距離，但是對判斷症狀，一旦發現有問題，再去醫院做更進一步檢查是符合需求的。

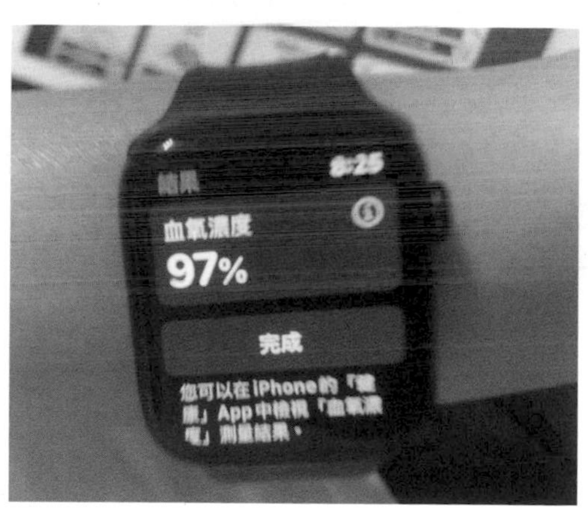

圖 4.1：Apple Watch 的血氧濃度量測，圖源：裴有恆攝影

---

2 心電圖（Electrocardiography、ECG 或者 EKG）是一種經體壁以時間為單位記錄心臟的電生理活動，並透過接觸皮膚的電極捕捉且記錄下來的診療技術。（資料來源：Wikipedia）

3 NFC，是 Near-field communicatio 的縮寫 n，近距離無線通訊，又簡稱近場通訊，是一套通訊協定，讓兩個電子裝置（其中一個通常是行動裝置，例如智慧型手機）在相距幾公分之內進行通訊。

4 資料來源：Apple Watch 官網。

Apple Watch 和各國醫院及藥廠有合作，最著名的就是在美國進行阿茲海默症的研究。

其在健康運動上屬於分類中的第 3 類運動與健身技術，與第 4 類生理數據和患者照護的行動監測。

產品實例 2：Alphabet 旗下的 Fitbit

Fitbit 曾是歐美第一名的手環，在歐美以健身社群為主要訴求，透過社群互相激勵與挑戰，而提高了使用者使用意願。2011 年起，Fitbit 開始提供 API，讓第三方可以提供 APP，擴大應用服務生態系。他在 2015 年 3 月收購健身應用程式 Fitstar，以提供個人化訓練課程。2021 年 1 月 Google 的母公司 Alphabet 完成收購 Fitbit。

Fitbit Sense 於 2020 年發表，是 Fitbit 旗下首款搭載有助於管理壓力的膚電活動（electrodermal activity，EDA）感測器，以及內建全新心電圖應用程式，幫助追蹤個人心臟健康，分析心律找出心房顫動的跡象。

其提供的《Fitbit》APP 已具備健康指標儀表，可幫助用戶追蹤個人健康趨勢，例如心率變化、呼吸頻率以及血氧飽和度（SpO2）等。這些裝置與功能結合其在台灣推出的 Fitbit Premium 訂閱方案，可將用戶的活動、心率、睡眠等紀錄串聯起來，獲得深入的資料分析結果[5]。

而 Fitbit 在醫療健康上的佈局有在 2018 年與 Google Cloud Healthcare API 整合，可以 Google AI 技術管理用戶健康資訊，促進醫療機構與使用病患在雲端溝通；搭配並整合 Fitbit 旗下慢性病管理平台 Twine Health 的電子病歷系統，提供糖尿病、高血壓等慢性病管理服務。2019-2020 年與台灣的糖尿病管理 APP 智抗糖合作，整合 30 多萬用戶數據；並與台灣診所合作，搭配醫護人員雲端掌握患者生理及活動數據，搭配線上衛教，有

5 資料來源：科技新報 https://technews.tw/2021/01/15/google-completes-fitbit-acquisition/

效改善患者病況，建立良好生活習慣。2020 年推動 Fitbit Heart Study 心臟研究計畫，識別因心房顫動而引起的心律不整，辨別中風徵兆。同年與美國國防部合作研究，開發新冠肺炎偵測演算法，以心率、呼吸速率、血氧等偵測無症狀感染者，期望藉此限制疫情傳播。2021 年宣布與 Lifescan APP 數據整合，患者可串接血糖數據至 Fitbit APP 中[6]。

圖 4.2：Fitbit Sense，圖源：amazon 網路商店

其在健康運動上屬於分類中的第 1 類用於慢性疾病的可穿戴設備、第 3 類運動與健身技術，與第 4 類生理數據和患者照護的行動監測。

產品實例 3：Garmin Vivo 系列智慧手錶

Garmin 的總部設在美國，這裡把它算作美國公司，雖然在台灣有研發分部。它也是最早投入運動型穿戴式裝置的廠商，也一直針對不同運動專業人士推出相關的產品。在運動社群的建置上，利用「Garmin Connect™」做網路社群連接。而強打專業運動人士的部分讓它獲得不錯的評價。

6 資料來源：《利眾產業研究電子報 EP01》。

Garmin Vivo 系列手錶是 Garmin 針對健康方面的智慧手錶/手環，有 Vivoactive 系列手錶、Vivolife 悠遊系列腕表、Vivomove Sport 手錶、Vivosmart 健康心律手環、Vivofit 系列手環。

以 Vivoactive 4 的智慧手錶為例，其具備脈搏血氧感測及身體能量指數功能，並追蹤個人呼吸頻率、月經週期、壓力程度、睡眠狀態、心率、飲水狀況等數據，全天候監測你的健康狀況。內建 GPS 及 20 種運動模式，完整記錄瑜伽、皮拉提斯、跑步、游泳與自行車等多項運動。預載 12 種螢幕訓練指導，可直接從手錶螢幕觀看重訓、有氧、瑜伽及皮拉提斯等訓練動畫，跟著螢幕簡單做[7]。

圖 4.3：Garmin Vivoactive 4，圖源：amazon 網路商店

Garmin 在醫療健康上，2019 年與南山人壽、再保公司 SCOR Global Li 合作，將使用者生理數據庫與即時數據，與保險公司「生理年齡模型 BAM」整合，提供客製化的承保建議。2020 年與新創雲端平台 PhysioQ、哈佛醫學院等單位合作，號召用戶以匿名、去識別化加入研究計畫，支持「Neo

7 資料來源：Garmin 台灣官網
https://www.garmin.com.tw/products/wearables/vivoactive-4s-rose-gold/

援助新冠肺炎研究計畫」。2021 年捐贈具血氧偵測智慧手錶，提供台北、桃園等第一線救護人員，提早識別 COVID-19 可能病徵；以運動產品包裝「預防醫學」概念，溝通多運動提升免疫力[8]。

其在健康運動上屬於分類中的第 3 類運動與健身技術，與第 4 類生理數據和患者照護的行動監測。

產品實例 4：CareWear Reusable Light Patch

CareWear Corp 公司所發表的 CareWear Reusable Light Patch 可重複使用光貼片，使用特殊專利透過印刷 LED 整合到超薄可重複黏貼的水凝膠貼片中，每個貼片有超過 5,000 個 LED（官網寫 3500+）。CareWear 的光貼片提供強大的 LED 光療，可在 30 分鐘內治療疼痛並改善組織恢復。專利權利涵蓋：臨床方法和裝置特徵，例如劑量控制、印刷 LED 與 OLED、超聲基板設計和製造、App 和雲裝置交互以及感測器技術等等。

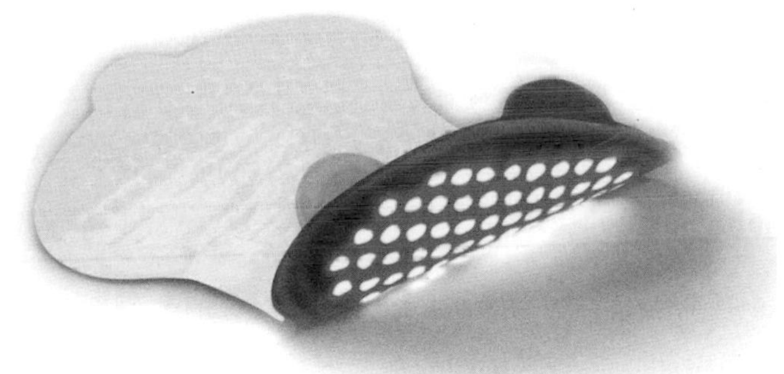

圖 4.4：CareWear Reusable Light Patch，圖源：CareWear 官網

第一款可穿戴式無線 LED 光貼片，通過 FDA 認證，經科學證明是安全有效的，可幫助專業和業餘運動員早日康復並恢復運動。每個 CareWear Light Patches 光貼片具有 5,000 個 LED，光貼片可產生藍光和紅光，透過增加局部血液循環和提高組織溫度來減輕疼痛並改善組織恢復。CareWear

8 資料來源：《利眾產業研究電子報 EP01》。

光斑發出的波長可以加熱組織以放鬆肌肉，刺激增加的一氧化氮生成，改善血液循環，減少炎症，減輕疼痛，刺激能量產生，改善細胞功能，促進癒合和修復。可在 30 分鐘內開始緩解疼痛且加速恢復。

CareWear 近期在的學術研究集中在挫傷後治療疼痛和急性運動損傷以及對志願的人類受試者進行偏心誘導的組織損傷模型。與安慰劑對照相比，這些實驗與體育科學領域的幾所主要大學一起進行，顯示出對組織恢復和疼痛減輕的顯著影響。

CareWear 本身具備了螢火蟲控制器，它包含一個時鐘，高性能處理器和整合的藍牙 4.1 無線通訊，用來連接物聯網。未來將可與 CareWear 應用程序一起使用，透過監控設備以確保治療符合程序，以及向消費者或從業者提供臨床資訊。CareWear 採用光測量方法，使用積分球 100%全檢並結合客製化軟體，測量與品管製造時每個貼片的光輸出功率。

CareWear及其合作夥伴已經成功設計了450納米波長的藍色微型LED（Blue 450 nm Micro LEDs），這些 LED 被製成墨水，並在 125 微米厚的 PET 薄膜上進行卷對卷印刷，印刷成柔性光貼片。這新技術改變了光的輸出模式，並提供了靈活的印刷光元件，具有很高的功率水平和效率，非常適合 PhotoBioModulation（PBM）治療[9]。

CareWear 在其貼片中使用折射率匹配薄膜，粘合劑和水凝膠，以最大限度地減少介面扭曲，進而增加光學輸出的反射和折射。CareWear 的貼片使用醫用級水凝膠，具有生物相容性，抗細菌性，可重複使用多達 20 次。

其在健康運動上屬於分類中的第 2 類用於復健的可穿戴設備。

9　這是 CareWear 的關鍵技術，其文件：https://www.carewear.net/research

產品實例 5：FlexTraPower, Inc., Bonbouton 的智慧鞋墊

Bonbouton（邦寶頓）是一家醫療技術公司，因應糖尿病的臨床需求，開發出此智能鞋墊，該鞋墊可檢測足潰瘍，此為糖尿病相關的截肢的常見原因。透過穿著舒適與簡單易用的智慧鞋墊，期待可以降低甚至防止美國每天發生大約 200 次截肢次數，亦可節省每年醫療系統美金 150 億的花費。

該公司的技術重點在於智慧鞋墊和隨身應用程序，提供一種遠程監控與預防型的健康工具，旨在賦予人們更健康的生活。長遠目標是在一系列其他產品中，導入該公司的專利傳感技術，以改善人們的健康狀況。

總部位於紐約的 Bonbouton 與全球保險公司（MetLife）合作，以確定其智能鞋墊將如何減少糖尿病性足部截肢的醫療費用。在 2018 年，Bonbouton 還宣布與戈爾（Gore）簽署技術開發協議，該公司以 GORE-TEX®織物徹底改變了外套行業，探索將 Bonbouton 的石墨烯感測器與舒適的可穿戴織物相整合的方法，應用於數位健康管理，包括疾病管理、運動表現和日常使用。

智慧鞋墊是 Bonbouton 的創始人 Linh Le 博士開發了一種將石墨烯感測器無縫嵌入對象（例如鞋墊）的方法，使用氧化石墨烯可以檢測到精確到 0.01 攝氏度的溫度變化，在鞋墊內印刷石墨烯作為度感測器感測器，用以隨時偵測穿戴者足部的血液循環與腳底的溫度變化[10]。

其在健康運動上屬於分類中的第 1 類用於慢性疾病的可穿戴設備。

---

10 延伸閱讀

- Temperature-Dependent Electrical Properties of Graphene Inkjet-Printed on Flexible Materials (https://pubs.acs.org/doi/abs/10.1021/la301775d)
- Graphene supercapacitor electrodes fabricated by inkjet printing and thermal reduction of graphene oxide (https://www.sciencedirect.com/science/article/pii/S1388248111000361)
- Inkjet-Printed Flexible Graphene-Based Supercapacitor (https://www.sciencedirect.com/science/article/pii/S001346861402009X)

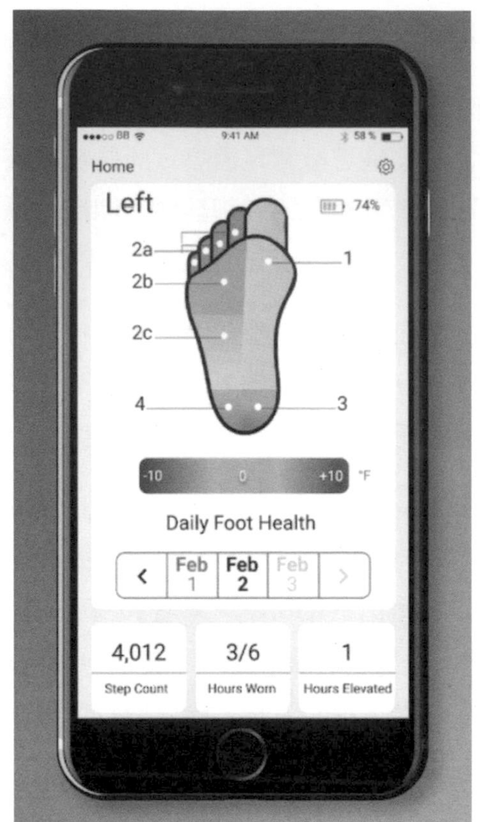

圖 4.5：Bonbouton 智慧鞋墊的 APP 偵測，圖源：FlexTraPower 官網

產品實例 6：CyMedica Orthopedics 的 e-vive

CyMedica Orthopedics 公司的 e-vive 是一種新型態的復健輔具，主要是針對肌肉流失、肌肉萎縮或是膝關節手術患者提供有智慧化服務，穿戴智慧護具內建三個橡膠電極貼片以及在膝蓋下方嵌入一陀螺儀，智慧護具採用內置感測器技術，可傳輸關鍵範圍的運動數據和步驟，同時還精確地將電極固定到位，以確保有效的四頭肌激活。為每位患者提供客製化應用程序控制的肌肉刺激治療，無線化的設計提供使用者舒適性和便利性，e-vive 透過跟蹤他們的復健進展，並可與臨床醫生共享數據，幫助患者參與康復。

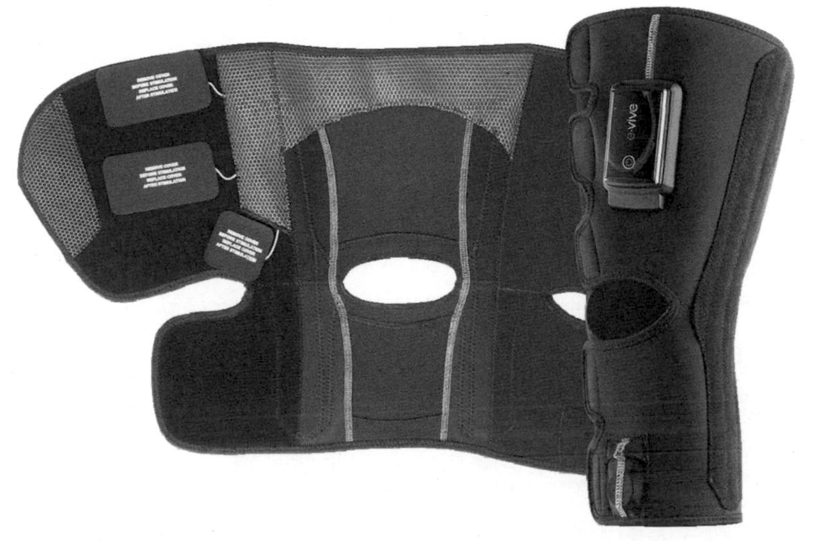

圖 4.6：CyMedica Orthopedics 的 e-vive 系統圖，圖源：CyMedica Orthopedics 官網

CyMotion 的技術透過市場上的第一個閉環反饋循環提供刺激，自動調整患者獨特的生理和動態生物阻抗，進而實現更有針對性和個性化的治療。透過這個反饋循環，CyMotion 技術在足以引起肌肉收縮的較高電壓水平下啟動肌肉刺激，然後消散至較低水平，進而提高治療舒適度。

CyMotion 相信高水平的護理不一定要帶高價。這就是為什麼 CyMotion 堅持不懈地專注於幫助醫生和物理治療師透過先進的遠程康復解決方案提供真正的原因。基於價值的護理，提供舒適，高強度的肌肉激活，並為醫療服務提供者提供更好的可見性和洞察患者的進步，提高護理標準，改善人口健康，降低醫療成本。

其在健康運動上屬於分類中的第 2 類用於復健的可穿戴設備。

產品實例 7：Health Care Originals Inc.的 ADAMM 智慧貼片

Health Care Originals Inc.（HCO）是紐約州北部的一家新創公司，將羅徹斯特大學專利技術商業化，開發用於管理慢性呼吸道疾病的產品。HCO 的首款產品 ADAMM 的智慧貼片（smart patch）及提供三種解決方案，包括可穿戴裝置、智慧型手機應用程序和網路門戶網站（web portal），將使全球 3 億哮喘患者受益。ADAMM 提供 Intelligent Asthma Management™（智能哮喘管理）—自動化管理，提高遵從性並提早識別出症狀前兆，使看護人安心並改善哮喘患者的生活品質。

哮喘在我們今天的人群中非常普遍，需要一直注意，ADAMM 的智慧貼片可連續偵測咳嗽計數、呼吸、喘息和心率，並提供通知、吸入器檢測和語音日記功能。可分為三部分的解決方案：一個可穿戴的檢測哮喘的前兆症狀，連接一智能手機的應用程序與一入口網站來檢測治療效果。該設備和應用程序將能夠在遇到哮喘情況，日誌記錄、治療計劃、顯示以及症狀治療的追蹤和信息時提醒佩戴者。

其在健康運動上屬於分類中的第 1 類用於慢性疾病的可穿戴設備。

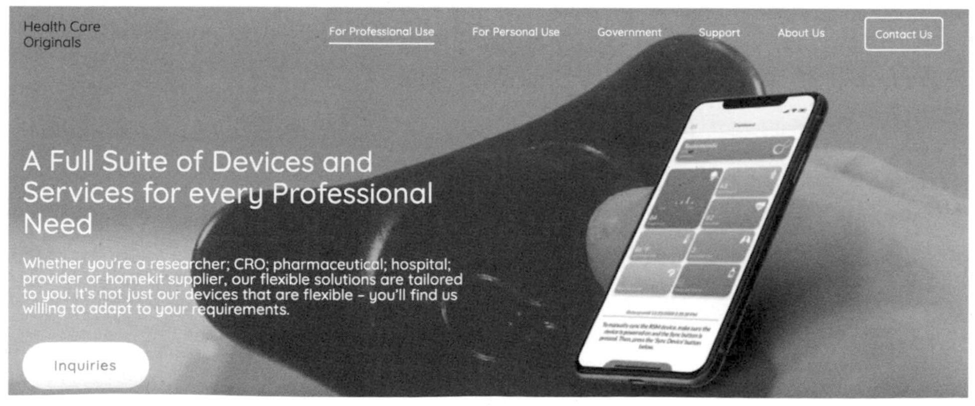

圖 4.7：Health Care Originals Inc.開發的 ADAMM，圖源：Health Care Originals Inc.官網

產品實例 8：美國 MAD Apparel In 的智慧服裝

美國 MAD Apparel Inc 公司開發 ATHOS，這是針對肌肉感測開發一系列的智慧服裝，讓使用者了解自己身體上肌肉的運用。其運動服裝透過藍牙將心跳、呼吸、肌電圖（EMG）[11]、運動方向等相關數據連結至智慧手機 APP 作即時顯示及分析，來顯示運動時身體肌肉運用情形，其中上衣包含了 14 組 EMG 織物電極來偵測上半身的肌肉，取樣率為 1K Hz，而每顆裝置重量為 22 克，偵測之肌群為肱二頭肌，肱三頭肌，斜方肌，三角肌，臀肌等，兩組心跳感應器和兩組呼吸感應器；短褲部分則有八組 EMG 感應器和四組的心跳感應器。而 EMG 訊號將可由 root mean square 顯示肌肉強度。

運動員可以在任何訓練環境中，讓 Athos 教練引擎由超過 500 萬分鐘的訓練數據提供支持，可評估個人運動並確定最大的受傷風險因素。

該系統分配了一個糾正策略，該策略可以透過指令、教育和實時肌肉活動生物反饋獨立完成，所有這些都內置並在應用程序中可用。會後和每週報告使運動員、教練和領導層能夠評估表現和進步[12]。

其在健康運動上屬於分類中的第 3 類運動與健身技術。

11 肌電圖（EMG）是一種評估和記錄骨骼肌產生的電活動的技術。[1][2]EMG 是使用稱為肌電圖儀的儀器進行的，以產生稱為肌電圖的記錄。肌電圖儀檢測肌肉細胞[3]當這些細胞被電或神經激活時產生的電勢。可以分析這些信號以檢測異常、激活水平或募集順序，或分析人類或動物運動的生物力學。（資料來源：Wikipedia）

12 資料來源：https://www.liveathos.com/

圖 4.8：ATHOS EMG 感測智慧衣，圖源：Athos 官網

產品實例 9：美國 Noraxon 的 Ultium EMG

美國 Noraxon 公司持續 30 多年在人體運動指標和生物力學研究解決方案[13]，其 Ultium EMG 產品應用於臨床研究，使用 EMG 結合 6 軸 IMU 進行動作偵測，其中 6 軸解析度為 24bits，EMG 取樣頻率為 4kHz，電池壽命為 8 小時重量為 14 克，使用時由專業人員透過雙面膠與黏貼式電極貼片將裝置貼於感測部位，來偵測 EMG 與 IMU[14] 訊號，並以無線通訊（bluetooth / Wi-Fi）方式傳送 EMG 及 IMU 測數據至電腦端，進行肌力、動作的訊號分析。

13 資料來源：Noraxon 官網

14 慣性測量單元（英語：Inertial measurement unit，簡稱 IMU）是測量物體三軸姿態角（或角速率）以及加速度的裝置。一個 IMU 內會裝有三軸的陀螺儀和三個方向的加速度計，來測量物體在三維空間中的角速度和加速度，並以此解算出物體的姿態。為了提高可靠性，還可以為每個軸配備更多的感測器。一般而言，IMU 要安裝在被測物體的重心上。（資料來源：wikipedia）

其在健康運動上屬於分類中的第 3 類運動與健身技術，以及第 4 類生理數據和患者照護的行動監測。

圖 4.9：Ultium EMG 系統與裝配，圖源：Noraxon 官網

產品實例 10：美國 Delsys 的 Trigno

美國 Delsys 公司 1993 年成立[15]，其 Trigno 產品應用於研究和臨床機構中，使用 EMG 結合 6 軸 IMU[16] 進行動作偵測，其中 EMG 最大取樣頻率為 4370Hz、加速規最大取樣頻率 963Hz、陀螺儀取樣頻率 741Hz，電池壽命為八小時以上，重量為 14g，使用時由專業人員透過雙面膠與黏貼式電極貼片將裝置貼於感測部位，並以無線通訊（bluetooth / Wi-Fi）方式傳送 EMG 及 IMU 測數據至 Delsys 擷取盒，也可與其他第三方數據採集系統並接，同時觸發達到同步功能並傳輸至電腦。

其在健康運動上屬於分類中的第 4 類生理數據和患者照護的行動監測。

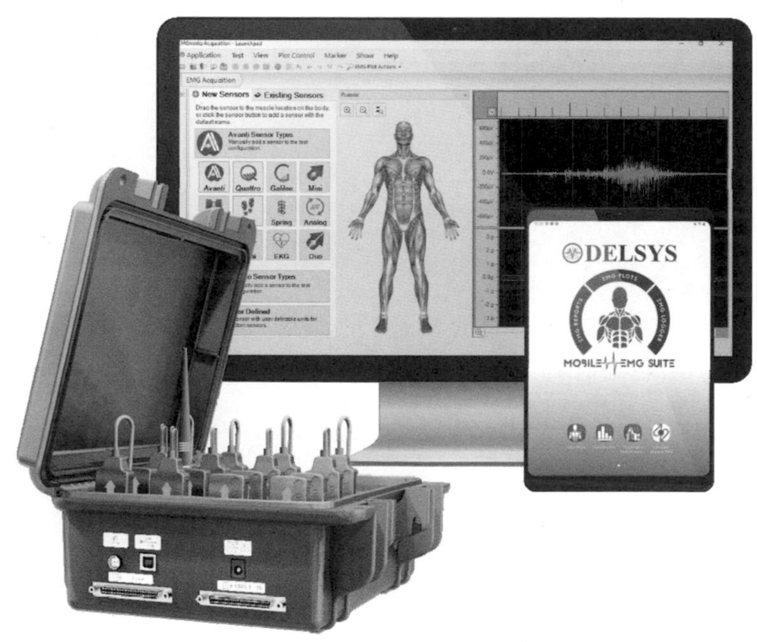

圖 4.10：Trigno 系統與裝配，圖源：delsys 官網

---

15 資料來源：Delsys 官網

16 IMU，Inertial measurement unit 的縮寫，慣性測量單元，是測量物體三軸角速率以及加速度的裝置。（資料來源：Wikipedia）

4.3 歐洲各國

針對穿戴運動健康裝置，歐盟有歐盟紡織創新計畫，是以智慧型紡織品、運動防護／健康照護及運輸／建築／內裝等產業用紡織品為主，並推動尖端科技創新與時尚設計工業融合，同時鼓勵跨國及跨單位與異業結盟，開發異領域應用紡織品。

以此角度可以看到歐盟的產品發展，以下舉出各類實例。而英國雖已退出歐盟，但英國的廠商在此也被列入歐洲廠商之中。

產品實例 11：德國 Dynostics 的智慧穿戴代謝分析裝置

德國 Dynostics 公司的智慧穿戴代謝分析裝置，可透過連續呼吸氣體測量，在 5 分鐘內完成受測者身體目前有多少卡路里燃燒，多少是碳水化合物、脂肪和蛋白質。根據設定的運動員目標，透過擬定一個量身訂製的培訓和營養策略，根據他的個人目標進行調整。無論是減肥、鍛鍊肌肉還是塑身，使用 DYNOSTICS 可以為受測者提供高效和全面的身體管理、智能表現和新陳代謝分析，確保根據個人脈搏值，進行最佳培訓和量身規劃的營養。

其在健康運動上屬於分類中的第 3 類運動與健身技術。

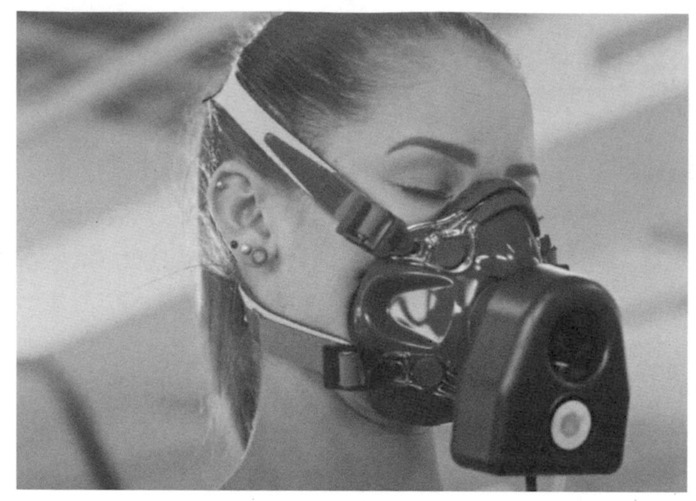

圖 4.11：DYNOSTICS 使用圖，圖源：DYNOSTICS 官網 YouTube 影片

產品實例 12：德國 MOIO GmbH 的智慧護理貼片 TeleCare

德國 MOIO GmbH 公司的智慧護理貼片（smart care patch）－TeleCare 使用特殊的貼片直接貼附在皮膚上，內建加速規與陀螺儀，可以獨立收集和解譯感測器的信息，並根據需要採取具體行動後，主動及時通知護理人員應用程序。可因應不同的需求提供及時的行動方案，簡化護理人員的管理程序和日常任務。

圖 4.12：MOIO GmbHz 發表的智慧護理貼片 TeleCare，圖源：medica 官網

智慧護理貼片 TeleCare 的主要功能包含：

- **地理圍欄（Geofencing）**：可定義虛擬室內和室外地理圍欄，當迷失方向的人離開其定義區域時觸發警報。這為受照護者與照護者帶來更大的行動自由，並為雙方提供了極大的緩解。
- **跌倒偵測（Fall Detection）**：使用加速度和位置感測器可靠地檢測跌倒。如果易受跌倒的人試圖起床，它也會發出通知，讓及時的援助降低跌倒的次數。
- **壓瘡預防（Pressure Sore Prevention）**：透過監控自上次更改位置以來的時間長度。一旦確定在過去的時間內間隔沒有移動，就會通知護理人員。這意味著只需在需要時協助改變受照護者的姿態，避免壓瘡的發生。
- **動作追蹤（Active Tracking）**：可以透過其室內/室外活動追蹤系統，隨時確定受照護者的位置，減少照護者搜索所需的工作量。
- **佩戴者監測（Wearer Monitoring）**：不斷檢查它是否真的穿在身上。如果意外移除或丟失，護理人員會立即得到通知。
- **活動歷程（Activity Profile）**：可以評估佩戴者的活動時間和次數。例如，透過歷史資料報表提供晝夜生活節奏或消耗的能量信息。

其在健康運動上屬於分類中的第 4 類生理數據和患者照護的行動監測。

產品實例 13：德國 Cosinuss GmbH 的 cosinuss° One 健身追蹤器

德國 Cosinuss GmbH 公司所發表 cosinuss° One，是一款專業的健身追蹤器，可以精確監控多個生命徵象，包含：心跳、心率變異、體溫、血氧、血壓變化以及呼吸率等[17]。外耳道是連續捕獲高精度相關健康數據的最佳位置（受保護的安置、黑暗的周圍、動作緩慢、最好的血液供應、適當的組織接觸），在這款小而輕的耳塞內，獲得專利的耳塞技術（反射式光學感測技術）將生命徵象監測提升到了一個新的水平。可以在所有具有藍牙或 ANT +功能的設備上使用並進行連續測量體溫、自動溫度日記、準確顯示實時測量值。

其在健康運動上屬於分類中的第 4 類生理數據和患者照護的行動監測。

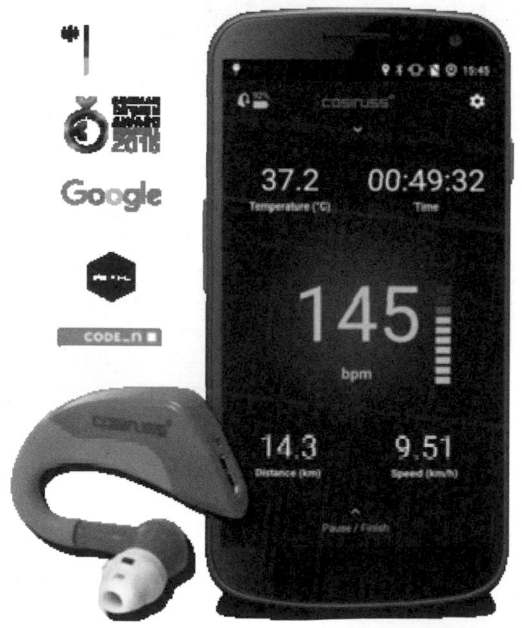

圖 4.13：Cosinuss GmbH 公司的 cosinuss One，圖源：Cosinuss GmbH 官網

17 技術延伸閱讀：https://www.cosinuss.com/technology/

產品實例 14：法國 Digitsole SAS 的智慧多運動功能鞋墊

法國 Digitsole SAS 是互聯網鞋類的全球領導者，將電子產品整合到鞋類中，為消費者提供更多的功能，帶來顯著的舒適感和幸福感。Digitsole 憑藉其「法國製造」的獨特專業知識，並由其合作夥伴 Zhor-Tech 提供技術支持，正在改變鞋和互聯鞋墊的世界。期望透過一系列健康、運動和福祉的智能鞋墊來改變鞋類的未來。

自行研發的高性能 Brainux 微處理器整合在鞋墊中可精確的分析活動訊息。同時自行開發手機應用程序 APP 可在 iOS（高於 9.0）和 Android（高於 5.0）上使用，並允許使用者使用手機的藍牙（BLE[18]）連接功能來連接加熱的鞋墊。專用的應用程序可讓使用者將鞋內的溫度控制在 20°C 至 45°C / 68°F 至 113°F 之間的程度，並透過內建的感測器，關注自己的日常活動。

其首款用於騎行和跑步的智慧型多運動功能鞋墊，可幫助運動員提高運動表現。穿著一對智慧型鞋墊，可使用在跑步和騎自行車的專用應用程序。用於自行車騎行的智能鞋墊，使騎車人能夠增強其踩踏技術，優化能量消耗並降低受傷風險，連接到專用的應用程序，可以輕鬆地跟蹤日常活動狀況，無須經過自行車測試實驗室，即可提供運動者自我改善所需的所有信息。

其在健康運動上屬於分類中的第 3 類運動與健身技術。

18 藍牙低功耗（Bluetooth Low Energy，或稱 Bluetooth LE、BLE，舊商標 Bluetooth Smart[1]）也稱藍牙低能耗、低功耗藍牙。是藍牙 4.0 開始導入的功能。

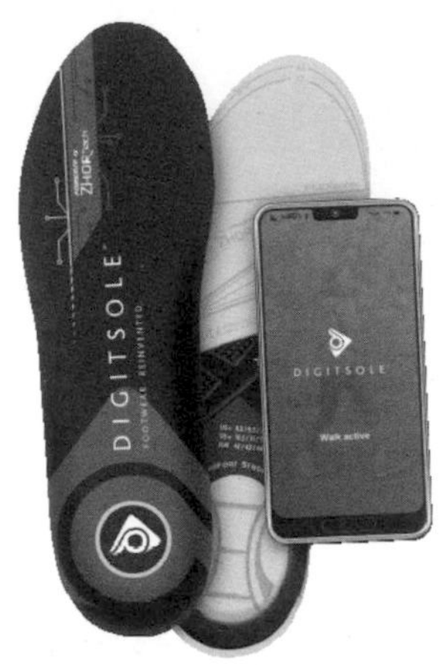

圖 4.14：Sport Profiler©自行車運動鞋墊，圖源：Digitsole SAS 官網

產品實例 15：義大利 Calze G.T. S.r.l. 的 Diabetic Socks for Sensitive Feet

Calze GTSrl 公司於 1984 年開始生產襪子和緊身褲，為一家專業生產漸進式壓力襪製造商，以自主品牌 Relaxsan 全球銷售醫療級壓力襪。RelaxSan 壓力襪符合歐盟第一類醫療器材規定，其中，醫療級壓力襪針對靜脈曲張，襪子頂部採用特殊彈性織造沒有任何鬆緊帶，使襪子能夠適當地附在皮膚上，進而避免皮膚病變（如糖尿病）的發展。所有產品均採用最優質的纖維製造，以確保耐用性，並在皮膚接觸時具有低過敏性功能，防靜脈曲張壓力襪有分為一級壓力（22-27mmHg）與二級壓力（23-32 mmHg）等兩種規格。

Diabetic Socks for Sensitive Feet 是 Calze GTSrl 公司針對糖尿病患者所設計的醫療級專用壓力襪，RelaxSan 糖尿病和敏感的腳襪系列，結合高品質的材料（銀、棉和 Crabyon[19] 等特殊纖維的混合物）與特殊的編織生

19 Crabyon 是一種由殼聚醣製成的纖維，殼聚醣是幾丁質的衍生物，是蟹殼和貝類殼的天然化合物。這種纖維由日本公司 Omikenshi 生產，由義大利紡織品生產商 Pozzi Electa 製作。資料來源：Lampoon Magazionhttps://www.lampoonmagazine.com/article/2022/05/08/crabyon-possible-solution/

產方法，以確保糖尿病和敏感腳的健康和舒適。此外，糖尿病襪子不僅適用於患有糖尿病的人，也適用於腳部非常敏感的人（如：患有關節炎或腳癬的人），或者只是尋找保持腳部健康產品的人。

其在健康運動上屬於分類中的第 1 類用於慢性疾病的可穿戴設備。

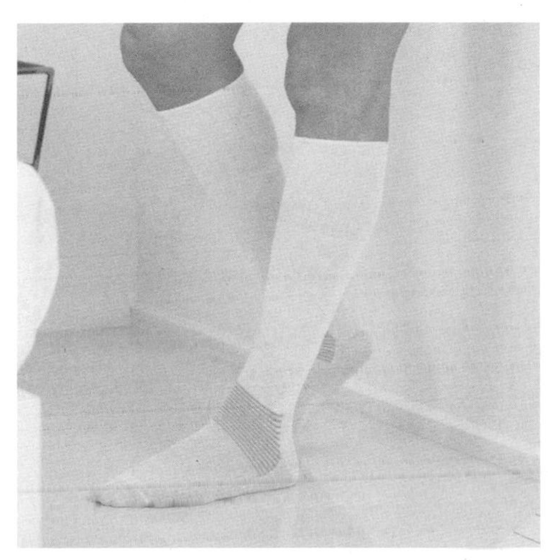

圖 4.15：Diabetic Socks for Sensitive Feet，圖源：Calze GTSrl 公司官網

產品實例 16：義大利 PAVIS SpA 的腹部疝氣患者的術後回復的內褲以及加強的襯墊 Servoclin

義大利公司 PAVIS SpA 提供各種用於預防和復健的整形外科輔助設備。此外，他們也生產具有高彈性、純棉、低過敏及止汗的功能的布料 Airflex，還有具有止汗棉/抗菌、輕盈、舒適和高耐受性的布料 NANOFEEL 等。

針對腹部疝氣患者，此公司製作術後回復的內褲以及加強的襯墊。以及穩定骶骨區已緩解腰痛及坐骨神經痛的束腰。針對受傷，過度疲勞引起的肌腱關節損傷的護腕，護肘等。透過彈性布料與特殊版型的設計，因應不同的適應症發展成高附加價值的復健輔具。

其在健康運動上屬於分類中的第 2 類用於復健的可穿戴設備。

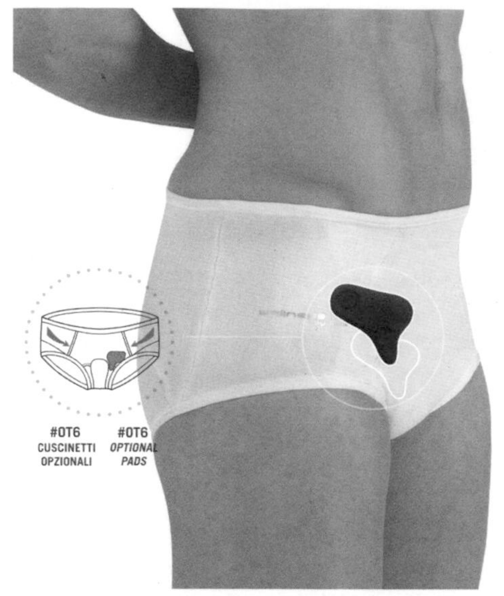

圖 4.16：Servoclin，圖源：PAVIS SpA 官網

產品實例 17：義大利 L.I.F.E. Italia S.R.L.的 BWell 智慧衣

義大利 L.I.F.E. Italia S.R.L.公司宗旨在幫助不斷增長的老齡化人口可以過上充實的生活，並為希望優化其身體機能與建設更美好世界的人們提供服務。期待這個世界上沒有病人，並認為人們不應該因為病態而受到審判。該公司發表的 BWell 智慧衣已通過 MDD 93/42 / EEC 和 2007/47 / EC 在歐洲（CE）認證為 IIa 級醫療設備。但此衣服僅用於協助醫師收集生理數據，並非用於診斷功能。

BWell 智慧衣內建 12 個導程心電圖[20] 用的電極以及內嵌入 5 個形變感測器用以偵測呼吸數據，在手臂的肢導電極以及胸部的單導電極布局位置

20 通常在肢體上可以放置 2 個以上的電極，他們兩兩組成一對進行測量。每個電極對的輸出信號稱為一組導程。導程簡單的說就是從不同的角度去看心臟電流的變化。心電圖的種類可以以導程來區分，12 導程心電圖是臨床最常見的一種，可以同時記錄體表 12 組導程的電位變化，並在心電圖紙上描繪出 12 組導程信號，常用於一次性的心電圖診斷。（資料來源：Wikipedia）

都具備可調整性與電極加壓的設計，可解決服飾電極在運動狀態下的位移干擾，電線透過 S 形布局提供電訊傳遞彈性伸展的設計，衣服的連結裝置達 IP67 防水等級。

其在健康運動上屬於分類中的第 4 類生理數據和患者照護的行動監測。

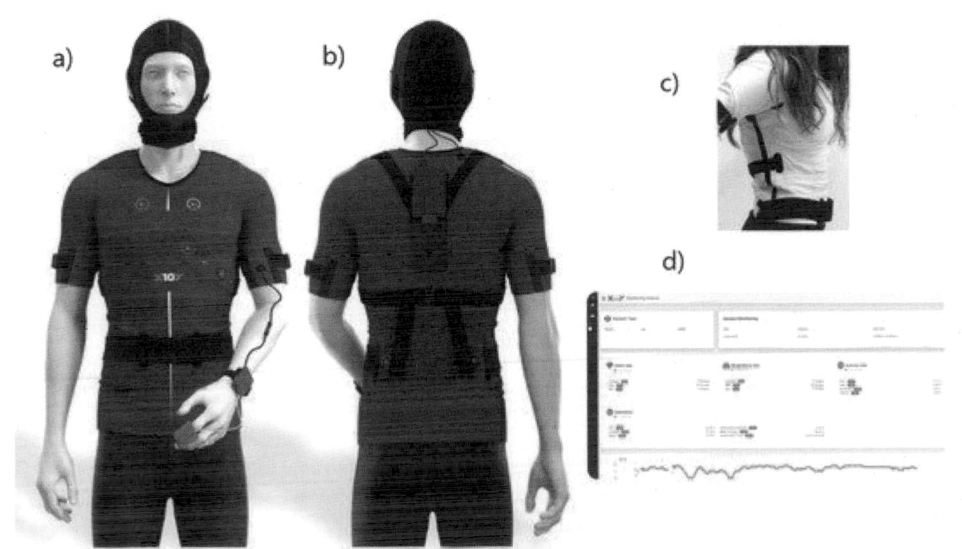

圖 4.17：BWell 智慧衣設計結構圖（左正面、右反面）
圖源：MDPI 官網論文 https://www.mdpi.com/1424-8220/21/3/814/htm

產品實例 18：荷蘭 LifeSense Group Ltd.的女性智能內褲 Carin 與男性智能內褲 Wil

荷蘭 LifeSense Group Ltd. 公司開發的 Carin 透過高吸濕的內褲與將穿戴電子裝配內褲上，作為漏尿偵測之動態監測，協助產後婦女身體回復以及訓練參考用。透過 APP 設計骨盆底肌肉收縮運動，引導產婦婦女運動達到子宮與骨盆底肌肉收縮能力的復原。教練視頻可以幫助使用者每天鍛鍊使用者骨盆底肌肉 10 分鐘，即使在幾週後，使用者也會體驗到更高的力量和控制力。

婦女壓力性尿失禁是一個普遍的問題。婦女經常在運動中或打噴嚏，大笑或跳躍時經歷尿液洩漏。Carin 的專利智能內衣與可穿戴感測器和跟蹤應用程序搭配使用，可創建量身訂製的鍛鍊計劃，旨在幾週內消除洩漏。Carin 非常適合在任何繁忙的生活方式中訓練骨盆底力量。其在健康運動上屬於分類中的第 2 類用於復健的可穿戴設備。

另有智能內衣系列 Wil，專為患有壓力性尿失禁的男性而設計。Wil 內衣內建小型感測器可與該應用程序配合使用，以跟蹤洩漏數據並針對穿著者優化的個性化鍛鍊程序。

其在健康運動上屬於分類中的第 4 類生理數據和患者照護的行動監測。

圖 4.18：LifeSense Group Ltd.開發的 Carin（左）與 Wil（右）

圖源：LifeSense Group Ltd.官網

產品實例 19：盧森堡 IEE S.A.的 ActiSense 智慧壓力感測鞋墊

盧森堡 IEE S.A. 是全球各種應用和產業的高端傳感技術解決方案的領先製造商和供應商。發展 ActiSense 智慧壓力感測鞋墊應用於測量和追蹤正確的數據有助於提高運動表現、優化腳相關疾病的醫療監控，預防傷害並儘早評估患病的風險 ActiSense 內建 8 個獨立的壓力感測器（嵌入鞋底）與一個慣性測量單元（外掛在鞋邊）數據相結合，左右腳與智能設備之間可數據同步以及可即時數據顯示和個人數據可視化，可測量步行、跑步或跳躍時腳/鞋底上的壓力分佈情況。借助強大的電子設備，數據可即時傳送到遠端接收器（如：智慧型手機，手錶或電腦等）以進行分析。使用我們的整合軟體，可以自由客製化適合使用者的應用程序的數據。

ActiSense 優點包含：

- 薄且可彎曲的非侵入式印刷電子產品。
- 準確可靠地測量和分析步態和姿勢，並提供相關技術資源。
- 臨床可應用範圍：復健、下肢問題的診斷、特殊的鞋類設計、糖尿病患者的潰瘍預防以及老年人的平衡和信心改善等。
- 體育應用範圍：生物力學、治療、預防傷害以及訓練等。
- 產品具備靈活可針對特定應用，進行客製化設計並提供各種整合應用。

也就是說，其在健康運動上屬於分類中的第 1 類用於慢性疾病的可穿戴設備、第 2 類用於復健的可穿戴設備、第 3 類運動與健身技術，以及第 4 類生理數據和患者照護的行動監測。

圖 4.19：ActiSense 智慧鞋結構圖，圖源：IEE S.A.官網

產品實例 20：瑞士 Gait Up SA 的 Physilog 感測器及系列產品

瑞士 Gait Up SA 發表 Physilog®感測器，為體育和診所的運動分析提供創新的可穿戴式感測器和軟體。利用 Physilog®的應用程序，將運動感測器信號轉化為與性能或殘疾相關的有意義的數據。

Gait Up SA 成立於 2013 年並於 2017 年被 MindMaze 收購，由洛桑大學醫院（CHUV）和洛桑瑞士技術學院（EPFL）所成立的衍生公司，具有世界領先級的運動分析科學專業知識，在該領域開拓了超過 18 年的經驗。該公司的產品特別專注在感測器分析數據的有意義指標以及準確性，全球已為 200 多個客戶提供運動分析解決方案，並為學者、醫師、初創公司和全球參與者提供發展機會。該公司的關鍵價值是準確性和簡單性，公司任務是提供賦予慣性感測器最佳的演算法。

Gait Up SA 結合了感測技術，演算法和生物力學提供運動分析。在運動方面，Physilog® 感測器（11g）無線數據傳輸，IP64 防水防塵，以及用於快速資料傳輸的 microUSB 並可在多個感測器進行同步，可穿戴在鞋子上進行步態紀錄，結合 PhysiRun 應用程式分析姿態（是否外八，左右腳重心分布情形），在健康方面，除了常見的路程、時間，還有細部的步態動作分析。

可穿戴運動感測器 Physilog®內建氣壓計的多功能無線慣性測量單元（IMU）可直接穿戴在鞋面上，Physilog® 現在已進入第五代 Physilog® 5，並在步態分析、活動監控、運動和獸醫運動等 400 多個科學出版物中都有介紹，包含：教學（信號處理，數據挖掘，機器學習…）、研發（感測器配置，原型製作...）、科學（臨床研究，客觀測量…）以及商業（運動，復健等方面的可穿戴解決方案）。

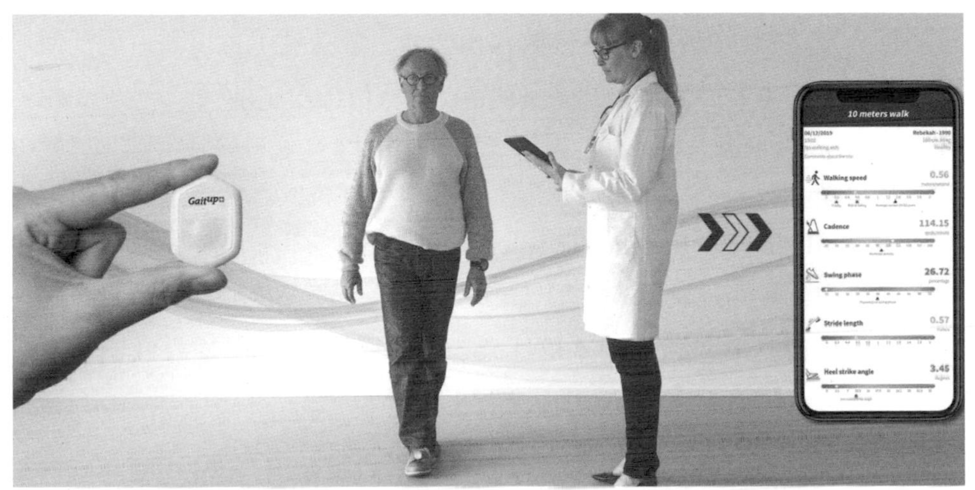

圖 4.20：Gait Up SA 的 Physilog® 應用方式，圖源：Gait Up SA 官網

步態為人類的第六個生命跡象，自從 1970 年首次研究病理性步態解決方案以來，研究人員和臨床醫生僅限於實驗室條件來研究步態，包含：使用攝影機、EMG 以及測力板等。自 2000 年以來，慣性感測器在運動科學領域提供了新的契機，使衛生專業人員和生物力學人員能夠測量步態，並進行常規評估和有影響的研究。為滿足這些需求，PhysiGait 產品結合了易用性且經過準確性驗證。

近年來，大部分的跑步研究的體育科學家和專家仍僅限於主觀觀察或實驗室條件。透過步態慣性感測器和演算法可以提供體育科學家和專家在真實條件下進行跑步評估與個性化訓練、鞋類選擇以及預防傷害等新典範。將評估方式由實驗室帶入現實世界。而 Gait Up SA 公司所發展的 PhysiRun Live 和 PhysiRun Lab 可提供相關的產品服務。

其在健康運動上屬於第 3 類運動與健身技術，以及第 4 類生理數據和患者照護的行動監測。

產品實例 21：瑞士 CSEM S.A.的 12 導程心電圖可穿戴監測系統

瑞士 CSEM S.A. 公司是一家專注於微米技術、納米技術、微電子，系統工程，光伏和通信技術的研究和技術組織。此次展示可以整合到任何可穿戴設備中的生命體徵監測的高端技術。CSEM S.A. 同時發表多款穿戴式 EXG 的技術與原型，包含：一導程穿戴式心電圖（可測量心電圖、皮膚阻抗以及呼吸次數）、12 導程心電圖穿戴服飾、穿戴式腦波儀以及電阻抗斷層掃描儀（Electrical Impedance Tomography, EIT）[21] 等技術。此次參展也是在尋找合作夥伴提供 ODM 與 OEM 的服務。產品根據醫療器材可用性 IEC 62366 和風險管理 ISO 14971 等方法確定可穿戴貼片設備的外形設計，以及符合醫療設備指令 MDD 93 / 427EWG。

其符合醫療標準的 12 導程心電圖可穿戴監測系統，用於代謝症候群的監測與改善追蹤。代謝綜合症是一種身體能量利用和儲存障礙，容易增加患心血管疾病和糖尿病的風險。名為 ObeSense 的 Nano-Tera[22] 項目旨在開發低功耗可穿戴式多感測器監測系統，以更好地管理這個族群（估計在美國占成年人口的三分之一）的療法。ObeSense 解決方案將使醫生能夠連續監測患有代謝綜合症的患者的最重要醫學參數，進而降低門診患者在門診情況下的醫療隨訪費用。可穿戴電子系統（Wearable Electronic System，WES12）是 class IIa 類醫療器材，使用於心臟長期臨床監測，內部整合 12 導程心電圖、3D 加速度計和生物阻抗測量等。可以與 14 個標準扣件（例如凝膠或紡織電極）連接，存儲原始數據，並可以根據心率、心律和波形

---

21 使用電阻抗掃描成像技術的儀器，屬於電阻抗成像技術的一種，常用於對生物體表淺器官（如乳房、淋巴結、甲狀腺等）的電阻抗成像。（資料來源：中文百科）

22 Nano-Tera.ch 研究計劃是瑞士聯邦計劃，為支持以萬億和納米萬億級別的納米技術的科學項目提供資金。目標是改善健康、安全、能源和環境方面的技術。（資料來源：Wikipedia）

自動分析同步的長時間 ECG、呼吸和身體運動信號、心電圖品質指數、呼吸頻率和能量消耗[23]。

其在健康運動上屬於分類中的第 1 類用於慢性疾病的可穿戴設備，以及第 4 類生理數據和患者照護的行動監測。

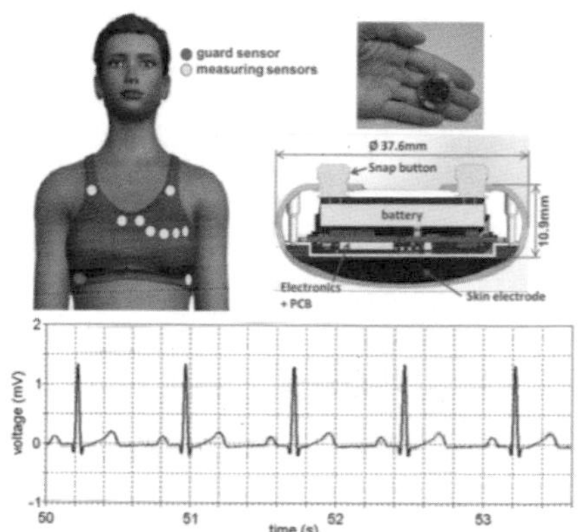

Figure 2: Sensors placement for a 12-lead ECG monitoring system (up left), final implementation of a measuring sensor (up right), and acquired ECG (from simulator) showing that the communication between sensors does not interfere with the measured signal.

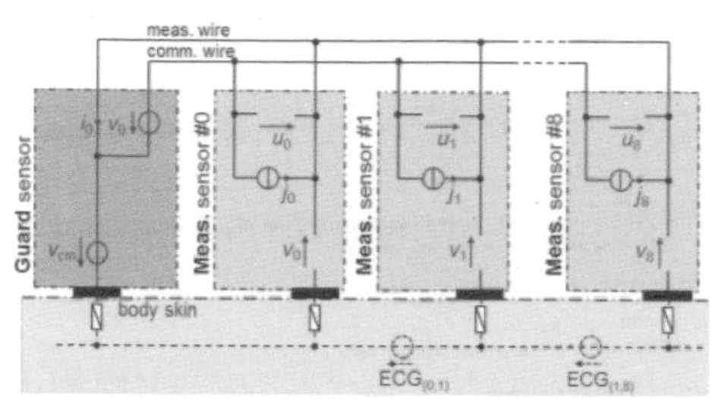

Figure 1: ECG12CS circuit with 1 guard and 9 measuring sensors.

Since ECG signals (measured at v_0 to v_8) are locally amplified and digitized in each measuring sensor, a duplex communication between sensors has been implemented to allow centralized data management (e.g., storage) in the guard sensor. To allow this duplex communication, a second wire is

圖 4.21：ECG12CS 導程心電圖感測內衣架構，圖源：CESM 官網論文

23 技術延伸閱讀

- WES12：https://www.csem.ch/Doc.aspx?disp=yes&id=39514&name=
- ECG12CS：https://www.csem.ch/Doc.aspx?disp=yes&id=39497&name=
- IcyHeart：https://www.csem.ch/Doc.aspx?disp=yes&id=50941&name=
- MiniNOB：https://www.csem.ch/Doc.aspx?disp=yes&id=44306&name=
- MiniNOB：https://www.csem.ch/Doc.aspx?disp=yes&id=38505&name=
- LONGECG：https://www.csem.ch/Doc.aspx?disp=yes&id=124125&name=
- LTMS-S：https://www.csem.ch/Doc.aspx?disp=yes&id=39490&name=

產品實例 22：瑞士 Biofourmis AG 的穿戴式複合式多訊息生理感測裝置 Everion

瑞士 Biovotion AG 由可穿戴監控專家於 2011 年創立之可穿戴生理監測公司，在 2019 年被 Biofourmis AG 併購。原出自 Biovotion AG 的產品 Everion 是一個穿戴式複合式多訊息生理感測裝置，每秒可提供 22 個參數和功能。生理參數包含在臨床環境常用資訊，如：心率、皮膚溫度、呼吸頻率、血氧以及其他臨床和非臨床參數如：脈搏波形、活動和步態、卡洛里消耗、睡眠品質、心率變異以及壓力指數。

Everion 分為健康/健身版本與醫療版本，但醫療版由於國家/地區的特定法規，某些功能可能無法在特定區域提供。對應的應用程式 Augment App 可提供高可靠醫療級的數據，讓使用者得到更好的健康信息、激勵和指導。

其在健康運動上屬於分類中的第 4 類生理數據和患者照護的行動監測。

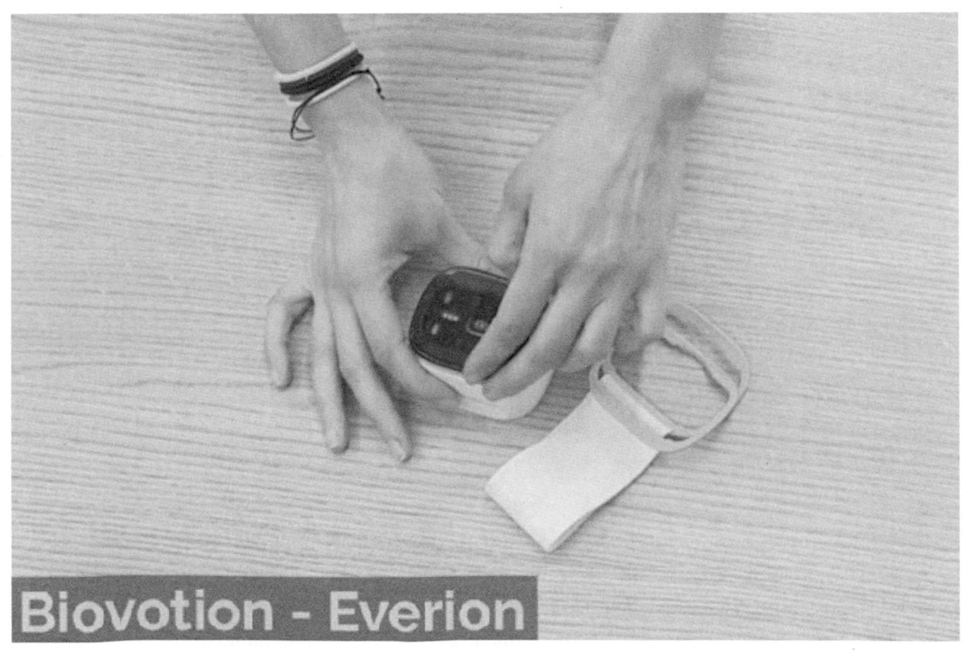

圖 4.22：Everion，圖源：YouTube https://www.youtube.com/watch?v=EfFfBIM9zdM

產品實例 23：英國 August International Ltd 的 Smart Watch

August International Ltd 成立於 2005 年，總部位於英國倫敦，在德國漢諾威、中國深圳和成都設有分支機構，在溫哥華、墨爾本和東京設有辦事處。該公司專注於研發，並為消費電子產品提供最新技術。2019 年 8 月產品透過電商和零售方式在 10 多個國家/地區銷售。同時也是 Media Mart、德國的 Saturn、英國 BBC 以及 2010 年冬季奧運會和 2012 年夏季奧運會的供應商。該公司也獲得多項獎項，例如《時代》雜誌的最佳新技術產品並被《中國科學技術日報》等知名媒體報導。

今年 August International Ltd 主打 Audar®智能跌倒偵測和醫療保健資訊系統，該技術源自該公司於 2014 年與埃塞克斯大學合作的成果，並規劃獲得 Innovate UK 的計劃的資助。該計畫項目的範圍包括設計、製造、銷售和銷售一系列具有跌倒偵測功能的可穿戴 AURI 跌倒偵測器和 Audar®智慧手錶。透過各種通信方法連接到 Audar®智慧雲端中心，包括：智能電話、家庭集線器、WAN 網關以及 NB-IoT 等。以 AI 人工智慧為基礎建構物聯網雲端系統，用於處理 Audar®設備所收集的數據，以便為用戶提供更多的智慧信息和醫療保健服務。

Audar F1 Smart Fall Detection Watch[24] 智能跌倒檢測手錶（英國專利號證 GB2564167），主要特點包含：世界領先的專利技術、智能跌倒檢測器腕帶、自動跌倒檢測警報、GPS 和北斗地理位置、SOS 按鈕和緊急呼叫、心率/血壓、步距/行進距離和卡路里記錄、睡眠品質和久坐提醒、IP67 防塵防水、支援 2G GSM 互聯網等。

24 產品細部規格：http://www.audarwatch.com/en/productmsg-1-352.html

Audar E1 ECG Smart Watch[25] 智能心電圖手錶，內建 ECG 與 PPG[26] HRV[27] 健身追蹤器，主要功能包含：ECG / PPG 心率/血壓、步數/行走距離和卡路里記錄、睡眠品質監控、彩色顯示/電池壽命、連續使用時間長達 15 天、IP67 防塵防水、鬧鐘和久坐提醒、呼叫和消息的智能通知、社交媒體整合、遠程攝影鏡頭和手腕手勢觸發器、透過藍牙 4.2 連接 iOS 和 Android 手機等。

這兩款其在健康運動上屬於分類中的第 3 類運動與健身技術，以及第 4 類生理數據和患者照護的行動監測。

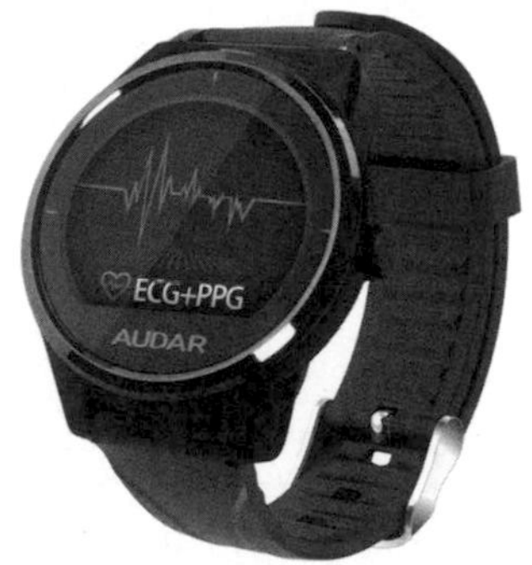

圖 4.23：F1 Smart Fall Detection Watch（左）與 E1 ECG Smart Watch（右）
圖源：August International Ltd 官網

---

25 產品細部規格：http://www.audarwatch.com/en/productmsg-1-351.html

26 PPG 是 Photoplethysmography 的縮寫, 光體積變化描記圖法 是以光學的方式取得的器官體積描記圖，一般透過脈搏血氧儀來照射皮膚並測量光吸收的變化量來實現。（資料來源：Wikipedia）

27 HRV,是 Heart Rate Variability 的縮寫，是心跳之間的時間間隔發生變化的生理現象。它是透過每搏間隔的變化來衡量的。（資料來源：Wikipedia）

產品實例 24：丹麥 Cortrium Aps 的 C3 動態心電圖儀

Cortrium Aps 是一家丹麥醫療技術公司，由 Jacob Eric Nielsen 和 Erik S. Poulsen 於 2014 年 11 月成立。兩位創始人聚集了一支工程師團隊，公司被選中參加拜耳加速器計劃，所研發的動態 ECG 監測儀–C3 動態心電圖儀（C3⁺ Holter Monitor）經過醫學認證。Cortrium 於 2017 年與輝瑞（Pfizer GmbH）簽署了一項合作夥伴合同，以擴大德國 ECG 監測的機會。在 2018 年初，該公司作為 ECG 設備的製造商獲得了 EC 證書（CE-mark）和 ISO 13485 認證。如今，Cortrium 在德國市場與輝瑞公司緊密合作，透過國家/地區的醫療設備分銷商提供智能的 ECG 監控解決方案。

圖 4.24：$C3^+$ Holter Monitor，圖源：Cortrium Aps 官網

$C3^+$ Holter Monitor 一種新型的動態心電圖監測儀，以取樣頻率 250 Hz 解析度 24 位元紀錄心電圖的資訊。外殼尺寸 86mm x 15mm，重量 30 克，透過 Cortrium Cloud 雲端可以輕鬆分析 ECG 記錄，並經由 Cardiomatics[28] 接收 CE 核准的報告，亦可使用 Cortrium iOS 應用程序即時查看 ECG 數據。

其在健康運動上屬於分類中的第 4 類生理數據和患者照護的行動監測。

28 Cardiomatics is a cloud AI tool for ECG analysis.（資料來源：Wikipedia）

產品實例 25：芬蘭 Firstbeat Technologies Ltd 的 Firstbeat Life 和 Firstbeat Sports

芬蘭 Firstbeat 是國際指標演算法開發業者，其核心技術在於透過心率變異的資訊轉換成壓力反應指數，作為運動訓練以及生活照護之參考指標。

圖 4.25：Firstbeat Life，圖源：Firstbeat 官網

Firstbeat Life[29]使用貼片電極與 Firstbeat 心率裝置，可連續記錄並儲存 24 小時的心率變異與活動狀態之資訊，透過電腦將資料傳輸到雲端分析後，再將一日的生命徵象與分析結果[30]傳輸給受測者，包含：活動程度、心率變異歷史、壓力指數以及壓力釋放指數等等，是一個專業級的健康和健康檢查指導工具。獨特的心率變異性分析揭示了身體 24 小時對日常生活的反應。在生活方式和幸福之間銜接點，以確定邁向更健康、更快樂以及更富有成效的生活的步驟。

29 Firstbeat Lifestyle Assessment :https://www.firstbeat.com/en/wellness-services/

30 報告格式：https://assets.firstbeat.com/firstbeat/uploads/2017/06/Lifestyle-Assessment-Case-2018-ENG1.pdf

其在健康運動上屬於分類中的第 4 類生理數據和患者照護的行動監測。

運動版本（Firstbeat Sports）[31]，使用 ANT+心跳帶與無線接收器可以同時接收多個運動員的心跳資訊，並透過心跳資訊轉換成壓力指數，是運動、健身、表現和健康的生理分析的領先提供商。Firstbeat 有助於更好的訓練優化，降低傷害風險，並有助於快速追蹤球員的發展。全球頂級聯賽的 800 多支精英運動隊依靠 Firstbeat 來消除教練決策中的猜測。目前已有 100 多個穿戴手錶或者手環的壓力指數演算法都來自於 Firstbeat 的技術移轉，如：GARMIN, Huami, HUAWEI, SONY, Jabra, SUUNTO, MONT BLANC 等等。

其在健康運動上屬於分類中的第 3 類運動與健身技術。

產品實例 26：芬蘭 Myontec 的健身短褲 MBody

芬蘭公司 Myontec，其團隊對於運動，透過監測和分析運動表現了新視角——透過智慧服裝直接測量肌肉系統——真正了解消費者的肌肉並獲得精確數據，以進行調整和改進[32]。

Myontec 開發了健身短褲 MBody，使用 EMG 檢測下肢腿部肌肉的活動狀態，再透過低功號藍牙無線傳輸讓穿戴者即時觀測肌肉強度，來參考訓練的部位動作的腿部肌肉平衡狀態，使用 6 個頻道的 EMG 訊號並以織物電極取代傳統電極片，其裝置重量為 28 克，EMG 使用取樣率 1Kz 再即時轉為 RMS 訊號輸出 25Hz，電池壽命 30 小時，除了健身也可應用於工作及危險的環境中即時偵測，有任何異常訊號出現時會發出警報，同時也傳送資訊給預先設定好的親友。

31 Firstbeat Sports：https://www.firstbeat.com/en/professional-sports/team-solutions/

32 資料來源：Myontec 官網

其在健康運動上屬於分類中的第 3 類運動與健身技術。

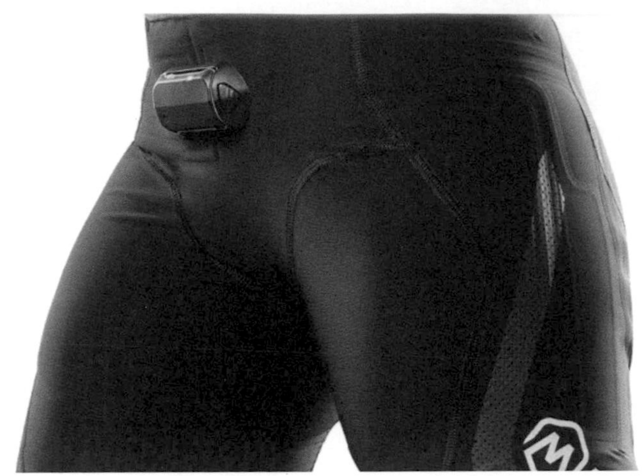

圖 4.26：MBody 感測智慧衣，圖源: myontec 官網

產品實例 27：芬蘭 Movesense 的 Movesense 感測器

Movesense 起源於芬蘭運動手錶製造商 Suunto 的一個內部概念專案，該專案被證明用途廣泛，以至於該公司決定將其提供給第三方以實施新的產品概念。Movesense 開發始於 2015 年，平台於 2016 年底發布。開發人員在 2017 年春季收到了感測器的第一個 beta 版本，感測器的 1.0 固件於 2017 年底發布。2021 年 10 月 1 日，Movesense 成為一家獨立公司，並繼續與 Suunto 密切合作，為醫療和運動用例構建開發平台[33]。

Movesense 公司的 Movesense 感測器內建九軸慣性感測器，可以追蹤健康、運動以及研究等領域的運動和生理參數，也可以用於娛樂和專業用途。可編程感測器體積小、重量輕（10g）、防水與防震，並透過低功耗藍牙 BLE 無線電連接至手機或其他接收器。

33 資料來源：Movesense 官網

其在健康運動上屬於分類中的第 3 類運動與健身技術，以及第 4 類生理數據和患者照護的行動監測。

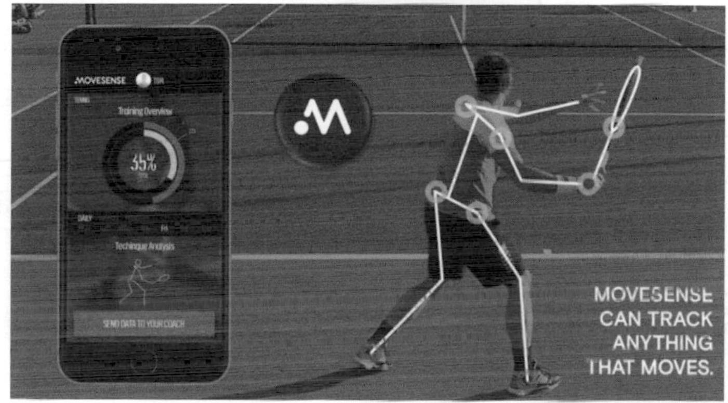

圖 4.27：Movesense 使用情境，圖源：Movesense DM 與官方網站

4.4 日本

日本針對每年都會舉行穿戴式設備技術應用展，而因應日本高齡化社會趨勢，消費、健康醫療與工業成為驅動穿戴式產業最熱門的領域。

日本現在正積極發展行動醫療，穿戴裝置供應鏈業者開發小尺寸、低功耗、高精準度且可靠的穿戴電子設計，加上電信服務商廣大用戶基礎，結合提供居家照護服務，促進由消費轉向醫療的「穿戴 2.0」應用模式[34]。

針對穿戴式裝置，日本的國家型計畫是以海洋生物降解塑料技術、應用於內裝材／汽車／建築／醫療／運動等跨領域的革命性材料，並透過物聯網等新技術開發可穿戴式智慧紡織品和服務，推動紡織供應鏈結構調整。以此角度可以看到日本相關的產品發展，以下舉出各類實例：

產品實例 28：日本 Xenoma Inc.的智能服飾 e-skin 及 e-skin EMStyle

日本 Xenoma Inc. 開發了下一代智能服飾「e-skin」，為人們的日常生活提供福利和幸福。「e-skin」是一種舒適、高度耐用、絕緣良好且可機洗的人機介面（基於 ISO 6330 3N-A 標準下，可洗 100 次），用於將人與互聯網連接起來。由於衣服是每個人生活的一部分，因此「e-skin」是監視我們的活動和生命體徵的最理想介面之一。Xenoma 成立於 2015 年 11 月，是東京大學 Someya 實驗室的衍生公司/ JST ERATO Someya 生物諧波電子項目，並與擁有數十年經驗的日本服裝公司合作，總部位於日本東京，在全球範圍內設有分銷商，透過智能服裝「e-skin」，開發和提供與「預防醫學」相關的產品和服務。第一款產品 e-skin 開發者套件於 2017 年 1 月推出。讓 Xenoma 成為第一家使用可拉伸電子技術（10,000 stretches at a 50% strain rate）開發印刷電路織物的公司。今年主打穿戴式動作捕捉服裝（e-skin

34 資料來源：Wesexpo https://www.wesexpo.com/exhibition/NzYy/detail

MEVA） 與穿戴式肌肉電刺激[35]的智慧服裝（e-skin EMStyle）。有別於第一代的使用形變感測器的動作偵測服飾，第二代動作偵測服飾採用九軸 IMU 結合可拉伸電子技術[36]，並與德國合作軟體與演算法。穿戴式 EMS 智慧服裝則內建多個織物態電極，連接 EMS 控制器可結合健身訓練達到肌肉訓練的輔助。

e-Skin MEVA 是使用智能服裝「e-Skin」的無攝影鏡頭運動捕捉系統。佩戴後僅需 30 秒即可開始測量，消除了傳統的缺點，例如「安裝需要 2 個小時」和「只能在有限的位置進行測量」，同時保持了與光學類型相同的精度。此外，e-Skin 可以無線捕獲自然的運動動作，而不會干擾對象的運動，因為它與普通衣服一樣舒適，總共有三種尺寸（S、M、L），內建九軸 IMU（3-axis 加速器、3-axis 陀螺儀[37]、3-axis 磁力儀[38]），在褲子上安裝七個九軸 IMU 感測器，輸出頻率為 100fps，USB 藍牙通訊介面以及電池容量 380mAh。該系統是 Xenoma 與德國凱瑟斯勞滕技術大學（TUK）的研究小組 wearHealth 和德國人工智能中心（DFKI）衍生的 Sci-track 合作開發。受益於 Sci-track 的技術，無須使用地磁即可識別運動，因此無論外部環境如何，都可以在任何地方進行運動捕捉。透過軟體上的簡單操作，可以實時監視下肢骨骼模型和關節角度的 3D 動畫，並且以 BVH、CSV 和 SBC 格式輸出數據[39]。根據獲取的數據，它可以廣泛用於各種運動分析，例如步行、運動監控以及支援運動產品的性能評估。目前僅提供下半身版本，但 Xenoma 計劃明年提供完整的上身版本。購買下車身版本的客戶也

35 肌肉電刺激（Electrical muscle stimulation 縮寫為 EMS），是使用電脈衝誘發肌肉收縮。EMS 在過去幾年中受到越來越多的關注，原因有很多：它可以作為健康受試者和運動員的力量訓練工具；作為部分或完全無法活動的人的康復和預防工具；作為評估體內神經和/或肌肉功能的測試工具；以及作為運動員的運動後恢復工具。（資料來源：Wikipedia）

36 e-Skin MEVA 技術說明：https://xenoma.com/img/191225_e-skin_MEVA.pdf

37 陀螺儀（英文：gyroscope），是一種基於角動量守恆的理論，用來感測與維持方向的裝置。陀螺儀主要是由一個位於軸心且可旋轉的轉子構成。由於轉子的角動量，陀螺儀一旦開始旋轉，即有抗拒方向改變的趨向。（資料來源：Wikipedia）

38 量測磁力的裝置。（資料來源：Wikipedia）

39 e-Skin MEVA 技術影片介紹：https://www.youtube.com/watch?v=Oa5SUSAhido

將收到升級通知。Xenoma 將相同的技術也應用在袖套與上衣的產品原型上，例如：e-skin Arm Sleeve 與 e-skin IMU shirt。

其在健康運動上屬於分類中的第 3 類運動與健身技術。

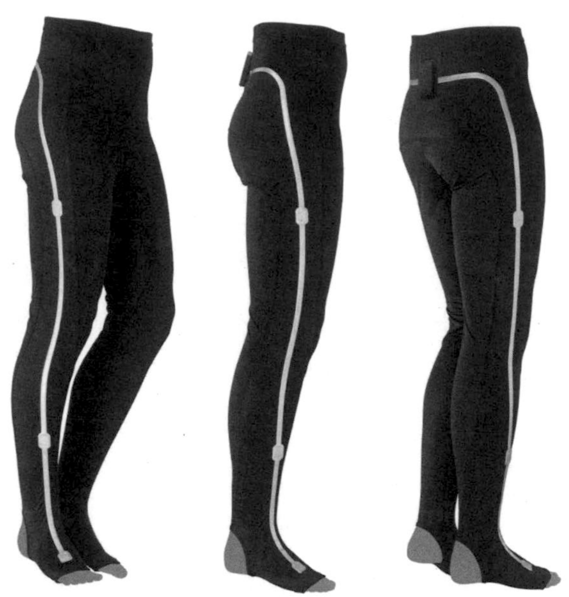

圖 4.28：e-Skin MEVA，圖源：Xenoma Inc.官網

e-skin Arm Sleeve 技術[40] 內建六軸 IMU（3 軸加速器、3 軸陀螺儀），IMU 安裝位置為 Wrist、 Forearm、Upper arm 等，可以輸出六軸 IMU 的原始資料，使用藍牙 5.0 的傳輸介面，輸出距離可達 10-50m 的範圍，有提供 Windows SDK。

Xenoma 的產品陣容還包括「e-skin EMStyle」，這套全身的衣服沒有電纜或基站，是專為健身運動所設計的。佩帶有 EMS 服的全肌肉鍛鍊可以

40 e-skin Arm Sleeve 技術規格：https://xenoma.com/img/190823_e-skin_armsleeve.pdf

將訓練減少到第二或第三天的 20 分鐘輕度運動[41]。但目前為止，EMS 的使用仍受到環境與使用方式的限制。

Xenoma 的這一種全身 EMS 套裝，沒有任何電纜或基站。這使得戶外運動與瑜伽或常規肌肉訓練同樣成為一種訓練選擇。e-skin EMStyle 服飾上有共 26 個織物電極，皆可透過 Wi-Fi 與智慧手機連線。

其在健康運動上屬於分類中的第 3 類運動與健身技術。

產品實例 29：日本 TOYOBO CO., LTD. 的 COCOMI®智慧布料

日本東洋紡認為紡織是夕陽產業，但是在物聯網（IoT）時代找到新的方向，那就是以運動保健為中心的智慧纖維與智慧衣料。隨著可穿戴設備市場擴大，可穿著的體徵資訊檢測服裝備受到了關注。以前這類服裝由於感測器的電極和佈線材料使用的導電材料的性質，穿著時的舒適性存在問題。例如導電材料沒有伸縮性，所以電極和佈線材料無法跟隨身體的動作。

東洋紡長年投入電子材料開發和銷售導電漿料 COCOMI®，可作為用來獲取穿著者體適能資訊的感測器的電極和佈線材料使用。該材料具有以下特點：(1) 2 倍伸長量、(2) 僅 300μm 厚度、(3) 導電層的導電性強以及 (4) 透過熱壓可輕鬆貼在布料上等。

日本東洋紡在智慧服飾上主打超薄導電銀/碳薄膜，應用於生理監測服飾上，主要提供呼吸、心電圖、肌電圖以及活動偵測等應用產品。以心電圖用偵測膜材為例，由三層結構所組成，包含：底膠、導電層與絕緣層，總厚度約 300μm，以奈米導電銀線膠塗佈在 PU 膜上，再透過熱貼合在彈

41 Kemmler, Wolfgang & Teschler, Marc & Weissenfels, Anja & Bebenek, Michael & Fröhlich, Michael & Kohl, Matthias & Stegel, Simon. (2016). Effects of Whole-Body Electromyostimulation versus High-Intensity Resistance Exercise on Body Composition and Strength: A Randomized Controlled Study. Evidence-based Complementary and Alternative Medicine. Volume 16. 9. 10.1155/ 2016/ 9236809.

性布料或服飾上。今年同時展出肌電圖感測腕帶內建感測模組（底膠→銀膠→碳膠）連接 Union 的肌電圖，透過藍牙與電腦遊戲互動來展現其感測模組的性能。

其在健康運動上屬於分類中的第 4 類生理數據和患者照護的行動監測。

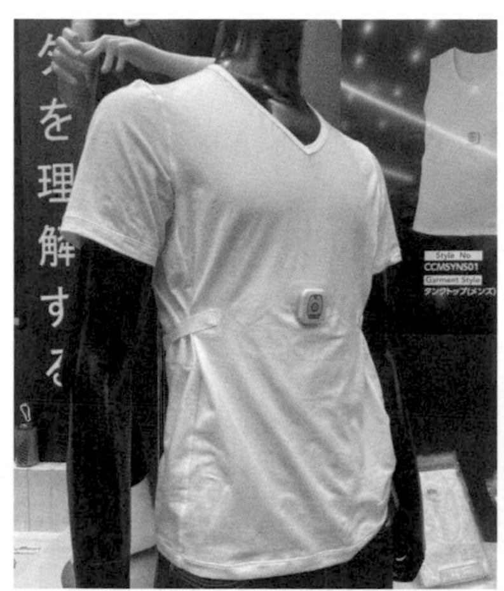

圖 4.29：COCOMI®心電圖感測內衣與商品照片，以及 COCOMI®呼吸偵測內衣
圖源：沈乾龍攝影

產品實例 30：日本 ASICS 與 CASIO 合作發展運動偵測模組

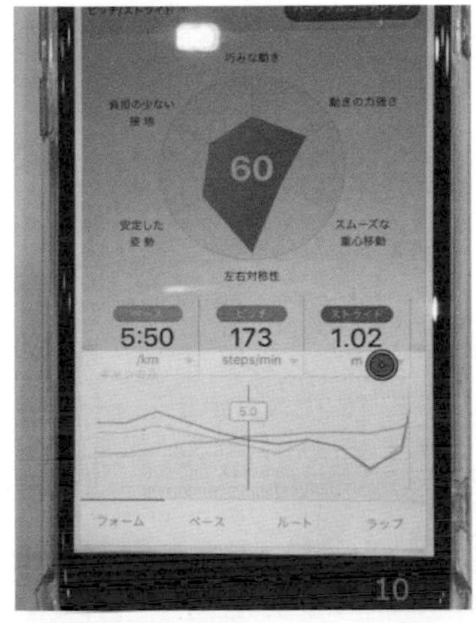

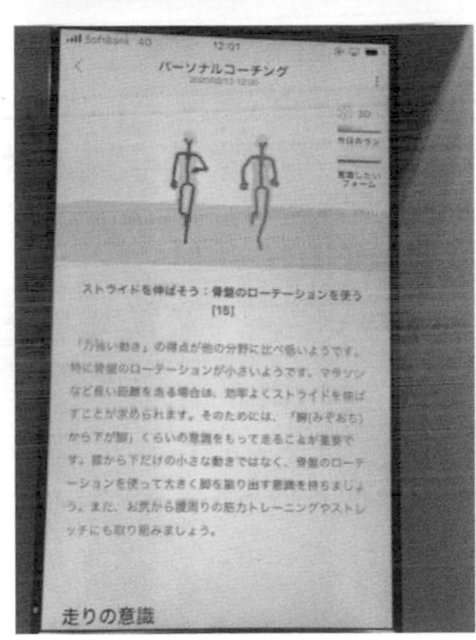

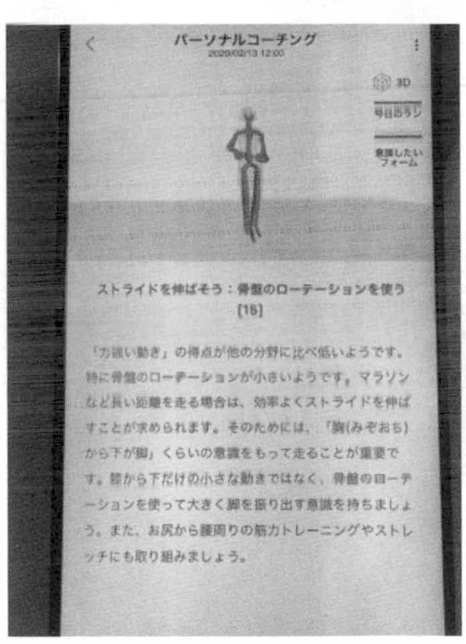

圖 4.30：asics 與 CASIO 的運動 APP 畫面，圖源：沈乾龍攝影

ASICS 與 CASIO 合作發展運動偵測模組展出運動感測器，內建九軸、氣壓、GPS、Glonass（蘇聯的全球導航衛星系統），裝配在髖骨的位子，透過運動過程，重心的變化歷程以及相關感測資訊的綜合分析，可以模擬人體運動姿態以及跑步運動相關參數紀錄，包含：路線、軌跡、速度…等。產品重點強調與自己的運動狀態比對，透過歷史紀錄的回饋，了解自己運動性能提升程度。可連續使用 15 小時，尺寸：40mm x 62mm x 18mm，重

量約 40g，防水等級達 IP 67，支援藍牙 5.0。產品主要結合 ASICS 的運動鞋內的慣性感測器，提供專業慢跑者在步態訓練時的監測與回饋。

其在健康運動上屬於分類中的第 3 類運動與健身技術。

產品實例 31：日本 TOWA 的心率偵測帶

TOWA 於 1979 年由創始人坂東和彥（Kazohiko Bando）成立了 Towa Seimitsu Kogyo Co.，Ltd.，其目的是製造和銷售「超精密模具」和「半導體製造設備」，日本東證一部上市，為全世界半導體製造封裝設備市佔率第一的企業。2004 年在台灣新竹市成立台灣東和半導體設備股份有限公司，主要商品與服務項目為半導體封裝設備、LED 設備及模具販售。TOWA 使用梭織鍍銀布電極製作成心電圖偵測帶，內建六軸規與 GPS，用於遠端生理監測服務，在日本主要應用在計程車駕駛的健康追蹤與照護。

其在健康運動上屬於分類中的第 4 類生理數據和患者照護的行動監測。

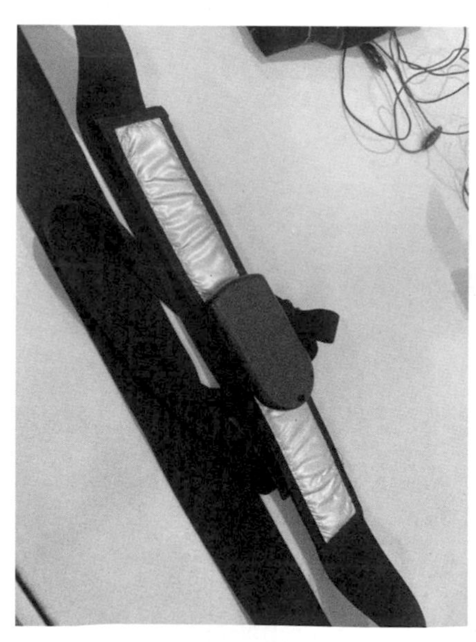

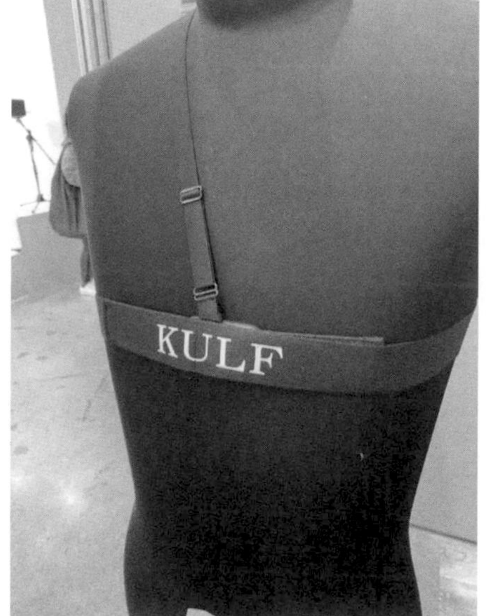

圖 4.31：TOWA 心率偵測帶外觀，圖源：沈乾龍攝影

產品實例 32：日本 TOSHIBA 的 SmartBAN

TOSHIBA 推動人體適用近距離無線通信規格的 SmartBAN，強調分散式架構、支援多台同時通信（最多支援 16 台同時連線，誤差+/- 200usec）、低耗能、降低通信量以及緊急信號回應等優點，2015 年已在日本完成相關規定制定，目前與廣島市立大學田中宏和教授合作共同跟歐洲電氣通信標準化機構（ETSI）提案，同時展示內建 SmartBAN 生理感測模組，包含：心電圖內建加速規 與穿戴式光學感測，透過心電圖與光學脈波推估血壓波應用在居家照護。

其在健康運動上屬於分類中的第 4 類生理數據和患者照護的行動監測。

圖 4.32：TOSHIBA SmartBAN-EVAkit，圖源：沈乾龍攝影

4.5 韓國

三星是很早投入穿戴式手錶的企業，在 Apple Watch 跟 Fitbit 系列產品出來之前，曾經是這個領域的市佔第一名。

而韓國的產業通商資源部，提出了紡織服飾業發展策略，是以親環境型高附加價值纖維、智慧服飾產品、高端產業用紡織品為重點，同時藉由國際需求企業合作及公共需求，進行產品開發及現場實證等示範推動。在智慧服飾產品上，以發展智慧製造，提升資通訊技術（ICT）為基礎的纖維業、紡織及成衣業之生產力，和其物流流通技術開拓並擴大 ICT 與紡織時裝結合之新市場包括：發展紡織成衣產業鏈的智慧製造技術，解決人力資源的短缺、營運效率提升等問題。以此角度可以看到韓國的產品發展，以下舉出各類實例：

產品實例 33：三星的 Galaxy Watch

三星的穿戴式裝置「Galaxy Watch」系列，推出之前是以「Galaxy Gear」系列為主力。

一開始推出的「Galaxy Gear」系列主打的是一般大眾。因為不確定消費者的需求，三星一直在做嘗試，從「Galaxy Gear」第一代起就有加速感應器、陀螺儀、計步器及照相功能，到第二代增加了心率量測功能，到後來 Gear S3 還可以直接當作智慧型手機撥打電話。後來在 Gear S2 開始加入特殊圓形邊框，這是由麻省理工學院 MIT 的第六感及 TED Talk 名人堂的 Pranav Mistry 提出的旋轉邊框選擇功能模式，比透過一般觸控錶面選擇功能人性化且因此較少誤選。Gear 系列出到 S4。

現在 Samsung 的穿戴裝置有「Galaxy Watch」、「Galaxy Watch Active」的手錶，以及「Galaxy Fit」的手環。其中「Galaxy Watch Active 2」在 2020 年通過韓國 ECG 醫療認證，要使用 ECG 功能，用戶需要下載在配對的智慧型手機上啟動的 Samsung Health Monitor 應用程式。跟蘋果手錶類似的是，其心電圖功能可以告訴您房顫和竇性心律。當用戶的心率比平時高時，它會提供房顫結果，但在一切正常時會顯示竇性心律。當結果不正確時，智能手錶將顯示「測量失敗」或「信號失敗」警報。且大約需要 30 秒才能測量 ECG，但是最好不要將其用於醫學診斷和治療。如有問題需找醫生進行更進一步量測[42]。

而三星在醫療照護上，有 2018 年推出新版 Samsung Health，用戶可獲得醫療資訊、查找症狀及管理處方，並與醫師即時討論。2019 年與 WellCare Today 等遠距溝通、遠距醫療單位及 Medicare Advantage 保險公司合作，整合旗下智慧手錶、手機及平板，以 Vivify Health VivifyPathways 遠端護理平台，提供銀髮族線上問診、醫師追蹤生理資訊等遠距醫療及照護方案。2020 年推出升級遠距醫療方案，與非營利組織 Kaiser Permanente 合作，透過 Samsung HeartWise 向患者發送運動提醒並搜集其運動及心率數據，並同步上傳至醫療機構平台，醫師及物理治療師可隨時追蹤，遠距提供建議[43]。

其在健康運動上屬於分類中的第 3 類運動與健身技術，以及第 4 類生理數據和患者照護的行動監測。

圖 4.33：Samsung Galaxy Watch Active 2 手錶，圖源：Amazon

---

42 資料來源：人人焦點 https://ppfocus.com/0/di1887f59.html

43 資料來源：《利眾產業研究電子報 EP01》。

產品實例 34：
韓國 EXOSYSTEMS Inc. 的 exoRehab

韓國 EXOSYSTEMS Inc. 開發 exoRehab 以數據驅動可穿戴式復健解決方案，內建電子量角器與 EMS 肌肉電刺激等功能，產品適應症包含：膝蓋手術後復健、膝蓋手術前後炎症）、關節炎（Arthritis）、關節退行性疾病、膝蓋反覆疼痛以及肌肉減少症等。使用者可以即時觀測整個使用期間膝蓋運動和恢復趨勢的實際範圍（關節角度的變化），以及透過神經肌肉電刺激（Neuromuscular Electrical Stimulation，簡稱 NMES）[44] 技術提供膝蓋專用電刺激。

其重要功能如下：

- **膝蓋的活動範圍和屈伸度測量**：使用者穿戴 exoRehab 後，可以透過 exoRehab 應用程序對膝蓋進行測量來觀察全關節運動和運動狀態。
- **促進肌肉恢復**：為了促進肌肉恢復，exoRehab 利用了神經肌肉電刺激技術，引起肌肉收縮，進而增加血液流動和營養分配，亦可加速肌肉纖維更快地恢復，增加肌肉力量和耐力。
- **疼痛管理**：對於疼痛管理，exoRehab 利用經皮電刺激[45] 技術，透過分散大腦的疼痛信號，進而提供輕度的治療和緩解疼痛的作用。
- **客製化的復健內容**：exoRehab 提供了復健訓練解決方案，可根據用戶的身體狀況自動定義其訓練級別和強度，為每個人提供了數字化和客製化的鍛鍊目標。

---

44 使用一種向神經發送電脈衝的設備。這種輸入會導致肌肉收縮。電刺激可以增加運動的強度和範圍，並抵消廢用的影響。它通常用於在手術或停用期後重新訓練肌肉以發揮功能並增強力量。（資料來源：https://www.cincinnatichildrens.org/service/o/ot-pt/electrical-stiumulation）

45 皮電刺激（Transcutaneous electrical nerve stimulator，簡稱 TENS）是經皮神經電刺激（TENS）療法涉及使用低壓電流來治療疼痛。一個小型設備在神經處或附近提供電流。TENS 療法可阻止或改變您對疼痛的感知。（資料來源：https://my.clevelandclinic.org/health/treatments/15840-transcutaneous-electrical-nerve-stimulation-tens）

其在健康運動上屬於分類中的第 2 類用於復健的可穿戴設備。

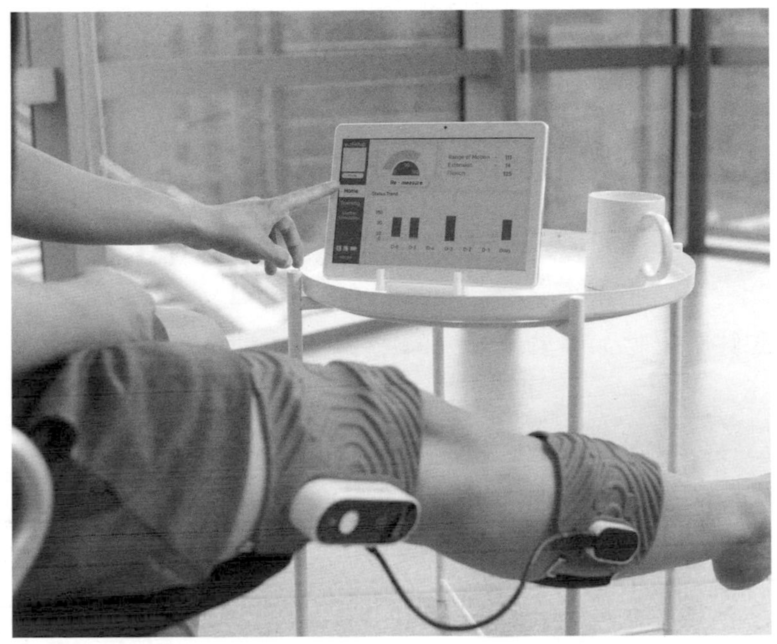

圖 4.34：EXOSYSTEMS Inc 的 exoRehab，圖源：EXOSYSTEMS Inc 官網

產品實例 35：
韓國 Sky Labs Inc.的環形心臟追蹤器 CART

韓國 Sky Labs 的創始人兼首席執行官 Jack Lee，是三星電子 DMC 研究中心經驗豐富的工程師。其中，首席執行官擁有電氣工程碩士學位，並且是高級工程師和業務規劃師，在演算法和硬體設計的信號處理系統方面，擁有 15 年以上的經驗。研究團隊的負責人擁有醫學碩士學位，並且是一位高級生物醫學工程師，在機器學習和深度學習的多訊息生醫信號處理應用程序方面，擁有 10 多年的經驗。

此外，Sky Labs 擁有出色的工程師，涵蓋：信號處理算法、硬體、機構和軟體開發等。他們正在擴展 Sky Labs 的未來。此外，首爾國立大學醫院和 Charite 大學醫院的心臟醫學專家正在與 Sky Labs 合作，協助進行臨床試驗和心臟病驗證，期可發展成為實用的醫療服務。

Sky Labs 開發一種環形心臟追蹤器 CART，內建一反射式 PPG 與一導程心電圖、透過 BLE 傳輸到手機的 APP，用以識別心房顫動。CART 穿戴在手指上透過另外一隻手的手指觸壓在戒指表面的心電圖電極，可同時輸出心電圖與血氧數據。臨床研究結果顯示 CART 在檢測房顫方面的準確性超過 98%。Sky Labs 正在擴展 CART 的診斷和測量功能，包含心力衰竭和睡眠呼吸中止的診斷，未來亦將善用光學與心電圖數據擴展到無袖帶血壓的測量。

其在健康運動上屬於分類中的第 4 類生理數據和患者照護的行動監測。

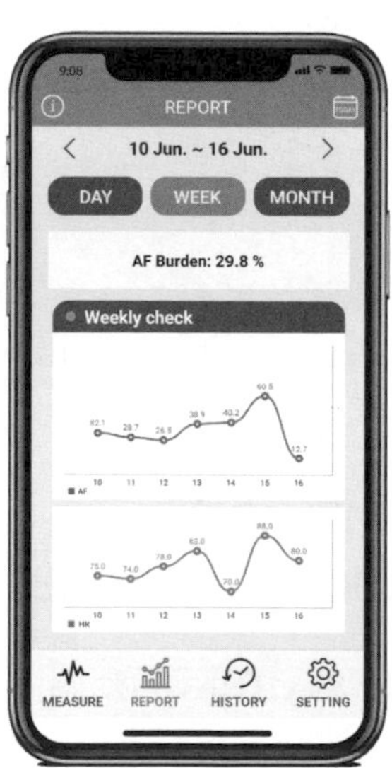

圖 4.35：Sky Labs 環形心臟追蹤器 CART，圖源：Sky Labs Inc.官網

4.6 中國

中國在穿戴裝置雖然之前百花齊放，但真正和醫療院所合作讓穿戴裝置符合醫療健康照護需求的卻比較少見，也較少參加國際展覽，加上國家政策並沒有特別強調[46]。但是中國的小米跟華為倒是以智慧手錶的形式結合健康照護，所以在這邊特別列出這兩家的產品，加上有參加過國際展覽的可穿戴式溫度計 iThermonitor。

產品實例 36：華爲的智慧手錶 GT 3

華為的智慧型手錶/手環以特殊的創意（如：結合藍牙耳機），及結合生理訊號量測，很快地進入了穿戴式裝置的前幾名。而在智慧手錶/手環的 GT 2、GT 3 以及 Band 6 都具備可以量測血氧的功能[47]，可謂是針對新冠肺炎疫情需要量測血氧而開發的。

GT 3 還強調其具備的是「高原血氧監測功能」，以及支持心率、血氧、睡眠等健康數據檢測，構建立體健康守護，用戶可以隨時隨地做一次腕上健康檢測。基於 HUAWEI TruSport™ 科學運動體系，採用全新的跑步能力衡量指標「跑力指數」，帶來以跑力指數和訓練負荷為核心的跑力提升體系，以了解自身能力水平及與目標間的差距。另外提供 100 多種運動類型，其中包含了 18 種專業運動模式，囊括了當下主流且常見的運動[48]。

另外，華為在醫療上布局中國國內醫療數據整合，提供遠距醫療方案[49]。

---

46 中國十四五規劃及 2035 遠景目標綱要重點：發展紡織服裝品牌化高附加價值、新型功能性服裝用纖維和產業用纖維、綠色化纖原料等。

47 資料來源：點子科技 https://techsaydigi.com/2021/05/42606.html

48 資料來源：新浪新聞 https://news.sina.com.tw/article/20211117/40591136.html

49 資料來源：《利眾產業研究電子報 EP01》。

圖 4.36：華爲 Watch GT 3，圖源：amazon 網路商店 amazon.eg

其在健康運動上屬於分類中的第 3 類運動與健身技術，以及第 4 類生理數據和患者照護的行動監測。

產品實例 37：小米手環

小米品牌一開始是所投資的華米科技代工推出了小米手環第一代，後來開始出了手錶，到了小米手錶運動版，以及小米手環 6，就具備了量測血氧功能。

小米手環 6 針對運動有 30 種運動模式自動偵測六種運動模式，可持續追蹤心率起伏變化的狀況，具備 SpO2 血氧飽和度追蹤及睡眠呼吸品質監測，並具備 14 天超長電池續航力。小米官網特別強調「本產品不屬於醫療器材，不得用於醫療用途。小米手環 6 的測量區間在 80%~100%，此功能僅供參考，不應作為醫療診斷的基礎。」[50]

不同於華為，小米則結合體脂計、體溫計、血壓計搭配雲端平台搶攻居家及母嬰市場[51]。

50 資料來源：小米官網 https://www.mi.com/tw/mi-smart-band-6/

51 資料來源：《利眾產業研究電子報 EP01》。

圖 4.37：小米手環 6，圖源：amazon 網路商店

其在健康運動上屬於分類中的第 3 類運動與健身技術，以及第 4 類生理數據和患者照護的行動監測。

產品實例 38：中國大陸 Raiing Medical Company 的可穿戴式溫度計 iThermonitor

中國大陸 Raiing Medical Company 公司發表通過 FDA 510(k) 開發的可穿戴式溫度計 iThermonitor[52]，可連續追蹤達到病患的核心體溫監測（藍牙每四秒傳輸一次）。女性使用者可以透過基礎體溫的變化來追蹤自己的生理周期。聰明的生育跟蹤儀可以在一夜之間測量使用者的基礎體溫，並且可以非常準確地預測使用者的排卵情況。Raiing 也能照顧孩子的體溫，如果他們發燒，定期測量他們的溫度，並立即觀察任何變化是非常重要的。6.5mm 薄型 iThermonitor 可以連接到一個應用程序，在高溫情況下透過持續的監測報警父母。

其在健康運動上屬於分類中的第 4 類生理數據和患者照護的行動監測。

52 iThermonitor 技術文件：https://ithermonitor.com/2018/01/tmcx-a-new-non-invasive-continuous-way-to-monitor-core-temperature/

iThermonitor

Connected Health for Tomorrow

圖 4.38：Raiing Medical Company's iThermonitor，圖源：Raiing Medical Company 官網

4.7 結論

穿戴式裝置因為隨身、貼身，是健康照護與運動監測的好幫手，甚至可以更進一步做醫療上的復健與慢性疾病的追蹤，由以上各國的發展案例可知。在新冠肺炎疫情期間，其非接觸使用情境更是受到重視，而針對遠距醫療的數據提供，會是接下來的重點。

5 台灣在穿戴運動健康的進展與相關專訪

5.1 台灣在穿戴運動健康的進展

台灣在智慧型手錶/手環目前為止多為代工，少有的自有品牌產品已跟台灣的醫院合作，但銷量不大。於是紡織產業借助於台灣 ICT 產業優勢朝向全面性的轉型，包含：材料合成、生產製造到產品加值與服務加值等，物聯網、人工智慧，巨量資料分析與雲端運算等智慧科技加速紡織技術升級，尤其在元宇宙、運動科技與遠端醫療等市場需求的驅使下，更凸顯出智慧型紡織品在穿戴科技的實質價值。智慧衣是以為人本的最佳載具，透過電子與紡織的結合創造出更多的創新元件與產品，整合台灣 ICT 與紡織產業的利基優勢。

台灣智慧型紡織品的關鍵技術在紡織關鍵性的材料與電子布料的生產能力，如：金鼎纖維的不鏽鋼纖維、聚陽與豪紳的導電材料等。已具體發展各種發光，發熱、感測、致動、通訊等電子布料技術與幾百篇的專利基礎。加上台灣電子與資通訊產業優勢，在穿戴式感測電子（溫度、心電圖與肌電圖等）、藍牙溫控裝置、IoT 通訊等微小化與省電裝置，更凸顯出台灣在紡織與資通訊整合的競爭優勢。

台灣智慧紡織發展起始於 2002 年紡織所執行經濟部科技專案，經歷前瞻探索期、技術專利化、技術產品化以及技術標準化等研發歷程，獲得 100 多篇國內外專利與發行 10 餘篇產業規範，具體輔導儒鴻、聚陽、福懋、廣越、南緯、佰龍、三芳…等紡織業者投入智慧紡織技術與產品開發，並於 2018 年促成台灣智慧型紡織品協會（Taiwan Smart Textile Association，簡稱 tsta），共同推動跨域技術整合、產業標準與規範、國際連結與聯合展銷。

至今，簡易型的智慧型紡織品產品整合已趨於成熟，如：TENS、Heating 與 Heart Rate sensor 等已有業者正式出貨給 Sports & Fitness 國際品牌業者。因應 5G、元宇宙、運動科技以及遠端醫療的發展趨勢，部分業者（如：AiQ、聚陽、正基、萬九、三司達…等）也陸續投入高階智慧型紡織品產品，如：Motion capture、Wearable surface EMG、EMS and Haptics Technology 等。也有少數業者（如三芳、曜田、豪紳）陸續投入高階導電性材料與革新製程的開發。

5.2 智慧穿戴健康的相關專訪

針對台灣穿戴運動健康的發展，本書訪談了台灣智慧型紡織品協會理事長，以及透過書面訪談，讓南緯、萬九、三司達、聚陽，以及豪紳這幾個智慧型紡織品協會的重要成員來發表對智慧紡織的現在與未來的見解。

5.2.1 台灣智慧型紡織品協會理事長訪談

以下是本書作者裴有恆訪問台灣智慧型紡織品協會林瑞岳理事長（同時也是南緯實業董事長）的訪談摘要。

 首先請問林理事長成立台灣智慧型紡織品協會的原因？

A 當初成立台灣智慧型紡織品協會是下了一個很大的決心，為了讓它要跟其他的異業結合，這種異業結合，每個行業裡面都是不同特性，而每個行業也都不懂另外一個行業，比如我們不懂電子的那一塊，不懂互聯網的那一塊。有時候是主角，有時候是配角，互相串來串去，所以整合上特別困難，我們會組成這個協會，是因為這個協會能夠包容萬象，用協會的名義把各種不同的產業導入進來。

但有一個好處是，4～5 年下來，各行各業裡面幾乎大家會慢慢了解自己應該去跟誰配合，從這個協會裡面，大家去整合然後找到互相可以配合的一些單位，慢慢就會形成一個產品的上中下游，然後才有可能去找到適合自己的商業模式，達到所謂的一條龍服務。在服務的一條龍上，先去找到客人，進而讓商品能夠賣出去。

組織協會最大的目的，就是希望台灣用紡織和電子這兩個產業的結合能夠產出一個新的產品，再加上物聯網或大數據 AI 的整個運作分析之後，我們可以去改善任何各領域的產品，或者做到更好的應用。事實上我們早期也大致討論過，我們的產品如果能夠運用在不論是運動、遊戲或是健康照護上，甚至安全照護，或在軍工演習各方面的訓練，那就更好了。

我們期望能夠把它做出某個領域的一些產品，能夠產生數據以後再被分析，然後在 AI 裡面自動調整，其實它有可能會改變所有人的生活。因為我們覺得這是一個偉大的事業，也許這是可以改變人類生活形態的一個工具。

像是遠距醫療，將來的醫生可能不見得在醫院裡面，他就在他家裡面一個工作室，他的病患利用線上預約看診，然後這個病患穿著我們的衣服，當醫生線上看診的時候，就能夠預先知道此病患過去一個禮拜整體的生理狀態，然後再跟病患評估：你應該預約真正的醫院，或者你應該進行手術了，或者你應該去拿藥了，或者你應該怎麼樣，直接給他一個建議。也就是說，醫生為病人完成了線上的初診。

換句話說，你在全世界任何地方，這個醫生只要在線上，他就可以先做初步的診斷。因為他可以從病患身穿的衣服上得到傳送出來的數據。其實這已經改變了整個醫院的經營形態工作方式和病人被醫生看診的模式。或者在遊戲方面，用 AR/VR 進入，就像《一級玩家》，如果其中角色穿著我們的衣服，他做的任何動作，其實還可以再回饋回來，因為他的動作會被分析出來，讓他自己去參考，再做改進，因此他不只是從那個教練去學而已。智慧紡織真的是一個非常方便的革命性工具。

Q 因為各行業都在 AIoT 時代要找到自己的利基，所以他們會想要進入各產業。就像台灣物聯網產業技術協會都加入台灣智慧型紡織品協會一起合作。智慧型紡織品在健康照護與運動上最大的優點是可以貼身，不過缺點就是它可能比較貴，但是切入醫療、運動、健康各個層面，以後會大量生產，大量生產之後價格就會降下來，然後技術會進步，之後這個東西價錢就會降下來。

台灣因為紡織產業綜合研究所在技術上佔了一個很好的先機，而在這個時代是誰先開始累積數據，誰的數據就多。

目前我看到肌電圖是跟運動很有關係，跟平常身體健不健康有關係。因為肌電圖是反映你的緊張程度，然後反應你的運動狀況，反應你的肌肉狀況，包括你的肌肉緊張。這個東西真的是太棒了，因為肌電圖的分析可以告訴客戶，你運動多久該休息，根據你身體狀況可以怎麼運動，其實只要搭配肌電圖給客戶建議，然後適時的反映客戶健康狀態，我相信客戶會愛死它，接下來請您多談一點您對這個趨勢的看法。

A 帽子、手套、襪子…等等，都可以做成各種不同的功能，像這些東西都是我們日常的穿載，我們希望用紡織的元素把它包裝進去，它就能從比較硬體的東西變成軟的東西，而且變成比較輕便的東西，是可以很容易放在身上的，舉凡運動休閒、生活娛樂、安全、醫療大健康、甚至到各種的訓練，都是我們會發展的方向。

我們希望能夠走在世界的頂端，等到客人出現的時候，台灣不缺席。我們希望讓大眾知道，一想到智慧紡織，就能夠想到台灣。因為台灣最基本的兩個元素，我們的電子業很厲害，我們的紡織業很厲害，這兩樣合起來，我們剛開始在創作協會的時候，會是典範轉移，兩個好的東西轉成另外一個更好的東西，這是我們現在的使命，也就是我們這個協會想要做的事情。而政府會協助我們一起到外面參展，幫助我們介紹客戶，然後走到世界的客人裡面，整合出來一個新的產業，這就是我們創造協會的最大目的。

我認為運動員的訓練之後都可以用智慧型紡織品，直接分析，運動員怎麼訓練會更好，這樣會有指標性，以後在大賽得獎了，這樣行銷就會很有成果。例如，2021 年東京奧運，我們拿到了非常好的成績，大家就會注意運動。而其他各國（包括美國），像美國已經開始這樣的訓練了。因為傳統的訓練已經不足，必須要有這些數據，才能夠訓練運動員讓他們表現得最好，如果 2024 年因為有這樣的智慧型紡織品的協助訓練，而拿到更多的獎牌，那會是超級棒的宣傳。

當我們產生數據，和這個在數據裡面產生的學習應用，或者說在改善這一塊 AI 的工作，其實是我們將有的最大貢獻，及最重要的一塊，到後面我已經在做所謂的商業模式，然後做所謂的戰術規劃。他需要 domain know-how，好從數據中看到洞見，然後這個迭代成就讓消費者喜愛。

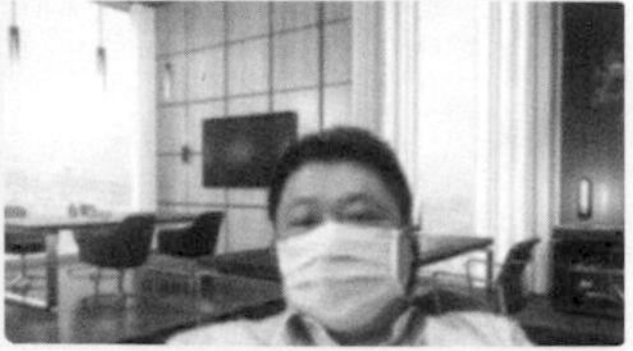

圖 5.1：線上訪談台灣智慧型紡織品協會
圖左爲本書作者裴有恆，圖中爲理事長，圖右爲本書作者沈乾龍

Rich 總結

我覺得台灣智慧型紡織品協會跟台灣紡織產業綜合研究所，這兩者的組合是非常棒的，而物聯網產業技術協會也進來了，讓大家一起來做。而今年 1/12 中華亞太智慧物聯發展協會年度大會，我請沈秘書長來講智慧紡織，就是要讓大家知道台灣的技術原來那麼好。大家一起來合作，讓台灣智慧型紡織品能夠在世界上發光發熱。

5.2.2 南緯書面訪談

南緯子公司 AiQ Smart Clothing Inc.的生理監測智慧服飾 Bioman +，以不鏽鋼導電纖維為基礎發展成織物態 ECG 電極以及電訊傳輸的導電線。Bioman +已通過大多數行業領先的心率和 ECG 模組供應商的驗證，為該應用領域業者的首選智慧服裝合作夥伴。

Q 對智慧穿戴運動健康投入的原因？

A 全球運動產業持續以驚人的速度增長，各項專業運動與職業體育賽事也不斷地擴大其全球影響力，即使是這兩年多來遭遇了嚴重的 COVID-19 全球大劫難，但更多的人都會比以往任何時候更希望能正常地參與到各種業餘運動活動及維持自己的運動休閒活動。

運動產業一直是創新領域的領頭者之一，當運動產業遇上科技創新，如何從傳統紡織產業來與科技接軌，來進行其華麗轉型，是一個非常清楚的目標與一條必須走的路。

我們以台灣稱霸全球機能性紡織為基礎，再加上近十年來在智慧紡織上中下游的研發與量產化投入，進而鏈接在不同應用範疇領域的合作夥伴及不同參與層次的整個生態系統來進入市場。這個生態系統中的每個單位都可以共同一起來尋找與創造下一個創新的方案，來提供更好的產品與服務，創造更多的營收並帶來更多的樂趣。

現在對智慧穿戴運動健康已經有開發好的技術與應用嗎？

可針對高、中、低階市場以及場域應用做技術開發與市場區隔：

- **高階市場**：專業級運動場域（Elite Sport）

  目前已開發全身性動作捕捉智慧衣及手套系統（Motion Capture），可以即時記錄專業運動員的動作數據，並且進一步做分析與即時反饋，運用科技增進專業級運動員技巧與體能狀態。

- **中階市場**：團隊職業運動（Team Sport）

  此市場著重在運動員體能分析以及團隊戰術技巧，除了已開發完成的生理偵測智慧衣，可即時量測心率、呼吸率、肌耐力（EMG）等生理資料，同時還會搭配室內、外通訊設備及 GPS 定位技術將資料傳送到後台，再經過特別設計之演算法計算職業運動員的體能效益，將運動員以及團隊的表現最佳化。

- **低階市場**：消費性市場（個人體能促進）

  此市場較傾向於使用單項的生理量測來增進個人的體能狀態，例如：心率，主要針對學校學員體適能促進，以及健身房場域，會定位在平價產品，且不需要搭配特殊通訊設備，使用者可在市場上方便購買，搭配手機 App 藍牙連線即可使用來增進個人體能。

Q 對智慧穿戴運動健康的未來的看法？

A 透過來自不同行業的創新和尖端技術不斷發展和擴展，所謂新的運動科技產業正在為每一位追求身心健康者、運動員、俱樂部、贊助商、投資者和創新者等創造新的機會。

目前已開發之生理量測系統與動作捕捉系統，未來可以結合相關沉浸式體驗穿戴裝置產品，例如：AR/VR、五感整合配件（眼球追蹤、腦波控制、手勢控制、語音控制、觸覺觸感回饋、非接觸式觸覺回饋）、外骨骼&其他穿戴裝置，讓智慧紡織（Smart Textile）成為元宇宙產業中的核心創新產品之一，提供在虛擬世界中絕佳的沉浸式體驗與體感反饋。

圖 5.2：AiQ 的智慧紡織品

5.2.3 萬九科技書面訪談

萬九科技成立 30 年以來，致力於醫療保健與運動健身產業，提供準確的心率數據擷取、專業的運動科技技術、輕量與省電化的微小裝置，自我開發的生物晶片，是其著重技術。近年來，研發涉及 EMG 肌電感測領域。

其通過 ISO 9001 & ISO13485、GMP 認證。另外也提供協助客戶設計與製造產品服務。萬九的產品應用範圍還有溫度感測、人體姿態偵測、運動員訓練偵測、遠距離健身互動、遠距離居家照護、動物心率監測、工作傷害預防。

對智慧穿戴運動健康的投入的原因？

A 萬九科技其實從開創以來，就一直投入在智慧穿戴的領域，因為創始人想要解決運動員在高強度運動時造成的心臟衰竭，想要預防這個事情，然後讓運動員安全並健康的提升自己的運動效果。所以我們一直都是以運動心電圖以及相關領域作為最終的目標在發展產品。

現在對智慧穿戴運動健康，已經有開發好的技術與運用嗎？

A 經過將近 30 年的發展，創造了許多新的技術。比如說，我們第一代創造的是一款感測血壓的手錶，那時是用光學感測，它是利用心率來做校正，穿戴的人可以隨時隨地的量測血壓，校正我們則是用正規醫療血壓計做比對。

在智慧穿戴的領域，穿戴的載體也很重要，所以萬九也有開發織物載體，我們有一款織帶跟兩款衣服可搭配選擇。另外對於工作安全方面，我們就曾經有開發過會發光的工作外套，以及使用在運動夜間運動的發光外套，我們也發展過溫度調控裝置，它就是可以調控溫度的智慧織物。

我們最主要的技術，是透過獨家的生物晶片來感測使用者的生理訊號，比如使用者的心率、心率變異還有心電圖。所以說，我們是在抓身上微小生理電訊號來做應用，目前正在開發中的就是肌肉電訊號感測的裝置，以往肌電都是用針，從肌肉裡面來量測，但那是侵入式的方式；而我們做的是非侵入身體的肌電感應裝置，運用在運動員個人的肌肉量測、肌肉訓練的改善，也可應用於復健領域，像是中風病患或協助復健受傷的運動員，查看自己是否有具體與數據化的改善。

對智慧穿戴運動、健康的未來的看法？

A 在疫情開始之前，虛擬的線上運動就已經開始推廣，團體多人的線上競技競賽，或是遠距離與健身房的教練互動，都已經實實在在發生了。在疫情之前，人們還是習慣在實體的健身房或是在戶外運動，而疫情發生改變了人們的生活，不單只是消費的習慣，比如本來習慣去實體商店，現在更傾向於網路購物；而運動習慣也是，因為疫情而減少出門，室內的運動變得更熱門，無論是看網路教學影片或自己準備器材，都在疫情時間大幅度增加，那不只是個人的訓練，也有想跟朋友一起運動的需求，於是在疫情期間，虛擬的網路線上運動被大力的推展，無論是藉由鏡子來產生虛擬的運動教練，或是重量訓練、居家線上羽球…等各類線上運動如雨後春筍般地出現；就算是疫情趨緩，也停不下這股虛擬運動的浪潮，你會看到業者推出線上運動平台，他們使用姿態感應或是紅外線感應的科技，同時也會需要精準的運動數據。在運動中，最基本該有的數據就是使用者的心率，再來就是使用者個人的姿態變化，以及相關的生理資訊。隨著運動強度改變，搭配虛擬實境的變化，讓在虛擬實境中的每一個使用者都能公平的競賽，也可以讓教練看到運動員的數據，進而知道運動員的狀況，也能讓使用者互相彼此激勵切磋，而這一切，就是要根據精準的運動生理資訊，少了這樣的前提，就無法做到。

至於健康方面，比如復健的流程：肌肉狀態的評估、動作角度的評量，或訓練方式的修正等等，傳統都是倚賴人工，雖然現在已經有一些新的科技，不管是用影像或穿戴感測器的方式，但要如何做到所謂的精準？智慧復健時，我們除了可以從使用者的關節角度、活動狀況來做監測之外，同時也可以偵測肌肉的協同運作，這讓我們在復健方面可以得到更精準的數據。除了穿戴裝置的開發，也能應用在 AR 跟 AI 的技術，甚至利用遊戲來導入訓練，不但能提升病人復健的意願，也能降低治療師的壓力。

圖 5.3：萬九科技的穿著智慧紡織品

5.2.4 聚陽書面訪談

聚陽實業為台灣上市成衣公司，也是國際知名的成衣大廠，全球有五大生產基地，專精於時尚流行、居家休閒、運動機能等服飾的設計開發與生產製造，以美歐日等區域為主要市場，並與國際知名的大型服飾品牌商與零售通路商建立了長期緊密的合作關係，成為客戶信賴的合作夥伴。而由於 2020 年全球新冠肺炎的疫情影響，聚陽也接受政府的委託，成為台灣防護衣國家隊的領導廠商，為台灣的防疫工作善盡企業的責任。

Q 聚陽對智慧穿戴運動健康投入的原因？

A 在 2016 年，在因緣際會之下，聚陽與國內的電子大廠展開合作，跨入穿戴式智慧服飾的設計研發與製造，主要功能在於心跳、呼吸、睡眠與運動的監測，而透過這樣的合作，聚陽也開始對智慧型紡織品這塊新興的市場與技術，逐步的深入了解。而由於這塊市場的推展需要跨產業的合作，除了紡織以外，還包含電子電機、軟體、通訊、應運平台、醫療照護、運動健身等跨產業的專業知識與價值鏈整合，而跨產業的合作並非易事，台灣過去也尚未有成功的案例。但有感於台灣的電子產業、智慧醫療等都是全球頂尖的產業，而台灣的紡織成衣產業也在國際之間佔有一席之地，如能有效整合跨產業的研發與創新能量，未來的發展空間將不可預期。

也因此，聚陽實業於 2018 年正式成立跨領域創新中心，團隊成員除擁有深厚的紡織成衣專業技術，也擁有不同的產業背景與專精能力。而聚陽跨領域創新中心的發展目標在於**鏈結跨產業的新創與創新能量，並掌握與精進智慧紡織的材料與加工技術，致力於成為全球智慧紡織的關鍵整合者**。雖然穿戴式智慧紡織品的運用領域相當廣泛，但考量到在全球新冠肺炎疫情的影響之下，各國家對於遠距醫療的需求大增，人們對於自我與家人的健康管理更加重視，對於戶外活動的舒適性需求更加要求，因此，聚陽鎖定以【大健康產業】為主要目標市場，並積極研發各類智慧紡織材料、特殊的服飾版型設計與加工技術，並與國內跨產業的專精夥伴攜手合作，不斷地創造出各種創新的穿戴式智慧紡織品。

聚陽現在對智慧穿戴運動健康已經有開發好的技術與應用嗎？

由於穿戴式的智慧紡織品必須結合各類不同功能的電子元件與模組，但紡織品的外觀仍講求美觀時尚，穿著舒適（輕薄、透氣、穿脫方便），同時更要能克服耐水洗的問題，才會提升使用者的黏著度。因此，**聚陽以智慧型紡織品的材料與加工技術爲發展核心**。從材料的研究與專利布局（例如輕薄柔軟、親膚、耐水洗的低電阻導電材料、輕薄可拉伸的多通道導電線膠、安全可快速加熱的發熱模組等），再針對不同類型與功能訴求的穿戴裝置（心跳感測、肌電感測、電刺激、動作偵測、冷熱溫控），開發設計特殊的版型與加工技術。讓各種不同功能訴求的智慧紡織品都可達到穿著舒適性，並穩定發揮功能。而著眼於未來智慧醫療的發展規劃，聚陽也投入於醫療認證（QMS/ISO 13485）的作業，聚陽所研發的專利導電材料，也通過各項生物相容性與電性測試的要求。發展至今，聚陽所合作研發的智慧紡織品已經逐漸推展到國際市場，目前的國際客戶包含知名的健身品牌客戶（心跳感測），還有戶外運動品牌（發熱溫控），甚至包含職業球隊與智慧醫療等品牌客戶。而聚陽與跨產業夥伴所合作研發的產品，也陸續在國內外的各項競賽中得獎，包含 2018 年 IF 獎，以及 2021、2022 年的台灣精品獎。

對智慧穿戴運動健康的未來的看法？

為了持續提升聚陽在智慧型紡織品的研發能量，聚陽在經濟部技術處的支持下，於 2020 年 7 月主導執行 A+企業創新研發淬鍊計畫，結合四家不同產業領域的廠商以及紡織產業綜合研究所、台北市立大學運動器材科技研究所的能量，發展高階智慧科技健身服飾，產品功能結合肌電偵測（EMG）、動作追蹤（IMU）、電刺激回饋系統（EMS），從智慧紡織材

料、服飾版型技術、布料與硬體基座的結合（舒適且耐水洗），再發展各種科技健身的運用軟體，以及未來的商業平台，未來也非常期待與國內外的健身產業合作，共同發展精準運動的新商業藍海。

展望未來，隨著元宇宙的議題發酵，聚陽也正積極思考與布局未來的發展策略，而對於跨業整合的發展，聚陽更是展開雙臂，竭誠歡迎與國內不同產業領域的專精夥伴或新創團隊進行合作，聚陽深信惟有透過不斷的跨業整合，才能讓台灣的產業發展在未來的國際市場競爭下，發展出新的里程碑。

圖 5.4：聚揚的智慧紡織品

5.2.5 三司達書面訪談

三司達企業股份有限公司以「團結和諧，求新求進」為經營理念，專業的知識與經驗提供給客戶最好的服務，經由持續的在職訓練，培養出許多優秀能幹的專業人才，在公司樸實穩健的作風和員工群策群力合作下，締造在自行車及釣具界良好口碑，成為業界領導者中的翹楚。在周董事長的遠見帶領下，2008 年跨足機能服飾與智慧感測衣市場，在地優勢打造 MIT 產品的市場銷售，深耕台灣內銷及拓展外銷市場經營。期許為追求精準掌握生理數據的族群，能得到科學數據的極致要求，將人體的生理訊號與大數據運用結合，讓跳動的數字演繹準確監測生理數據，對於無止盡的極致要求，只為尋求數字真正信賴的本質。

以下是三司達的書面訪談資料：

對智慧穿戴運動健康投入的原因？

A 全球 IoT 物聯網帶動穿戴科技產紡織業發展蓬勃，台灣具備完整資訊通信技術與紡織技術產業鏈，三司達以自有品牌“2PIR”做為台灣生產的根據地，建構自身智慧衣科技專業領域，強化領導技術為基礎，掌握國際市場資訊與脈動，發展機能及創新智慧紡織運動照護的人身部品。

在健康照護重視運動保健的趨勢帶動下，越來越多人開始嘗試追求自我目標挑戰極限，因此三司達研發團隊的齊心努力，將 2PIR 智慧衣團隊整合智能穿戴科技大廠與紡織綜合研究所，共同開發製造出多項創新運動相關智慧穿戴紡織品。

三司達特別針對熱愛運動族群推出不同款式的 ECG 的智慧衣，在 2018 年更結合運動時尚話題的三項鐵人運動項目，將科技布料與智慧衣的關鍵技術整合，推出智慧感測三鐵衣，獲得廣大的好評回饋。

現在對智慧穿戴運動健康已經有開發好的技術與應用嗎？

A 三鐵智慧衣則採用彈性織物電極結合機能性纖維材質，採特殊的縫織法編織製造而成，用織物結構達到快速排汗、散熱、緩衝、支撐肌肉效果，搭配藍牙輸出模組發射器的訊號傳輸，即時感知心率、運動肌肉強度與卡洛里消耗量。

現在進一步推出 EMG 智慧型腿套，彈性壓縮的支撐設計，兼具省力與減緩乳酸堆積效果外，同時達到預防運動傷害的效果。透過發射器結合 APP 連結藍牙模組，可用於有氧運動、跑步運動以及騎乘運動，在運動過程中，提供戶外運動者的運動軌跡追蹤、肌肉強度、步幅與平衡、以及肌肉疲勞預測等最新功能，來穩定紀錄及時回饋小腿肌肉收縮強度與疲勞程度，透過數據顯示及運動狀態提醒，達到矯正姿勢與預防傷害的效果，此外在運動後可搭配市售低週波治療器，使用連結經皮刺激器（TENS）精準與穩定導入電流按摩肌肉，減緩肌肉疲勞，可以說是運動防護以及恢復運動疲勞一體的智慧科技穿戴整合。

對智慧穿戴運動健康的未來的看法？

A 目前穿戴設備已經走進大家的生活，習慣使用智能手錶等智慧穿戴產品監測個人生理特徵，2PIR 整合智慧衣的科技運用，打造「運動智慧管家」APP，未來我們希望能將智慧穿戴延伸到更廣闊的發展於個人健康管理，來提供運動防護/健康照護方面達到有效的精準數據掌握。不斷求新求變是我們對品牌的期許，智慧衣的運用也不僅止於運動或娛樂上，未來更可以投入醫療照護方面，增加市場的多元性，才能真正發揮智慧衣的價值。

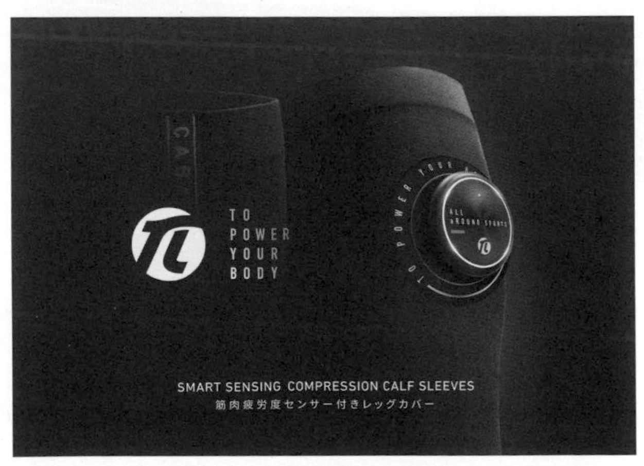

圖 5.5：三司達的智慧紡織品

5.2.6 豪紳書面訪談

豪紳纖維科技（Asiatic Fiber Corp.）成立於 1973 年，一個成長於台灣的紡織品牌，由董事長陳明聰一手創辦，從紗線原料起家，看好精密產業的發展趨勢，轉型做高質化的機能型紡織，製作出台灣第一件無塵衣，現今坐擁歐洲六成市場，產品行銷全球 62 國，成為台灣機能性纖維的領導廠商。

對智慧穿戴運動健康投入的原因？

iQmax 是豪紳纖維科技專為智慧紡織打造的品牌，iQmax 核心技術在於結合纖維與電子產品，提供服飾功能上的無限可能。豪紳纖維原料起家，技術優勢在於特殊纖維及高性能纖維，導電與遮蔽為兩大核心能力，產品的發展包括纖維、潔淨、安全、醫療保健與智慧紡織等五大面向。運用創新纖維結合穿戴裝置，投入穿戴科技與智慧紡織品開發，賦予纖維織品智能與智慧，建立服飾與穿戴者之間具有更多互動的可能。掌握核心原料與技術相關多角化及延伸，積極將智慧紡織品推廣應用於運動健身、健康照護、醫用保健，讓機能紡織品走向智慧紡織。豪紳通過 ISO13485 品質系統認證及 GMP 醫療器材優良製造規範，持續開發機能智慧紡織品，並懷抱著「BETTER CARE，BETTER LIFE」的理念，不斷精進升級。

現在對智慧穿戴運動健康已經有開發好的技術與應用嗎？

豪紳 iQmax 智慧紡織核心技術在於結合纖維與電子產品，提供服飾功能上的創新模組，整合安全、服飾加工及舒適性，運用智慧紡織的創新元件，積極投入穿戴科技市場，賦予服飾與穿戴者之間具有更多互動，創造無限的可能，推出加熱、電療、穿戴、感測、發光及導電材料產品系列。

iQmax 智慧紡織品以核心導電材料優勢出發，致力追求織物電流及訊號傳輸穩定，達到智慧紡織電通再網通需求，穿著舒適感、柔軟、可水洗、可折疊基本條件技術的精進。在智慧穿戴運動健康產品上，豪紳 iQmax 陸續推出智慧衣穿戴模組、發光產品，近期更推出石墨烯加熱紡織品、以及結合電療功能可舒緩疼痛的穿戴式智慧按摩紡織品、輔助運動健身的 iQmax 無線智慧健身紡織品。

iQmax 智慧健康穿戴紡織品 - 加熱與電療產品有：

產品	介紹
iQmax 石墨烯加熱紡織品系列	導入智慧型紡織品模組及材料，生產複合纖維的加熱模組（片），結合石磨烯遠紅外線材料，以高效率熱傳導達到加熱功能，柔軟可水洗，生產加熱護具、熱敷眼罩、加熱衣物、織襪、手套等可保暖或輔助熱敷效果的加熱紡織品。採用均勻佈線，熱傳導升溫更快速，強化紡織品導電材料與技術，以特殊材質當成保溫層，蓄熱發熱原理，降低耗能，提升效能，克服長時效供電的瓶頸突破。加熱溫度控制系統技術應用上，由傳統的按鍵式，進入智能化 App 化應用，將控制系統智能化，可結合定位、跌倒偵測等複合式功能。還可結合計步、定位、跌倒偵測與求救訊號發送等功能。
iQmax 穿戴式智慧按摩紡織品	主要應用獨特的導電纖維突破織物服飾框架，整合服飾加工與行動裝置系統，打造全機型微電流按摩紡織品，相容性佳電療紡織品，除可搭配市售微電流、低週波機台使用，亦可連接手機或平板行動裝置，透過 APP 啟動智慧按摩功能，包含定時、多種按摩模式選擇、自訂脈波強度設定等，提升使用自主性與便利性，貼近使用者生活型態的智慧按摩解決方案。採用衣物穿戴式的設計，提供更服貼的神經刺激，讓使用者在運動後能達到舒緩效果。在材料技術創新上，整件織物由銀纖維製成，推出手套、襪子、護肘、護膝等高導電織物，導電性佳、織物表面電阻值低及均勻，能夠深入皮膚表皮卻不會產生強烈刺痛感，提供更人性化的微電流按摩體驗。iQmax®穿戴式智慧按摩紡織品榮獲第 28 屆台灣精品獎。

產品	介紹
iQmax 無線智慧健身紡織品	將早先防止肌肉萎縮的 EMS 電療，應用於鍛鍊健身，透過外部電流刺激，模擬身體運動時，大腦經由神經系統傳遞給肌肉的電流，提升健身效能與效率，帶進現代人生活作息，以有效且安全方式，讓使用者在繁忙之中也能運動。無論從運動前的暖身、運動中協助強化肌肉收縮、到運動後的舒緩，iQmax®無線智慧健身紡織品更榮獲第 29 屆台灣精品獎。
iQmax 智慧穿戴模組系列	提供穿戴模組即為電子元件和紡織品結合應用的橋樑，負責訊號、電流和資料的傳輸，為智慧型紡織品的關鍵組成之一。以及，提供智慧穿戴產品，紡織元件開發，賦予服飾與穿戴者之間更多互動的可能。可透過智慧裝置收集個人生理數據，協助使用者了解與掌握身體概況，進行健康管理。

對智慧穿戴運動健康的未來的看法？

A 在智慧穿戴材料上，隨著科技日新月異，豪紳擁有抗菌、除臭、保暖、導電…等材料，智慧紡織品將會持續整合更多機能性纖維紡織品的優勢及技術突破。在功能面上，更密切結合電子技術和導入感測設計，進行生理監測、環境偵測或近物的偵測。例如：在身體結構特性訊號方面，可進行身體上動作、姿勢、位置身體溫度訊號偵測與處理。而在生理特性訊號方面，例如：心跳心律、呼吸速率、脈搏血氧、血壓、漏血、血糖水準...身體內訊號偵測與因應。以及身體附近訊號及週遭環境的感測上，例如：移動、溫度、光線、聲音、重量壓力、液體偵測…等等，以及 GPS、LBS 定位地點的感測，RFID、NFC 周遭物件感測，互動式的感測產品亦將指日可待。在智慧穿戴應用面上，具有物聯網功能的智慧穿戴及衣物，應用於戶外活動及運動健康管理、訓練輔助，智慧運動及智慧家庭互動娛樂，以及在智慧醫療保健、個人健康管理、老人及幼兒照護、復健…等醫療保健應用。智慧紡織品具有電流訊號傳輸、物聯網訊號偵測、環境訊號感測互動回饋、多點訊號傳輸應用等功能特性，將會是元宇宙紡織品的核心及最佳解決方案。

最後，智慧紡織品需要紡織、電子、資通訊、醫療等多領域，透過跨業合作經營模式，整合異業資源，創造出具附加價值的產品及解決方案，組合出更具全球競爭優勢的智慧紡織品，擴大智慧紡織品市占率。豪紳深化纖維技術、整合電子能力，持續創新精進，編織強而有力的夥伴關係，啟發多元應用，引領世界看見紡織業的無限可能。

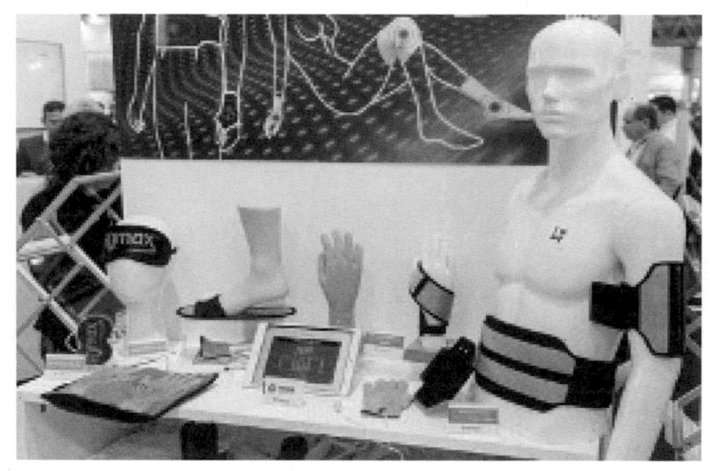

圖 5.6：豪紳 iQMax 的智慧紡織品

5.3 結論

由以上各個廠商的訪談可知，台灣的智慧型紡織品在智慧穿戴健康照護上實力堅強，而且現在積極和醫療及電子業整合，後續持強化與醫療專業人士與單位合作，深入臨床需求，挖掘高附加價值的利基產品，並透過獲取出來的數據，跟人工智慧分析結合，應可創造很棒的未來。

第二部分

元宇宙

這一部分的第 6 章到第 9 章談到元宇宙的概論與歷史、技術與核心要素，以及各國目前進展。

第 6 章談「概論與歷史」，除了概論之外，會提到跟元宇宙跟 AR/VR/MR 裝置、物聯網、人工智慧、社群、3D 遊戲、區塊鏈/NFT/DeFi 都有關係的發展歷史。

第 7 章談「核心要素與技術」，提到現在智慧科技在未來元宇宙可能的運作方式，以及構成元宇宙的核心要素。

第 8 章談「國際上的目前進展」，這裡會談到美國、歐洲、中國、日本、韓國，以及東南亞的進展，以較有代表性的廠商為主來談技術應用以及商業模式。

第 9 章談「台灣元宇宙的進展與相關專訪」，請 AWS 的台灣香港區總經理透過訪談提供由國際事業看台灣的看法，也針對台灣在領域中有代表性的廠商做訪談來談其在台灣的技術與應用的現狀。這個部分除了讓大家知道台灣的元宇宙各方面在世界上的進展，而且也透過專訪，討論到各家廠商認為元宇宙可能的未來，這也是因為元宇宙的發展現在還很早期，在各個廠商依據自身專業和領域發展，會有不同的想像。

6

元宇宙的概論與歷史

6.1 概論

元宇宙在新冠肺炎疫情期間成了很紅的名詞，但是到底什麼會是最終的元宇宙應該有的模樣，現在談其實還太早。目前有大量關於元宇宙的文獻與專家的意見，但可以發現大家描述的元宇宙都不太一樣，很多專家甚至認為這就是 Web 3.0[1]。而 2022 年 1 月美國貨幣監理署前代理署長 Bitfury Group 執行長布萊恩・布魯克斯（Brian P.Brooks）在美國國會聽證會上表示，Web 3.0 是「可讀」、「可寫」、「可擁有」的網際網路。

從這些文獻和專家意見來看，現在的元宇宙可說是一個很多個概念綜合的未來科技的發展想像，它代表了所有現有數位科技的結合的虛擬世

---

1 Web 3.0，在 Wikipedia 的解釋，其概念主要與基於區塊鏈的去中心化、加密貨幣以及非同質化代幣 NFT 有關，由以太坊聯合創始人 Gavin Wood 於 2014 年提出。Web 3.0 還有一些其他專家提及應有的顯著特徵：(1) 擁有 10M 的平均帶寬。(2) 提出個人門戶網站的概念，提供基於用戶偏好的個性化聚合服務。(3) 讓個人和機構之間建立一種互為中心而轉化的機制，個人也可以實現經濟價值。

界，包含人工智慧、物聯網、VR/AR/MR[2]裝置及對應 3D 運算、區塊鏈、加密貨幣以及其衍生的 DeFi[3]及 NFT，還有 5G/6G 等高速行動通訊…等等。而在元宇宙的世界可以自由創作藝術品、創作遊戲…等等有價值的創作，也可以從事很多跟實體社會中類似或更多的經濟活動。而元宇宙的需求，也反映了人在現實世界所缺失的，一如在新冠肺炎期間，不能出外社交，元宇宙前期代表的《動物森友會》、《Minecraft》，以及《Roblox》就湧入大量人潮。

1992 年 Neal Stephenson 的科幻小說《Snow Crash》中提出了「metaverse（元宇宙）」這個名詞。在此書中提到未來透過終端設備，人類可以透過連結進入電腦模擬的虛擬 3D 環境，現實世界的所有事物都被數位化複製，人們可以透過數位分身在虛擬世界中做任何現實生活中的事情，而虛擬世界的行動還會影響現實世界[4]。現在所有元宇宙的描述，雖然有很多不同的描述與想像空間，但是以《Snow Crash》提出的元宇宙概念確認是不變的。

在金相宇所著的《元宇宙時代》一書中，更提到元宇宙的四大型態：「增強現實」、「生命日誌」、「鏡像世界」，以及「虛擬世界」。而這在數位時代雜誌 2022 年 3 月號，也利用「個人 - 外在」x「增強 - 虛擬」為兩軸劃分此四大型態，但是「增強現實」改成了「擴增實境」，「生命日誌」改成了「生命紀錄」（圖 6.1）。

談到「擴增實境」，由智慧型手機，及 Google Glass、微軟 HoloLens…等等的 AR/MR 設備為接入裝置，其中最典型的例子《寶可夢 GO》（Pokémon Go）遊戲。打開智慧型手機中的這款遊戲軟體，走在大街上，就會在各個地方不時發現一些「寶可夢」的小妖怪出現在手機實景地圖中。透過捕捉收集寶可夢來提升等級，作者之前還花了很多時間，四處打怪、

---

2 MR：Mixed Reality，混合現實，把虛擬世界的 3D 影像及資訊，疊加在現實的景象上。

3 DeFi：Decentralized finance，去中心化金融，是一種建立於區塊鏈上的金融，它不依賴券商、交易所或銀行等金融機構提供金融工具，而是利用區塊鏈上的智慧型合約（例如以太坊）進行金融活動（資料來源：Wikipedia）

4 資料來源：《Metaverse 元宇宙：遊戲系通往虛擬實境的方舟》，中國大陸天風證券報告。

對戰，以及尋找稀有品種。而 HoloLens 現在除了可以跟微軟本身的遊戲系統（如 XBOX 等結合）直接可以在現實中看見並開始玩起虛擬遊戲，還可以直接跟遠處的人員合作，即時解決醫療或工廠中發生的問題。

談到「生命紀錄」，指的是人們把與生活相關的種種體驗和資訊加以記錄、保存，有時還會進行分享的一種行為。我們常用的社交媒體都屬於這種元宇宙，比如臉書、Instagram、推特等。活動大致有兩種。一種是隨手記錄自己在學習、工作以及日常生活中各個方面各種細碎的時刻，透過文字、圖片與影片的形式存放在網路上。人們可以憑自己的記憶，有時候透過手機 Camera 或其他設備收集素材（特別是穿戴式裝置），把生活記錄成冊。另一種活動是去瀏覽別人的生活日誌，在他們的留言區留言，表達自己的看法，用表情 icon，表達一下自己的感受，或者把對方的日誌跟自己的帳號做連結，日後便可以閱讀或轉載。

談到「鏡像世界」，從本質上來講，鏡像世界就是把真實世界中的模樣、內容與結構進行複製。其在設計之初就是為了提升真實世界的效率。在現在它有另外一個名字：「數位孿生」，也就是在虛擬世界有一個模擬現實世界的對應，原來的定義是在虛擬世界中透過人工智慧模擬好預先或即時反應現實世界可能的狀況，而在未來，很有可能在虛擬世界進行創作，然後透過 3D 列印技術，在現實世界中呈現。

談到「虛擬世界」，它是一個與真實世界完全不同的地方。生活在這裡的人看到的是不一樣的空間、時間、文化背景、人物類別與社會體系。在我們為自己創造的這些新世界中，人類與人類創造的人工智慧角色共同存在。在虛擬世界中，人們並未以真實樣貌示人，而是透過虛擬形象存在的。這樣的虛擬世界透過 VR 裝置（如 Meta Oculus 系列，以及 HTC Vive 系列）沉浸其中，在感官上可以得到視覺跟聽覺的完全進入，若搭配智慧衣、智慧手套、智慧襪，就可以讓觸覺也能對應虛擬世界中的模擬感覺。未來若加上腦機裝置，就更可能連嗅覺跟味覺都模擬出來，就像駭客任務電影一樣。

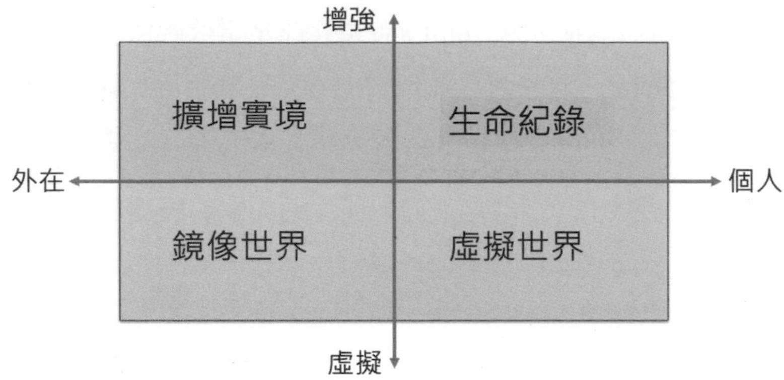

圖 6.1：元宇宙四大型態，資料來源：數位時代 2022 年 3 月號 裴有恆製圖

6.2 元宇宙歷史

元宇宙的發展，是從「多人開放連線遊戲」開始有相關概念，電影中也有很多想像。而元宇宙也牽扯到 3D、穿戴式裝置的智慧眼鏡/頭盔、區塊鏈、NFT 與人工智慧的強化學習，這邊也會把相關發展一一做介紹。

以下依時間闡述元宇宙的各個元素對應的歷史發展：

1957 年，電影攝影師莫頓・海利希（Morton Heilig）發明了第一個虛擬實境 VR 設備 Sensorama 並於 1962 年申請專利，自此，VR 設備出現。他也被稱為虛擬實境之父。

1968 年，美國電腦科學家與網際網路先驅伊凡・蘇澤蘭（Ivan Sutherland），把他在麻省理工做的幾何畫版技術加入頭戴裝置，利用數位圖像演算技術，他實現即時人機互動的概念，創造了第一個虛擬現實的頭戴式顯示器系統「達摩克利斯之劍」（The Sword of Damocles），一般認為是現在人機互動裝置最早的原型（圖 6.2）。

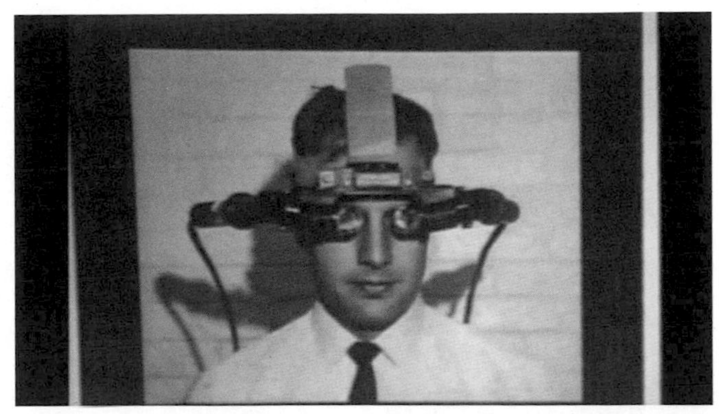

圖 6.2：頭戴顯示器系統達摩克利斯之劍

圖源：https://www.youtube.com/watch?v=Y2AIDHjylMI

1978 年，多人開放連線遊戲的最早起源 MUD1（圖 6.3）誕生，它是將多用戶聯繫在一起的即時開放式合作遊戲，主要利用文字敘述的方式呈現，玩家透過 Telnet[5] 連線，扮演虛擬世界中的角色，系統會輸出一段簡短文字描述玩家所處位置的情境，而玩家也藉由輸入英文命令與之互動。

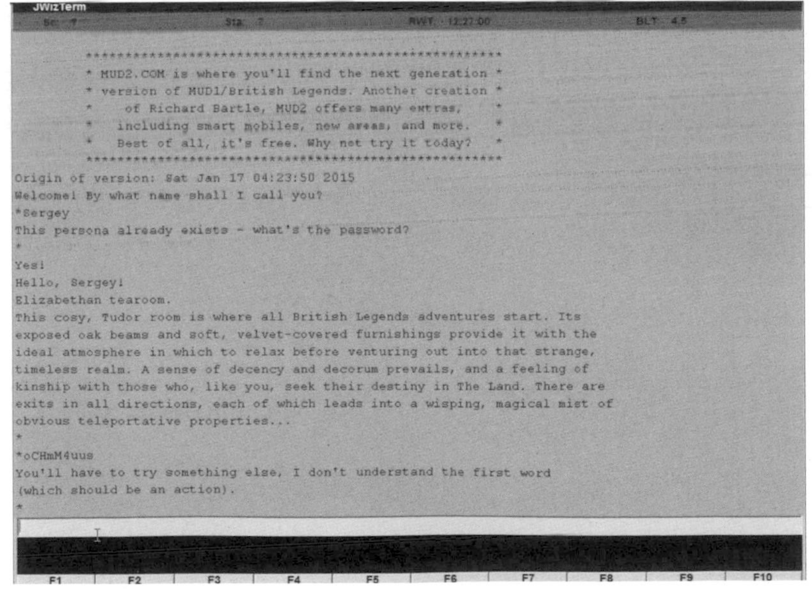

圖 6.3：MUD1 畫面，圖源：https://www.youtube.com/watch?v=9Gep3LwLKWk

5　一種網路早期的通訊模式，連線進去之後，會用終端機模式跟遠端機器溝通。

1982 年開始，在西方被稱為穿戴式計算設備之父的多倫多大學教授史帝夫・曼（Steve Mann），利用電腦跟眼鏡的結合，陸續製作出一系列的穿戴式智慧眼鏡，後來還有通信與擴增實境的功能，比 Google Glass 早了很多年（圖 6.4）。

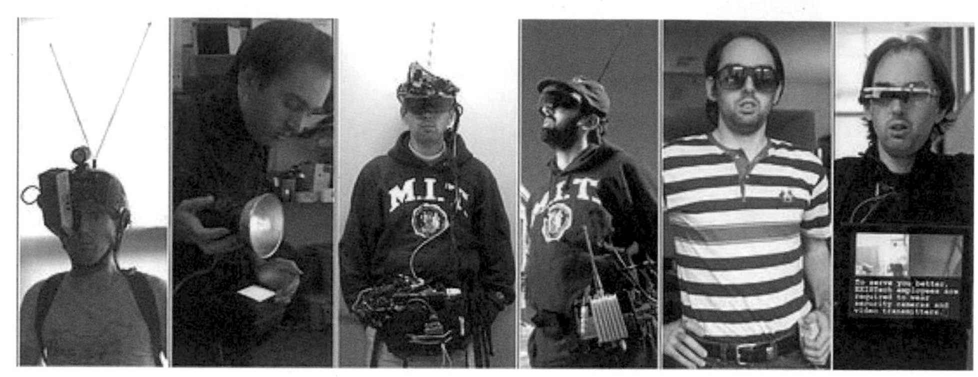

圖 6.4：史帝夫・曼的智慧型眼鏡，圖源：Wikipedia CC 授權 作者：AngelineStewart

1984 年虛擬實境之父 傑榮・藍尼爾（Jaron Lanier）創辦全球第一家商用 VR 公司 VPL Research，1985 年推出一款眼罩＋穿戴式手套。他和湯瑪斯・齊默爾曼（Thomas Zimmerman）合作做出 DataGloves 輸入裝置，成為今日 VR 裝置的參考依據[6]。它可識別每個手指位置，並可以檢測到手部運動。

1985 年 NASA 推出了 NASA VIEW 系統。一款立體虛擬實境頭盔。其中使用的光學部件由 LEEP Optics 提供，後來他們推出了自己的 VR 頭部顯示器（圖 6.5）。使用兩個 2.7 英寸對角安裝，具有 120° 視角的顯示器。使用者介面由語音識別系統和 VPL 研究提供的 DataGloves 來補充[7]。

6 資料來源：2022 年 3 月份數位時代雜誌。

7 資料來源：每日頭條 https://kknews.cc/tech/6npqvev.html

圖 6.5：NASA VIEW HMD，圖源：https://www.youtube.com/watch?v=TY8CyUQOncc&t=42s

1986 年《Habitat》遊戲（圖 6.6）推出，這是第一個 2D 圖形介面的多人遊戲，也因此首次使用了 Avatar 化身，也是第一個投入市場的 MMORPG[8]。

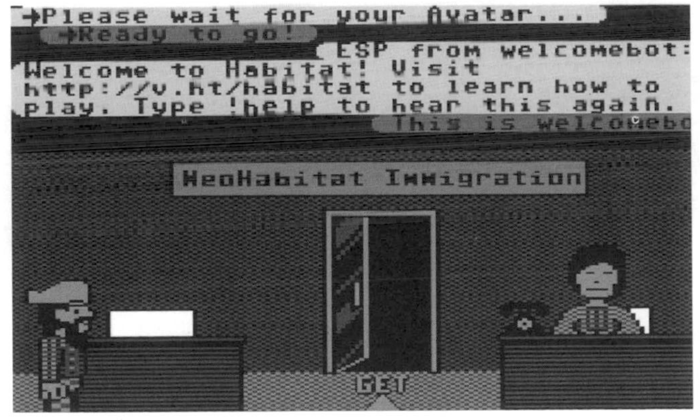

圖 6.6：Habitat 畫面，圖源：https://www.youtube.com/watch?v=al0qRkCdRQ8

8 MMORPG：massively multiplayer online role-playing game，大型多人線上角色扮演遊戲，是電子角色扮演遊戲按電子遊戲人數分類出來的一種網路遊戲。

1987 年，傑榮・藍尼爾（Jaron Lanier）創造了「虛擬實境」這一術語；而《星際迷航：下一代（Star Trek The Next Generation）》劇情中應用了「全息成像平台（Holodeck）」（圖 6.7），提及它讓用戶可以對真實或虛構的場景進行逼真的 3D 模擬，參與者可以在其中自由地與環境以及物體和人物互動，有時還可以預先定義[9]。

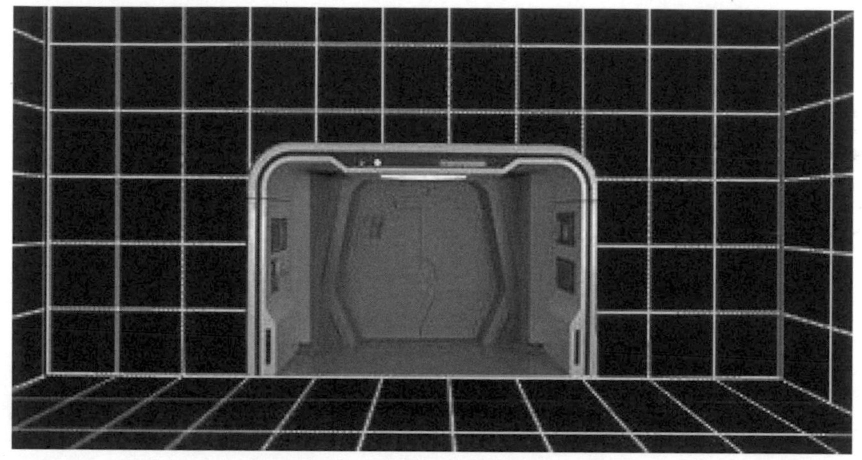

圖 6.7：Holodeck，圖源：Wikipedia

1989 年 8 月 6 日，英國電腦科學家和發明家提姆・伯納斯里（Tim Berners Lee）發出了全球資訊網（World Wide Web，WWW）的邀請，並附有公開簡介，讓網際網路正式開始蓬勃發展。

1989 年任天堂推出了 Power Glove（圖 6.8），這是 VR 設備首次向著消費領域進軍。該款產品是由 Data Glove 兩個發明人協助開發的電子手套。Power Glove 中使用的技術類似於 Data Glove，因為在使用過程中很容易遇到性能問題，且當初任天堂遊戲機 NES 上支持 Power Glove 的遊戲很少，所以這個產品並未成功。

9　資料來源：Wikipedia 英文版

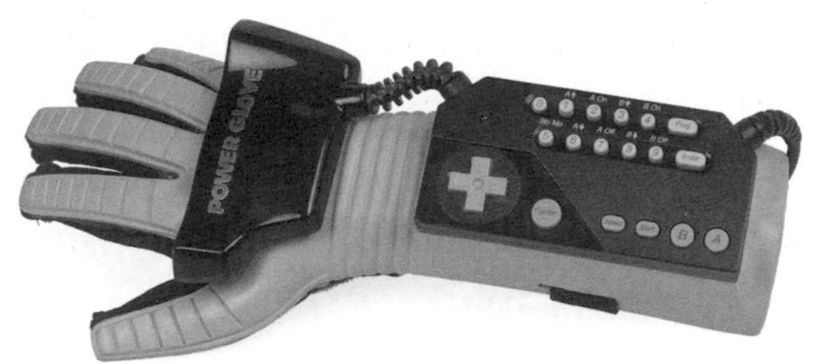

圖 6.8：Power Glove，圖源：Wikipedia

1991 年 10 月 Virtuality 虛擬遊戲機 1000（圖 6.9）系列發布，它使用頭部顯示器來播放影像和聲音，使用者可以透過移動動作和使用 3D 操縱桿進行虛擬實境互動。

圖 6.9：Virtuality 遊戲系統行銷文章中的圖，圖源：Wikipedia

1992 年科幻小說《Snow Crash（潰雪）》中提出了「metaverse（元宇宙）」這個名詞。在這篇小說中，主角透過一台特殊的電腦，就可以進入與現實世界平行的另一個世界。而所有現實的人在其中都會有一個網路分身。

1993 年 4 月黃仁勳、克里斯・馬拉科夫斯基和卡蒂斯・普里姆於美國加州創辦了 NVIDIA，專營繪圖處理器。後來在 1997 年 NVIDIA 發表 2D/3D 單晶片 Riva128，那時很明顯地打不過當時的 3D 顯示王者 Voodoo 系列產品。1997 年 8 月，發表第五代處理器，也是第一個以 GeForce 為名的顯示核心：GeForce256，也創造了 GPU 一詞[10]。其競爭對手 3dfx Interactive 於 1994 年成立。1996 年 10 月出了評價獨立 3D 顯示卡 3dfx Voodoo，大受歡迎，但在 2000 年 12 月 25 日被其主要競爭對手 NVIDIA 以 7000 萬美元現金以及 100 萬股票收購[11]。

1994 年《WebWorld》遊戲推出，它是第一個讓使用者可以即時聊天、旅行、改造遊戲世界，開啟了遊戲中的 UGC 模式。而具 3D 繪圖功能的次世代遊戲機 PlayStation 第一代（圖 6.10）推出。

圖 6.10：PlayStation 第一代，圖源：裴有恆攝影

1995 年 2 月《World Incorporate》誕生，是第一個 3D 介面 MMO，沒有固定的遊戲劇本，強調開放性世界的運作。

6 月《Active Worlds》遊戲平台（圖 6.11）誕生，這是另一個 3D 介面讓用戶為自己命名，登錄 Active Worlds 世界，探索 3D 虛擬世界和環境其他人建造的。在《Active Worlds》允許用戶擁有世界，並開發自定義 3D

10 資料來源：Wikipedia
11 資料來源：Wikipedia

內容。瀏覽器具有網頁瀏覽功能、語音聊天和基本即時消息。而這個軟體是基於《Snow Crash》的虛擬世界構建的。

圖 6.11：ActiveWorld 畫面，圖源：https://www.youtube.com/watch?v=PRgATG6PUA0

1995 年台灣的昱泉國際推出了其第一款 3D 遊戲《塔克拉瑪干敦煌傳奇》。接下來昱泉國際做了很多 3D 遊戲。

1995 年 Virtual IO i-glasses（圖 6.12）推出，這是帶有可選式頭部跟蹤器的流行 VR 護目鏡，重量輕（227 克），具有 300 x 200 像素解析度，並具有 30 度視野。它在某種程度上也是透明的，允許在明亮的環境中創造增強現實[12]。

圖 6.12：Virtual IO i-glasses，圖源：https://www.youtube.com/watch?v=GmGZOECvc8c

12 資料來源：Google Arts & Culture

1995 年 Forte VFX1（圖 6.13）推出，包括一個頭盔、一個手持控制器和一個 ISA 接口板，並提供頭部跟蹤、立體 3D 和聲音的立體聲[13]。該款設備需要連接到運行 DOS 或 Windows 95 的 PC，只不過支持這款設備的遊戲很少[14]。

圖 6.13：Forte VFX1，圖源：Wikipedia

1997 年 MicroOptical 公司員工馬克・史皮徹（Mark Spitzer）利用光學眼鏡作為顯示器，並將所有零件放在左邊眼鏡框架上，製作出具備 9 度視野及 320 x 240 解析度，後來，他被延攬進入 Google，擔任 Google Glass 研發與生產計畫的營運總監，因此 Google Glass 也使用類似的光學配置。

1998 年 Epic 公司發布 Unreal Engine 1 誕生，2002 年發布 2.0 版，2009 年發布了 3.0 版，提出了 Unreal Development Kit，好讓多人開發，到 2015 年發布 4.0 版，支援平台越來越多，現在是 PS 及 Xbox 系列遊戲佔有率最高的遊戲引擎。

1999 年，亮眼（Liteye）系統公司開發出軍用的頭戴顯示器「Liteye-300」，目的是監視敵情使用，此裝置顯示器具備 800 x 600 解析度，可在太陽光環境下保持清晰顯示，視野寬度也有 48 度（圖 6.14）。

---

13 資料來源：Wikipedia 英文版

14 資料來源：每日頭條 https://kknews.cc/tech/6npqvev.html

圖 6.14： Liteye-30，圖源：http://www.aerospaceonline.com/doc/liteye-300-0001

1999 年，Xybernaut 公司開發了屬於工業專用的身體穿戴裝置「MA-IV」，具有 Windows 作業系統，有喇叭發聲，可進行語音溝通（圖 6.15）。

圖 6.15：Xybernaut「MA-IV」，圖源：http://wcc.gatech.edu/exhibition

1999 年 3 月《駭客任務》電影推出，是電影中談及大部分人活在虛擬世界 - 母體程式 Matrix 中，藉由和人體大腦神經聯結的連接器，使視覺、聽覺、嗅覺、味覺、觸覺、心理（六根）等訊號傳遞到人類大腦時，都彷佛是真實的，以此來囚禁人類的心靈[15]。後來 2003 年 5 月上映第 2 集《駭客任務：重裝上陣》，11 月上映第 3 集《駭客任務完結篇：最後戰役》，而最近於 2021 年 12 月上映第 4 集《駭客任務：復活》。而駭客任務提到的虛擬世界的概念，影響到後面很多虛擬世界/元宇宙的想像。

圖 6.16：《駭客任務》第 1 集電影海報，圖源：Wikipedia

2000 年台灣的甲尚科技跟 Active World 公司簽約引進台灣，並搭配自家的介面程式，推出《eWorldFun》3D 社群互動系統，本書作者裴有恆就是當年參與引入此系統，負責資料庫維護的資深工程師。

2001 年《動物森友會》遊戲第一版於任天堂 Game Cube 發表。

2002 年美國密西根大學教授麥克・格理夫斯（Michael Grieves）提出數位孿生（digital twin）：實體的設備，在虛擬空間中擁有對應的存在，可以在虛擬空間中進行模擬，取得相關數據，再用來優化產品[16]。

15 資料來源：Wikipedia

16 資料來源：數位時代 2022 年 3 月號

2002 年，《名偵探柯南：貝克街的亡靈》動畫上映，提到主角柯南跟朋友們透過特殊腦機介面機器，進入了人工智慧操控的虛擬遊戲世界，而人們同時是以在現實世界中沉睡並接上此特殊機器的狀態來進入虛擬世界，如果所有參與遊戲的人不能完成虛擬任務，將會用此特殊腦機介面機器讓所有參與遊戲的人死亡，而在遊戲中所有人的技能跟現實世界一樣（如女主角毛利蘭在虛擬世界中依舊是空手道高手）。

2003 年《Second Life（第二人生）》發布，它擁有很強的世界編輯功能與虛擬經濟系統，因此吸引了很多企業與教育機構進入。人們可以在其中社交、購物、建造、經商。在 Twitter 誕生前，BBC、路透社、CNN 等報社將《Second Life》作為自家新聞發佈平臺，連 IBM 都曾在其中的虛擬世界購買過地產，以建立自己的銷售中心。瑞典等國家在其中建立了自己的大使館，西班牙的政黨在其中還進行了辯論[17]。而其開發作者說他們開發第二人生就是為了實現《Snow Crash》小說中的元宇宙[18]。

2004 年 2 月 4 日 Facebook 成立，成立初期原名為「thefacebook」[19]。

2004 年宇峻奧汀發表線上遊戲《新絕代雙驕 Online》，之後於 2017 年 8 月時，因名稱授權到期不續約，更名為《武林同萌傳 Online》[20]。這是 Wiki 查到台灣最早發布的商業版 MMORPG。

2005 年 5 月 Unity 1.0.1 版發行，2007 年發布 2.0 版，2010 年 9 月發布 3.0 版，2012 年 11 月發布 4.0 版，支援的平台越來越多，是到目前為止 3D 遊戲界使用最多的遊戲引擎[21]。

17 資料來源：中國清華大學新媒體研究中心發布的《2020-2021 年元宇宙發展研究報告》
18 資料來源：Wikipedia
19 資料來源：Wikipedia
20 資料來源：Wikipedia
21 資料來源：Wikipedia 及《元宇宙框架梳理之算法引擎》報告

2006 年 Roblox 公司發表同名遊戲《Roblox》，玩家可使用類似樂高積木的磚塊，打造自己風格的虛擬世界的建築，並創造遊戲，其在 2021 年在紐約證交所上市，更是被稱為「元宇宙第一股」。

圖 6.17：Roblox 2006 年，圖源：https://www.youtube.com/watch?v=HunD72rQ0wE

2009 年 1 月中本聰挖掘了比特幣的創世區塊，獲得了 50 個比特幣的獎勵，也讓比特幣這個數位貨幣誕生於世上，而最重要的是它具備區塊鏈加密技術，讓分散式帳本成真，而其去中心化、不可篡改、加密、匿名性與講求共識等五大特色[22]，讓區塊鏈接下來在很多領域有重要應用。

2009 年，《Enjin》遊戲平台創立，使用者可以在平台上架設遊戲群組，成立討論區，或者是開設虛擬寶物商店，以及其他與遊戲相關的社群活動。2017 年，Enjin 團隊跨足區塊鏈產業，擴建原本的社群平台到區塊鏈上，並且透過 ICO 成功推出基於 ERC-20 開發的項目代幣 ENJ。現在是被眾人認為 NFT 導入 Free-To-Play 遊戲經濟的重點平台。

2009 年 4 月《刀劍神域》（日語：ソードアート・オンライン，英語：Sword Art Online），官方簡稱「SAO」，由川原礫撰寫、abec 繪製插畫的

22 資料來源：medium 網站中的 COBINHOOD 中文版《你不可不知的區塊鏈五大特色》一文

日本輕小說作品推出，作者在網路上以「九里史生」藝名連載，連載的時間是 2002 年 11 月至 2008 年 7 月，後來推出漫畫、動畫與電動玩具。故事內容講述 2022 年 5 月，大廠牌電子機械製造商 ARGUS 發佈了能夠實現的機器 NerveGear，人們可以透過 NerveGear 進行完全潛行以進入虛擬世界[23]。

2009 年 8 月《夏日大作戰》動畫電影上映，內容描述超過 10 億人透過 3C 產品登入虛擬世界「OZ」，以及當人類把各類公共設施，如交通、醫療等，都交給人工智慧主導，可能造成的失控後果[24]。《刀劍神域》與《夏日大作戰》也代表日本動畫界對元宇宙的想像。2009 年底跟虛擬替身 Avatar 同名的詹姆斯· 卡麥隆（James Francis Cameron）籌備多年的電影《阿凡達》上映[25]。

2011 年《一級玩家（Ready Player One）》小說推出，由恩斯特・克萊恩（Ernest Cline）著作，描述以 VR 設備，搭配觸覺感應裝置，連結到虛擬世界「綠洲」（Oasis），2018 年推出同名電影，是現在關於元宇宙最常提到的電影。

圖 6.18：《一級玩家》內場景，圖源：https://www.youtube.com/watch?v=cSp1dM2Vj48

23 資料來源：wikipedia

24 資料來源：wikipedia 及 2022 年 3 月號數位時代。

25 資料來源：wikipedia

2011 年首款跨 PC 及 Xbox 平台的線上遊戲《飄邈之旅 online》上線，故事源自 2005 年出版的同名小說《飄邈之旅》[26]，不過在台灣 2012 年已停止營運[27]。

2011 年臺大學生林裕欽與簡勤佑在大學的創意創業學程架設名為「Dcard」社群網站的課程作品，Dcard 社群網站因此成立，初期只有台大與政大學生加入，後來開放所有大學生加入，2021 年開始開放非大學生之一般人士加入。PC 登入畫面見圖 6.19。

圖 6.19：DCard 登入畫面，圖源：裴有恆擷取自 PC

2011 年 11 月《當個創世神（英文名：Minecraft）》這款開放世界的遊戲正式上線，並且依序有 Android 版、iOS 版、Xbox 360 版（使用 Xbox Live Arcade）、PlayStation 3 版、PlayStation 4 版、Xbox One 版、PlayStation Vita 版、Windows Phone 版、Wii U 版，以及任天堂 Switch 版本，是一個在上述平台都很受歡迎的遊戲，其中玩家沒有具體要完成的目標，而在遊戲內有極高的自由度。遊戲中存在進度系統，遊戲採用第一人稱，但玩家可選擇第二、第三人稱模式。遊戲世界主要由 3D 方塊組成，表面有些網格圖案代表不同的材料，如泥土、石頭、礦物、水和樹木等。玩法是破壞

26 資料來源：華人百科

27 資料來源：Wikipedia

和放置方塊，玩家透過收集這些方塊，並將其放置在其想要放置的地方，以進行各項建設。多人遊戲是透過玩家搭建的當個創世神伺服器來執行，允許多個玩家之間進行互動，並在一個世界中與對方交流。透過自己的伺服器，或使用代管服務商提供的伺服器，達成多人遊戲模式。而單人遊戲世界支援區域網路連接，在沒有中繼伺服器的前提下，玩家可以進行本地電腦連接而做遊戲。

2012 年 Google（後來改成以 Alphabet 為集團名）發表了 Google Glass 眼鏡，第一支結合擴增實境與語音操控功能的連網穿戴式裝置問世。剛推出時廣受各界好評，但後來因為此款裝置能夠在他人不知情的狀況下進行攝影，引起很大的隱私權問題，現在第一代已經下市。Google 認為這樣的眼鏡未來將能在專業市場上獲得成功，在 2017 年推出專業市場用版本（圖 6.20）。並且於 2019 年發展第三代版本。同年，Google 推出簡易 VR 裝置 Cardboard，使用智慧型手機來做 VR 播放，但是因為體驗不佳，2021 年停售。但因應元宇宙趨勢，Alphabet 重啟 Google Lab，看來會深入 AR/VR 裝置[28]。

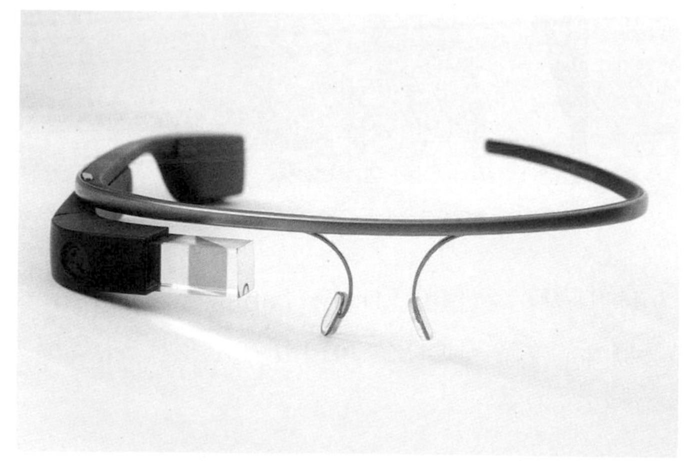

圖 6.20：Google Glass，圖源：Wikipedia CC 授權 作者：Tim.Reckmann

28 資料來源：數位時代 2022 年 3 月號。

2012 年 Oculus 成立，推出 Oculus DK1，在當時的超強性能驚艷市場，引來 Facebook（現在名 Meta）在 2014 年收購。2014 年 7 月 Oculus DK2（圖 6.21）推出，2016 年則讓產品導入市場，發表了「Oculus Rift」。之後也不斷出新機，包含可以獨立運作，以保持高解析度的機種。Oculus 最近出的 Oculus Quest 2 很受歡迎，讓 Oculus 市占率超過 60%，而美國時間 2022 年 1 月 27 日在官方 Twitter 上宣佈正式改名為 Meta Quest VR。

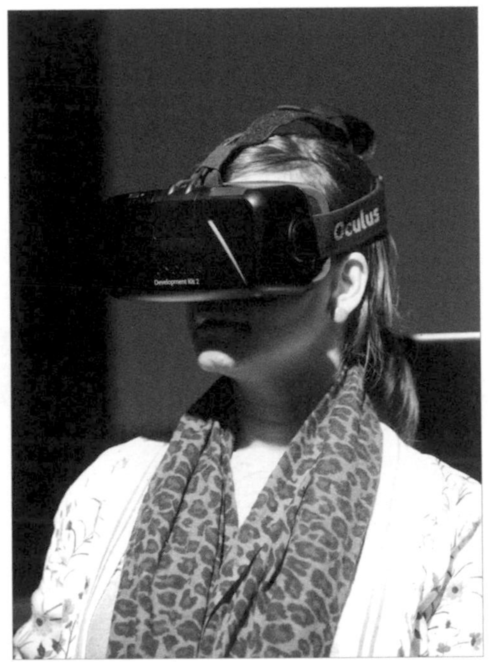

圖 6.21：戴著 Oculus DK2，圖源：wikipedia

2013 年 9 月丹尼爾・拉里默（Daniel Larimer）發表了第一次提出分散式組織 DAO[29] 概念的文章，並且在 2014 年在位元股[30]中實現。

29 分散式自治組織是透過使用區塊鏈技術提供一個安全的數字帳本，以追蹤在整個網際網路的金融互動，透過信任的時間戳和傳播一個分散式資料庫來抗偽造。這種方法使得金融事務中無須涉及一個互相可接受信任的第三方，進而簡化交易。（資料來源：Wikipedia）

30 英文：BitShares（縮寫：BTS）是一種支援包括虛擬貨幣、法幣以及貴金屬等有價值實物的開源分布式交易系統。（資料來源：Wikipedia）

2013 年 10 月《GTA V Online》遊戲發表，玩家可以在一個不斷發展的虛擬世界中體驗遊戲。12 月，《Avakin Life》這款社交模擬平台推出，這平台非常強調自定義功能，玩家可以用超過 3 萬件物品來裝飾自己的虛擬形象，建造與裝飾房屋[31]。

2013 年 12 月 9 日，維塔利克・布特林（Vitalik Buterin）發表了初版的以太坊白皮書-《下一代智慧合約和去中心化應用平台》。2014 年 1 月，維塔利克展示了以太坊，且獲得了 2014 年資訊技術軟體類世界技術獎。2015 年以太坊區塊鏈系統誕生。

2014 年以太坊聯合創始人 Gavin Wood 提出 Web 3.0 的概念，主要與基於區塊鏈的去中心化。台灣的 VR/AR/MR 的公司米菲多媒體成立，2018 年上線全台唯一的 AR/VR/MR 開發引擎「MAKAR Editor」。

2014 年 8 月 AWS 收購 Twitch 這個 2011 年成立，專為遊戲玩家提供內容串流直播服務的公司，這也種下了日後 AWS 切入元宇宙的因子[32]。

2015 年提出區塊鏈中第一個類似 NFT 的通證（token）彩色幣（Colored Coins），是在比特幣 2.0 之上開發的開源協議，它允許在比特幣交易之上表示和操縱不可變的數字資源[33]。

2015 年 MWC 中 HTC 推出 Vive 虛擬實境頭盔。當年 Oculus DK2、HTC Vive，以及 Playstation VR 三款智慧型頭盔的出現，掀起了不小虛擬實境頭盔的熱潮。Oculus Rift 跟 HTC Vive 需要搭配 3D 運算能力很強的電腦且必須利用實體線來做傳輸，因而銷售不佳。而 HTC 也不斷出新機，包含可以透過特殊傳輸協定傳輸，以保持高解析度的機種。

---

31 資料來源：《元宇宙全球發展報告》

32 資料來源：Wikipediahttps://zh.m.wikipedia.org/zh-hant/Twitch

33 資料來源：Wikipediahttps://pt.wikipedia.org/wiki/Colored_Coins

圖 6.22：HTC Vive 頭戴式顯示器，圖源：https://www.youtube.com/watch?v=7zqp1szDWyA

2015 年，美國股票交易所納斯達克，開始進行區塊鏈試驗，而以太坊推出，為一個去中心化且具智能合約功能的公共區塊鏈平台，而全球最大的非營利性技術貿易協會 Linux 基金會推出 Hyperledger 區塊鏈[34]。5 月《Discord》遊戲社群暨聊天軟體發行，Discord 的概念由建立了手機遊戲社群網路平台《OpenFeint》的傑森．施特朗（Jason Citron）構思得出。他在 2011 年將 OpenFeint 以 1.04 億美元的價格賣掉了，並用這筆錢在 2012 年建立了遊戲開發工作室 Hammer&Chisel。在 2014 年發布第一個遊戲《永恆命運》，施特朗預計這款遊戲將成為行動平台上的第一個多人線上戰鬥競技場遊戲，在開發這個遊戲過程中，為了在遊戲中可以用起來更友好，便開發了聊天軟體《Discord》，一開始是遊戲社群用，漸漸演化為社群軟體，現在更是以元宇宙相關之社群交流而有名[35]。

2016 年微軟也推出了 MR 產品 Microsoft HoloLens 第一代（圖 6.23），在 2019 年推出 HoloLens 第二代。HoloLens 的 MR 功能非常強大。而基於 HoloLens 2 在 2021 年結合人工智慧構建了 MR 臨床醫學平臺，其結合了當

34 資料來源：《區塊鏈與元宇宙》一書

35 資料來源：Wikipediahttps://zh.wikipedia.org/zh-tw/Discord

下先進的人工智慧以及在物聯網和大數據的前提下，又融合了虛擬現實等先進資訊科技來進行數字化診療，旨在提高醫生智慧化患者診療、方案制定、手術執行全醫療流程等方面的效率。

圖 6.23：Hololens MR 眼鏡，圖源：https://www.youtube.com/watch?v=RdHUO5_U9N0

2016 年，Elon Musk（伊隆・馬斯克）成立了 Neuralink 來研究「腦機介面」無線大腦運算晶片，好將大腦連上電腦，將來有望治療神經系統疾病，甚至未來成為人類整合電腦系統的技術基礎[36]。同年，Yahoo TV 開始做很多線上的一些直播節目，2017 年推出台灣第一個虛擬網紅虎妮。

2017 年遊戲公司 Epic Games 推出《要塞英雄（Fortnite）》連線遊戲，擁有 3.5 億名玩家[37]。在 2019 年與美國電子舞曲音樂製作人 Marshmello 合作，利用他的虛擬形象在遊戲內進行第一場虛擬演唱會的演出，創造當天的上線人數約為 1,070 萬人次。之後於 2020 年與饒舌歌手 Travis Scott 合作舉行「Astronomical Tour」虛擬演唱會，總共舉行三天，共吸引超過 4,500 萬人次的參加數。

---

36 資料來源：Technewshttps://technews.tw/2021/12/10/elon-musk-said-neuralink-hopes-to-start-implanting-its-brain-chips-in-humans-in-2022/

37 資料來源：數位時代 2022 年 3 月號。

2017 年光禾感知科技（OSENSE）成立，以 VBIP 室內定位與導航技術的在 2018 年便榮獲資訊月百大創新產品創新金獎的肯定。2019 年一月更在日本知名雜誌《日經 Business》中，入選為「尋找十年後的 google、改變世界的 100 家公司」，是台灣唯一入選的企業，並於 2022 年 3 月 17 日成立「元宇宙製造所」。

2017 年 4 月 Facebook 的 3D 虛擬社群世界《Facebook Space》推出[38]，於 2019 年 10 月 25 日停止服務[39]。

2017 年 6 月 CryptoPunks 由 Larva Labs 工作室於 2017 年 6 月在乙太坊區塊鏈上開發的 NFT 專案。NFT《創世貓（Genesis）》被謎戀貓（CrypotoKitties）鑄造為 1 個，為謎戀貓系列第 1 隻，在 2017 年 12 月 2 日拍賣[40]。

2018 年基於以太坊打造的區塊鏈遊戲《Axie Infinity》問世（圖 6.24），這個遊戲可以讓人邊玩邊賺[41]：在遊戲中玩家可以繁殖、交易名為「Axies」的虛擬怪獸，並透過和其他玩家戰鬥及完成任務（類似寶可夢的遊戲方式）來獲取遊戲獎勵代幣 SLP。而這就是主要獲利的來源，倘若以 SLP 代幣為 0.19 美元時的價格去計算，每日完成任務後大約可以獲得：100~150 個 SLP 代幣，一個月後可以獲利新台幣 17,000~26,000 元[42]。

---

38 資料來源：數位時代官網
https://www.bnext.com.tw/article/44113/facebook-virtual-reality-spaces

39 資料來源：臉書官網 https://www.facebook.com/spaces?__tn__=*s-R

40 資料來源：《區塊鏈與元宇宙》一書

41 資料來源：數位時代 2022 年 3 月號。

42 資料來源：Blocktempo,https://www.blocktempo.com/axie-infinity-tutorial-for-dummies/

圖 6.24：Axie Infinity 區塊鏈遊戲，圖源：https://www.youtube.com/watch?v=X2z_YleettE

2018 年美國亞利桑那州通過用比特幣繳稅法案，瑞士開始接受公民使用比特幣和以太幣繳稅。美國零售龍頭 Walmart 跟 IBM 合作試驗，以區塊鏈在食品供應鏈運作過程追蹤其位置，好驗證食品的購買來源[43]。

2018 年 Ace 王牌數位資產管理成立，除了 Ace 虛擬貨幣交易所，還有 ABM 整合行銷以及孵化器，是台灣中小企業處所支持補助的公司。

2018 年 7 月 Circle 發行 USDC 穩定幣，1 個 USDC＝1 元美金[44]。

2019 年全球最大的區塊鏈 ETF[45]在倫敦證卷交易所正式上市交易，以追蹤「發展區塊鏈技術，且有獲利的公司」，投資組合有 48 家公司，包含台積電在內[46]。

2019 年 1 月國際信任機器 ITM 成立，是做 AIoT 方面的區塊鏈公司，能夠把現實社會產生的這些大量資料放到區塊鏈，透過其專利的安全協定

43 資料來源：《區塊鏈與元宇宙》一書

44 資料來源：《元宇宙 大未來：數位經濟學家帶你看懂 6 大趨勢，布局關鍵黃金 10 年》一書

45 ETF：exchange-traded funds，台灣中文為指數股票型基金，是一種在證券交易所交易，提供投資人參與指數表現的指數基金。（資料來源：Wikipedia）

46 資料來源：《區塊鏈與元宇宙》一書

演算法這個打包的技術，能夠把 100 萬筆資料，透過一個小的證據存證到區塊鏈，現在提供的服務讓企業每年可以免費存證 100 萬筆資料到公有鏈以太坊，也可取用這些證據進入 NFT，以進入元宇宙。

2019 年 2 月摩根大通推出了首個由美國銀行發行的穩定幣 JPM[47]。

2019 年 9 月，中國第二大遊戲公司網易推出《河狸計劃》，提供低門檻遊戲開發工具，並以社群方式經營。

2020 年 1 月巴哈馬發行 Sand Dollar，這是第一個國家發行的數位貨幣。5 月數位美元白皮書發布。10 月數位人民幣在試點深圳羅湖區展開試驗，而 12 月 12 日時在蘇州展開試驗[48]。

2020 年 2 月 Decentraland 這個基於以太坊區塊鏈的分散式 3D 虛擬實境平台向公眾開放其由非營利性的 Decentraland 基金會監督，它是由阿根廷人 Ari Meilich 和 Esteban Ordano 創辦，並且在 2017 年的首次代幣發行期間籌集了 2600 萬美元[49]。這個平台上販賣的虛擬世界的土地是發稿前最多的。

2020 年全球頂級 AI 學術會議的研討會，選擇在任天堂 Switch 中的遊戲《動物森友會》中舉辦[50]。美國加州大學柏克萊分校在微軟《Minecraft》遊戲中用六週重建校園一百多棟建築物，畢業生在虛擬校園中重聚一堂完成畢業典禮。無獨有偶，中國傳媒大學動畫與數字藝術學院的畢業生們在《Minecraft》中根據校園風景的實拍搭建了建築，還原校園內外的場景，上演了一齣別開生面的「雲畢業」典禮[51]。

---

47 資料來源：《元宇宙 大未來：數位經濟學家帶你看懂 6 大趨勢，布局關鍵黃金 10 年》一書

48 資料來源：《元宇宙 大未來：數位經濟學家帶你看懂 6 大趨勢，布局關鍵黃金 10 年》一書

49 資料來源：Wikipedia

50 資料來源：《區塊鏈與元宇宙》一書

51 資料來源：《元宇宙》一書

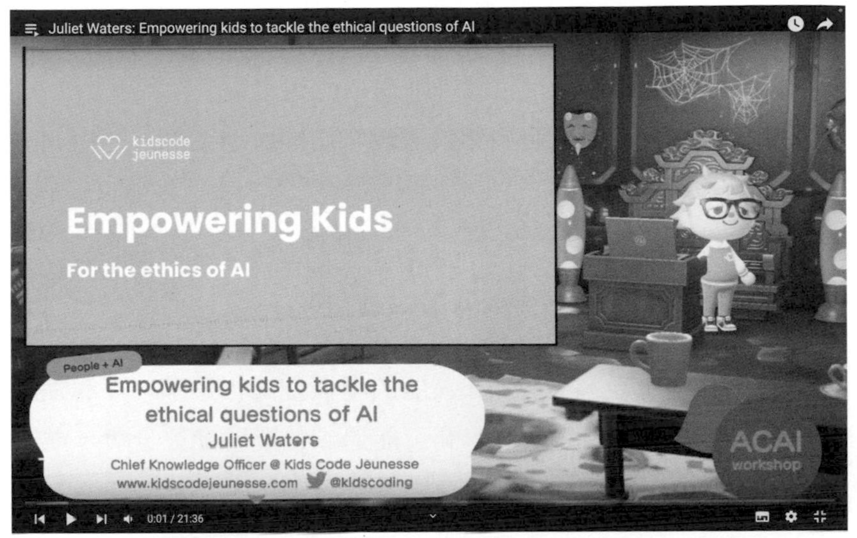

圖 6.25：ACAI 研討會在《動物森友會》中舉辦，圖源：https://www.youtube.com/watch?v=wzXAe59y23Q&list=PLO5ntsDZ7sZYjcygfVJZ5tjgcswoNnUkw

2020 年 8 月方舟智慧成立，聚焦於 3D 實物建模、演算法之技術開發，以及 VR+3D 技術整合，擁有獨家 3D 專利技術，可縮短傳統 3D 建模 90% 的時間。

2020 年 8 月集仕多成立，它是台灣第一個主要產品是虛擬人偶，包含 AI 主播及導覽員的公司，其使用 GAN 的 AI 技術，而 AI 主播可以代替真人去做播報新聞、去訪談，著重在採訪互動採訪的部分。

2020 年 9 月 28 日上海米哈遊影鐵科技有限公司發表《原神》，遊戲中擁有許多可操控角色，開局的預設角色可以選擇男女，此外的角色性別固定。除旅行者外的角色，可以透過劇情、祈願和活動獲取[52]。

52 資料來源：百度百科。

2020 年 11 月說唱歌手 Lil NasX 在《Roblox》中舉行的一場虛擬演唱會，超過 3,000 萬粉絲參加，而觀眾可以在數位商店中解鎖特殊的 Lil Nas X 商品，例如數位替身、紀念商品和表情包。音樂會結束後，《Roblox》的 13 歲以上的玩家大增[53]。

2020 年中國的騰訊佈局組成元宇宙的多個關鍵領域，聲明將從社群媒體入手發力元宇宙生態[54]。

2021 年日本經濟產業省發布了《關於虛擬空間行業未來可能性與課題的調查報告》，對企業進入虛擬空間可能遇到的問題進行分析，並審視其未來前景[55]。

2021 年中國最大的年度數位娛樂產業大會 ChinaJoy 為線上觀眾推出了 120 萬張 NFT 門票。

2021 年 3 月佳士得以 6900 萬美金價格拍賣一幅 NFT 新型態數位資產，由美國數位藝術家 Beeple 所創作的《Everdays：The First 5,000Days》，讓 NFT 加密藝術引發關注。而 Microsoft 發表了《Microsoft Mesh》全新混合實境協作平台，搭配 Hololens 第二代機器，以跟別人在虛擬空間中協作[56]。

53 資料來源：《MMA：開啟元宇宙行銷時代》報告

54 資料來源：《區塊鏈與元宇宙》一書

55 資料來源：《元宇宙 大未來：數位經濟學家帶你看懂 6 大趨勢，布局關鍵黃金 10 年》一書

56 資料來源：《區塊鏈與元宇宙》一書

圖 6.26：《Everdays: The First 5,000Days》NFT 圖
圖源：https://www.youtube.com/watch?v=x7nx2PClsL0

圖 6.27：《Microsoft Mesh》平台，圖源：https://www.youtube.com/watch?v=Jd2GK0qDtRg

2021 年 4 月中國的世紀華通在 Roblox 推出《Livetopia》遊戲，取得了月活躍用戶超過 4,000 萬，最高日活躍用戶突破 500 萬，累計訪問突破 6.2 億次，用戶超過 1 億人的成績，目前仍是全球排名前十[57]的遊戲。

2021 年 5 月 18 日韓國學技術情報通信部發起成立了「元宇宙聯盟」，以此支援元宇宙相關技術與生態系的發展，此聯盟有 17 家公司，包括 SK

57 資來來源：《元宇宙全球發展報告》

電信及現代汽車。8 月 31 日韓國財政部發表 2022 年預算，計劃投入 2,000 萬美元用於開發元宇宙平台[58]。

2021 年 6 月 26 日四個彼此不認識的台大學生成立的「台大麥塊」社群，在《Minecraft》中蓋出台大校園、舉辦虛擬畢業典禮，典禮過程中也邀校長管中閔參加，在典禮舉辦完後再炸掉這個虛擬台大校園[59]。

2021 年 7 月歐洲央行啟動數位歐元計劃，並開啟為期兩年的調查研究。中國人民銀行研發工作組發布《中國數位人民幣的研發進展白皮書》[60]。

2021 年 8 月《脫稿玩家》電影上映，這部電影描述人們在《自由城市》這款遊戲中透過 VR 裝置，可以用此沉浸遊玩，而遊戲中的 NPC[61]都是由人工智慧所控制產生，而故事中的主角就是 AI 產生的虛擬角色 NPC，但是 AI 會衍生獨立思考的能力，就像生命個體一樣。

2021 年 10 月，Facebook 創辦人馬克・祖克柏（Mark Zuckerberg）對外宣告將公司更名為 Meta，並高調宣佈了其元宇宙藍圖[62]。

2021 年 11 月網易旗下 AI 機構網易伏羲以及通訊業務網易雲信聯手，發表虛擬形象即時互動 SDK[63]，以及推出沉浸式會議活動系統《瑤台》。

2021 年 11 月 NVIDIA 正式推出其 Omniverse 運算平台給企業租用[64]，2022 年 1 月擴大給個人租用，以擴大元宇宙影響力[65]。

---

58 資料來源：《元宇宙 大未來：數位經濟學家帶你看懂 6 大趨勢，布局關鍵黃金 10 年》一書

59 資料來源：天下官網 https://www.cw.com.tw/article/5117274

60 資料來源：《元宇宙 大未來：數位經濟學家帶你看懂 6 大趨勢，布局關鍵黃金 10 年》一書

61 非玩家角色或稱非操控角色（英語：Non-Player Character，NPC），是指角色扮演遊戲中非玩家控制的角色。（資料來源：Wikipedia）

62 資料來源：動腦雜誌官網 https://www.brain.com.tw/news/articlecontent?ID=50271

63 Software Development Kit，中文名遊戲開發套件，用以協助開發者的開發工具套件。

64 資料來源：聯合新聞網 https://udn.com/news/story/7086/5879134

65 資料來源：電腦王 https://www.techbang.com/posts/93194-nvidia-launches-omniverse-free-version-the-best-hands-on-tool

圖 6.28：《NVIDIA STUDIO》平台操作畫面，
圖源：https://www.youtube.com/watch?v=dvdB-ndYJBM

2021 年 12 月 9 日 Meta 旗下的《Horizon Worlds》3D 虛擬社群正式推出，不過 2020 年已經開始公測，需使用 Oculus Rift 或 Quest 系列硬體接入[66]。

圖 6.29：Meta Horizon Worlds 世界，圖源：https://www.youtube.com/watch?v=02kCEurWkqU

66 資料來源：Wikipedia

2022 年 1 月中國工業與訊息化部中小企業局表示特別要培育一批元宇宙、區塊鏈、人工智慧等心性領域的創新型中小企業。北京市啟動城市超級算力中心建設，推動組建元宇宙新型創新聯合體，探索建立元宇宙產業聯合區。上海市在《上海市電子資訊製造業發展「十四五規劃」》中提到，要前瞻部署元宇宙跟其他重點科技，鼓勵元宇宙在公共服務、商務辦公、社交娛樂、工業製造、安全生產、電子遊戲等領域的應用[67]。

6.3 結論

元宇宙的發展從 1957 年的首部 VR 裝置，後來的多人連線角色扮演遊戲，到《潰雪》的小說出版，第一次將元宇宙世界做清楚的描述。後來 3D 晶片的普及化、3D 遊戲引擎產生，讓虛擬世界透過 3D 構建而立體化趨近現實世界的樣貌。之後社群興起，《Active World》及《第二人生》發布，《駭客任務》系列電影讓我們看到個人在虛擬世界可能自主的樣貌。再後來 Roblox 創立，虛擬 3D 世界 UGC 的可能性被看到。然後比特幣出世，以太坊的智慧合約，一路發展到 NFT 和 DeFi 讓我們看到 Web 3.0 及虛擬世界經濟的可能樣貌。近來 VR/AR 裝置，大型雲端運算與人工智慧的突飛猛進，讓元宇宙世界需要的運作出現雛形。

但是最大的催生元宇宙的力量，卻是新冠肺炎，在新冠肺炎的威脅下，宅經濟變成常態，很多人發現這樣的世界令人神往，特別有對應的《一級玩家》及《脫稿玩家》電影的詳細描述可能的對應世界。

不過現在的技術能力距離達成一個完整流暢的元宇宙世界還有一段距離，而多人遊戲現在也是由很多分開的伺服器，每個伺服器最多一百人連入，彼此連結後同時運算並交互作用，進而達到很多人同時在線效果。不過隨著時代的前進、科技的進步、算力的增加，完整流暢的元宇宙世界未來將會達成，不過目前估計需要一段不算短的時間。

67 資料來源：《元宇宙 大未來：數位經濟學家帶你看懂 6 大趨勢，布局關鍵黃金 10 年》一書

7 元宇宙的核心要素與技術

7.1 元宇宙的核心要素

我們現在談元宇宙，大多會以 Web 3.0 的概念來討論元宇宙。有 Web 3.0 一定有 Web 1.0 及 Web 2.0。所以我們從 Web 1.0 及 Web 2.0 的狀況來推估 Web 3.0 的做法。

根據 Wikipedia 的說明：「Web 1.0 是一個返璞詞，指的是全球資訊網發展的第一階段，時間大約從 1991 年到 2004 年。根據科莫德和克里希納穆綏的說法，『在 Web 1.0 中，內容創作者很少，絕大多數使用者只是內容的消費者。』」。

由此可知 Web 1.0 是單向傳輸，透過全球資訊網可以提供網頁內容做傳播，在那個階段，入口網站和搜尋網站是重點。

而 Web 2.0，在 Wikipedia 上的說明「Web 2.0 是一種新的網際網路方式，透過網路應用（Web Applications）促進網路上人與人間的資訊交換和協同合作，其模式更加以使用者為中心。典型的 Web 2.0 站點有：網路社群、網路應用程式、社群網站、部落格、Wiki 等等。」。

由此可知，Web 2.0 強調人與人之間的資訊交換與協同合作，而社群媒體及雙向溝通成了重點。

2021 年被稱為是元宇宙元年，其實在區塊鏈開始作用時很多人就認為這是 Web 3.0 的開端，但是 Web 3.0 一定要比 Web 2.0 更豐富，而體驗變成重點。因為 AR/VR/MR、人工智慧、物聯網、區塊鏈機制與其對應的虛擬貨幣/分散式金融/資產認證技術都發展日益強大，特別在新冠肺炎疫情期間，人們大大地接受了數位生活以及以數位做遠距溝通的方式，但是體驗不佳也是大家共同的心聲，而這時利用虛擬實境之遊戲化提高體驗，在虛擬空間中的可能做法成了元宇宙發展的主要方向。也就是說，以強化體驗為核心，透過元宇宙來實現。

就如號稱元宇宙第一股的 Roblox 的 CEO David Baszucki 提出了元宇宙的八個基本特徵：「身份」、「朋友」、「沉浸感」、「低延遲」、「多元化」、「隨地」、「經濟系統」，和「文明」。[1]

1. 身份：平行於真實世界中的身份。
2. 朋友：社交、協作、交流的基礎。
3. 沉浸感：讓體驗完整。
4. 低延遲：體驗即時，感受才好。
5. 多元化：虛擬空間，是另一個生活空間，多樣的功能是必要的。
6. 隨地：透過移動終端、PC、VR/AR/MR 等入口均可以。
7. 經濟系統：在這樣的空間，人們交互及參與活動，需要有對應的貨幣，打通其中各類功能。

---

1 資料來源：MBA 智庫百科 https://wiki.mbalib.com/zh-tw/%E5%85%83%E5%AE%87%E5%AE%99

8. 文明：基於元宇宙中的豐富內容和社會制度對應。[2]

基於 Baszucki 的標準，元宇宙讓人們在虛擬空間中實現深度體驗，因此會有「創造」、「娛樂」、「展示」、「社交」和「交易」五大核心要素，而且利用 AR/VR/MR、人工智慧、物聯網、區塊鏈機制等科技為底層基礎來發展，而虛擬世界不只是虛擬，可透過跟實體世界的對應「數位孿生」來實現。而這樣的沉浸體驗，會很像「莊周夢蝶」的情境，夢對應虛擬世界，而在沉浸虛擬世界中，有可能會以為現實才是夢。這樣的現實與虛擬彼此交織，可能會是元宇宙時代的日常。

元宇宙系統的系統架構可以 AIoT 的架構衍生擴展，如圖 7.1 所示。

系統層	元宇宙系統統合
應用層	個人展示、社交、遊戲、 NFT/DeFi/ DAO為核心的元宇宙經濟、內容創造
平台層	人工智慧、區塊鏈、遊戲引擎、其他雲端運算（如3D物件、創造內容工具...等等）
網路層	網路通訊、5G/6G
感測層	腦波感測、眼球位置感測、手部動作感測、生理特徵感測、聲音感測、其他感測
實體層	物聯網終端設備（如智慧衣、智慧手套、智慧襪...等等） 、VR/AR 頭盔及眼鏡、腦機、PC/智慧型手機

圖 7.1：元宇宙的架構以 AIoT 的架構衍生思考，圖：裴有恆製

7.1.1 核心要素一：創造

創造是有良好體驗的很重要的元素，作者裴有恆的兒女就非常喜愛《Minecraft》這套軟體，在其中創造屬於自己的世界，是他們享受玩這套

2 資料來源：《元宇宙：始於遊戲，不止於遊戲》報告。

軟體的原因。而在疫情期間的 2020 年，美國加州大學柏克萊分校的學生在《Minecraft》中建的虛擬校園中重聚一堂完成畢業典禮。同年在中國，傳媒大學動畫與數字藝術學院的畢業生們在《Minecraft》中根據校園風景的實拍搭建了建築，還原了校園內外的場景來畢業。2021 年在台灣，台大的 4 個畢業生也在《Minecraft》建造了虛擬校園，舉行了虛擬畢業典禮。因為《Minecraft》是個可以在虛擬世界建造自己建築的「虛擬」實境，所以在現實狀況沒法參加在實體建築的畢業典禮時，這些當時的畢業生們創造了一個虛擬世界的校園，讓自己的畢業別開生面，除了避開只是無沉浸感的遠端視訊連線的虛空，更稍微彌補了沒辦法到實體校園參加畢業典禮的遺憾。

《Roblox》這個 APP 有多種平台版本，下載後就能遊玩，大家在其中的虛擬 VR 世界可以很容易的操作與互動，而且可以很容易地創造自己的遊戲。從 Web 2.0 到後來，自媒體的發展變成主流，相關的創造內容的工具越來越容易上手，而《Roblox》就是這種在虛擬空間就可以創造遊戲的平台工具。

正因為新冠肺炎疫情期間，人與人實體的溝通減少，但透過虛擬實境等遊戲中的空間來創造建築，強化體驗，以彌補現實中的不足，不只是《Roblox》跟《Minecraft》的使用者在這段期間增加很快，連任天堂的《動物森友會》這種只有 2D 的遊戲都大受歡迎。

在這樣的環境，可以更強化創造的動機，像上面提到的《Roblox》提供了 Robux 這款遊戲中專用的錢幣，但是如果你創造的遊戲越多人玩，你就可以賺越多 Robux，當然，Robux 是可以透過 DevEX[3] 兌換金錢的。

在元宇宙中可以創造的東西不只是遊戲，包括音樂、影像、影片…等等都可能在虛擬世界中創造，特別是虛擬世界的數位本色，將會讓在其中

---

3 DevEx，全名是 Developer Exchange, Roblox 開發者兌換企劃，可以讓成功的 Robux 開發者將賺得 Robux 兌換成金錢。

創造越來越容易，但是誰能證明這是作者創造的？這就是 NFT 在其中所將扮演的角色，透過 NFT 的不可分割且唯一的特性，用來證明作品是創造者的原創，就類似我們在真實世界的真跡一樣，只是真跡在真實世界要透過鑑定師來鑑定，而 NFT 的特性因為對應唯一，反而可能更公正，更能證明；值得注意的是，這樣的 NFT 還是要回到它在哪一個區塊鏈上，此區塊鏈是否有足夠的公信力？然而也因為這樣的特性，NFT 在文化創意產品的證明應用很多。正因為在元宇宙虛擬數位世界的創造將會比現實世界更容易，更被鼓勵，在其中的創造文化，極可能變成另一種主流的賺錢方法，就像《Roblox》已經開始了這個做法。而在虛擬世界中透過工具創造的東西，可以在虛擬世界中測試，確認可以後才在實體世界中建造。例如 3D 藝術品，可以用 3D 印表機中直接印出。而這也對應了「數位孿生」的機制，不過之前都強調「數位孿生」是為了讓實體的設計對應到虛擬，目標是讓實體設計無誤，在未來相信會更強調在虛擬世界中設計，且因為不受實體空間限制而能更多元的創作。

7.1.2 核心要素二：娛樂

元宇宙中的娛樂，因為就是從體驗中強化感受，所以「視」、「聽」、「觸」三覺的滿足非常重要。戴上了 VR 眼鏡，搭配耳機與智慧衣及手套/襪子，整個的沉浸在虛擬世界，滿足這樣的感官，讓在其中沉浸的個人意識感到愉悅的方式，就是娛樂。而透過遊戲參與的方式，才能夠滿足意識流需要的好體驗。

以遊戲公司 Epic Games 推出《要塞英雄（Fortnite）》連線遊戲為例，在 2019 年與美國電子舞曲音樂製作人 Marshmello 合作，在遊戲內進行第一場虛擬演唱會的演出，透過 3D 技術打造電音現場舞台，而玩家可以操控角色到現場參加活動，透過這個角色享受虛擬演唱會，根據《Fortnite》統計，當天的上線人數約為 1,070 萬人次，超過任何單場演唱會的紀錄。而其在 2020 年與饒舌歌手 Travis Scott 合作舉行「Astronomical Tour」虛擬演唱會，還有可互動的遊戲冒險，讓玩家有更高臨場感的體驗。吸引超過 4,500 萬的參加人次。這樣的娛樂場景跟參與人數，絕對不是在現實生活可以體驗到的。

在元宇宙中創造當然是娛樂的來源之一，但娛樂的目的是為了能有好的體驗，所以愉快歡樂，在虛擬世界中如何滿足感官的體驗，這個有賴於好的創意，透過相應的數位工具來達成。

7.1.3 核心要素三：展示

元宇宙的虛擬空間，透過讓人類的視覺、聽覺，甚至觸覺的沉浸，展示了整個空間的內容。人類在其中的沉浸，往往會誤以為自己是活在那樣的世界中，只是那樣的數位世界是用數位科技勾劃出來的世界，其中的物件、形象、所穿著的衣物，都可以透過 3D 繪圖技術，重新繪製與選擇，跟現實世界可以看起來一樣，也可以完全不同。

其實人類對現實空間，也是透過五感（視覺、聽覺、觸覺、嗅覺跟味覺）去描繪外在世界的形象，特別是視覺和聽覺，更是其中重中之重。所以透過用來沉浸體驗的 VR 裝置（頭盔或眼鏡），讓使用者可以深度的沉浸在所構築的數位虛擬世界中，讓意識流在這樣的空間中遊歷，可以說是活在這樣的虛擬世界中。這需要透過感官互動，現在的做法是透過手套或手把操控手的動作，讓在這樣的世界中不只是有視覺和聽覺的沉浸感受，也可以做手部與頭部的動作，透過感測器在虛擬世界中動作。現在 Meta 在自家的不完整版元宇宙《Horizon Worlds》中，已經做到戴上他們的 Oculus 硬體產品就可以參與遊歷，但是其中的角色都是沒有腿跟腳的，這也跟沒有相關感測器去測知使用者真實的腳跟腿的動作有關。而不久的未來更可能透過智慧衣、智慧手套，以及智慧襪子，除了感測身體的動作，更可能透過電流模擬觸覺效應（例如痛覺），從襪子感知腳的動作來做元宇宙虛擬世界中自己的虛擬角色腳的動作，也可能如電影《駭客任務》，透過送訊號給大腦和接受大腦訊號的腦機，說不定在未來更能補足在觸覺、嗅覺跟味覺上現有無法提供的不足。

7.1.4 核心要素四：社交

人類是社交的動物，在虛擬世界上社交是從 Web 2.0 延展過來的要素。在 Web 2.0 的現在，台灣人積極參與的著名社群網站，比如 Facebook、Instagram 跟 Line。另外還有從校園出發的 PTT BBS 站，以及 Dcard 這個很多大學生聚集的社群網站。Facebook 上除了有個人檔案、粉絲頁，以及聚集一堆同好的社群，以貼文的方式做非即時的互動、溝通，另外也有《Messager》做即時的溝通。Facebook 的母公司 Meta 還提供了《Horizon Worlds》這個虛擬社群的服務，透過戴上 Meta 賣的 VR 頭戴裝置（例如 Quest 2）就可以在虛擬世界中遊歷。

當然，維繫人們在虛擬世界中黏著的重要原因，往往是這樣的社交屬性，我在社群軟體中活躍，是因為我現實世界的朋友也在這裡。目前在台灣媒體的選擇上，可以發現一件事，年輕世代選擇 YouTube、Netflix、Instagram、Dcard…等等，為的就是我的朋友都在這裡，訊息都在其中交換，若不參與就不會被認同、接納。而且我要能夠主動選擇我想接受的訊息來源，也因此現在行銷不再像以前一樣，透過媒體做單向訊息廣告傳遞就可以了，要找到對應族群的適合媒體，以及適合的代言人，做適當的雙向互動。

在元宇宙中，社群的影響力只會更大，不只不受地理位置的影響，因為有了人工智慧做中介，即使是不同語言的人，都可以透過人工智慧的自然語言處理，而達到即時翻譯順利溝通，不同國度的人在虛擬空間的社交變得更容易，人們因此有更多不受空間及語言限制的社交選擇。

一如電影《阿凡達》中的情節，在虛擬世界，人們可以突破肉體限制，達到更多的選擇，社交方式也是其中非常重要的新選擇方式，但是不變的是人有社交的需求，在虛擬世界元宇宙中也一樣，透過訊息，我們在元宇宙中的意識可以跟其他參與元宇宙的人交流。而傳統現實的社會，在跟元宇宙的連結後，會發生什麼樣的變化，現在很難說得準。不過因為新的科技帶來的轉變，新的社交模式一定會因應當時需求產生。

7.1.5 核心要素五：交易

經過這次新冠疫情後，很多活動改成線上辦理，或者是線下＋線上的雙重組合方式辦理，而這些活動現在常常都是用信用卡或支付工具交易購買的，對消費者而言，看到的都是數字的變化，因此看不到使用現金交易的狀況。

元宇宙既然是透過 VR/AR/MR 裝置可以進入的另一個生活空間，在其中的經濟行為是免不了的。在元宇宙中，人們想要展示的東西，不論是房子、衣服、寵物…等等。想要獲得都一定需要在這個元宇宙所用的貨幣，就像在《Roblox》的世界中用 Robux 當貨幣。如果元宇宙是私人的，大家都用這裡面的數位貨幣，對很多國家來說是很難接受的，因為這可能就變成這些國家難以掌控的經濟變數，就像 Meta 之前想用的 Libra 加密貨幣一般。所以很多元宇宙的資料都提到以比特幣、以太幣的其他公有的加密貨幣為交易主體是可以接受的，特別是美金已經對應比特幣兌換，而以太幣的系統有智慧合約，更衍生出 NFT 跟 DeFi 兩大重點應用。

Bank 4.0 的作者 Brett King 曾說過 Banking 是需要的，而銀行不是。如果交易要確定購買東西的價值，利用這些東西的唯一性認證 NFT 是現在被看好的做法。而在其中的金融交易，則是透過區塊鏈做到的分散性金融 DeFi，才能滿足在虛擬世界中需要的高效率。

7.2 元宇宙相關的技術概論

元宇宙可說是一個很多種的未來科技綜合的發展想像，它代表了所有現有數位科技在未來結合的虛擬世界，包含區塊鏈/加密貨幣以及其衍生的 DeFi 及 NFT、元宇宙入口的互動裝置：VR/AR/MR[4] 裝置與持續發展中的腦機裝置、遊戲引擎及對應 3D 運算、人工智慧、5G/6G/Wi-Fi 6 等高速通

4 MR：Mixed Reality，混合現實，把虛擬世界的 3D 影像及資訊，疊加在現實的景象上。

訊網路，以及物聯網等。而中國大陸出版的《元宇宙》一書稱這樣的科技組合為 BIGANT，分別代表 Blockchain（區塊鏈）、Interactive（交互技術）、Game Engine（遊戲引擎）、AI、Network，以及 Internet of Things（物聯網），而 AI、Network，以及 Internet of Things，就是 AIoT。以下一一探討。

7.2.1 物聯網

物聯網是個系統，具備四層架構：感知層、網路層、平台層與應用層（如圖 7.1 顯示的中間四層）。相關架構在第 3 章有討論過，此處不再贅述。

另外，因為元宇宙是虛擬世界的生活空間，其範圍極大，物聯網只能反應元宇宙跟物聯網相關的各種基礎建設應用，特別是在數位孿生方面。

7.2.2 VR/AR/MR 裝置及交互技術

智慧眼鏡與頭盔，又稱為智慧型頭戴顯示器，也就是透過在眼睛前的顯示器，提供資訊或影像，也因此可以完全沉浸的虛擬實境（Virtual Reality，簡稱 VR），與非完全沉浸的擴增實境（Augmented Reality，簡稱 AR）和將 VR 及 AR 結合的混合實境（Mixed Reality，簡稱 MR）三種類型，現在統稱 XR。

自 2012 年 Google Glass 出現，擴增實境（AR）眼鏡就越來越蓬勃發展。消費者戴上擴增實境眼鏡後可以看到真實的景象，其上疊加電子系統提供的輔助資訊或影像，可以提供即時資訊查詢與指向等等功能。

2016 年被稱作虛擬實境元年，虛擬實境頭戴式顯示器（頭盔）的應用偏向遊戲、個人劇院影音享受，以及專業上的個別應用（例如教育）。頭戴後會因為完全佔據配戴者的視覺範圍，讓配戴者享受虛擬空間，好沉浸在頭盔裝置所營造的個人虛擬空間中。現在最常見的應用便是虛擬實境遊戲，讓配戴者沉浸這個虛擬環境。因為使用者整個沉浸在這個頭盔中，另外的應用是個人影音電影院。

將 AR 和 VR 做比較，兩者最大的差別在於：AR 是在實境上擴增資訊，VR 則是企圖取代真實世界[5]。VR 是利用電腦模擬產生一個 3D 空間的數位虛擬世界，營造視覺、聽覺、觸覺等感官的模擬，元宇宙中的「身歷其境」是 VR 最終目標，使用者可以即時、無限制地觀察 3D 空間內的事物，每當使用者改變行動、位置產生移動時，感測器可以收集並反應這些人體行為做相關運算，將虛擬的 3D 世界影像傳回現實裝置，產生即時即地的感受。

VR 的虛擬畫面多是透過左右兩個顯示框，經過反畸變運算、調整畫面後（圖 7.2），畫面效果更為逼真[6]。另外，也有直接投影到人眼的視網膜的作法。為了避免頭暈，則會使用眼球追蹤感測器，加上演算法，製造出類似人眼觀看實境的效果。

圖 7.2：目前 VR 裝置在眼前所呈現虛擬效果
取自《改變世界的力量 台灣物聯網大商機》一書

5 資料來源：《科學人雜誌》2022 年

6 資料來源：《改變世界的力量 台灣物聯網大商機》一書

混合實境 MR（Mixed Reality）指的是結合擴增實境與 3D 影像顯示，透過這樣的智慧型眼鏡看到的是虛擬與現實的直接結合，讓電腦世界中的虛擬影像可以在眼鏡上顯示到現實生活中，目前有 Magic Leap 及微軟的 HoloLens 系列產品。

透過智慧眼睛或頭盔，可以讓視覺與聽覺獲得近乎真實的感受，但仍需要透過智慧衣、手套及襪子等智慧紡織品來增加觸覺的感受，甚至可能應用放電來製造出類似真正的痛覺。但是味覺與嗅覺，就必須透過腦機介面才有機會模擬出真實的感覺。

腦機介面，大家印象最深的可能是電影《駭客任務》四部曲中讓人生活在數位虛擬世界的裝置，它是在人腦神經系統與外部設備間建立的直接連接通路。在單向腦機介面的情況下，或者接收腦傳來的命令，或者發送信號到腦（例如影像重建），但不能同時發送和接收信號，而雙向腦機介面允許腦和外部設備間的雙向資訊交換。大腦的測量和分析已經達到可以解決一些實用問題的程度。很多科學家已經能夠使用神經集群記錄技術即時捕捉運動皮層中的複雜神經信號，並用來控制外部設備[7]。未來腦機介面不只可以模擬出味覺與嗅覺，其實所有的感覺都可以透過腦機介面製造。現在商業上最有名的是 Elon Musk（伊隆・馬斯克）成立的 Neuralink，他已經做過了猴子實驗，接下來表示希望做真人實驗。雖然我們目前的科技對大腦的了解還很淺，但是透過人工智慧可以加快研發與了解的速度，其在元宇宙應用在感官上的時間應該不會太遠。

7.2.3 區塊鏈、DeFi、NFT 及 DAO

《元宇宙 大未來》的作者于佳寧在書中說道，「區塊鏈本質上是『四位一體』的創新，是以技術創新為基礎，以數位金融為動力，以經濟社群為組織，以產業應用為價值的全方位創新。」這可以看出區塊鏈在元宇宙

7 資料來源：《元宇宙》一書

中的價值。從圖 7.3 也可以看到區塊鏈對應到元宇宙時代是利用區塊鏈與虛擬貨幣做虛擬與現實間的溝通，特別是 NFT、DeFi 跟 DAO 三種機制。

圖 7.3：區塊鏈應用四階段，圖源：裴有恆製作

區塊鏈的應用有四個階段。比特幣的出世開啟了區塊鏈 1.0：從 2009 年 1 月中本聰挖掘了比特幣的創世區塊，獲得了 50 個比特幣的獎勵，也讓比特幣這個數位貨幣誕生於世上，而最重要的是它具備區塊鏈加密技術，讓分散式帳本成真，而其去中心化、不可篡改、加密、匿名性與講求共識等為五大特色。

比特幣區塊鏈的關鍵核心技術，包括：

1. 用雜湊現金演算法[8]來進行工作量證明[9]，以達到公正性。

8　1997 年 Adam Back 發明雜湊現金（Hashcash），其為比特幣區塊鏈所運用的關鍵。（資料來源：凌群電子報）

9　工作量證明（Proof-of-Work，PoW）是一種對應服務與資源濫用，或是阻斷服務攻擊的經濟對策。一般要求使用者進行一些耗時適當的複雜運算，並且答案能被服務方快速驗算，以此耗用的時間、裝置與能源做為擔保成本，以確保服務與資源是被真正的需求所使用。此概念最早由 Cynthia Dwork 和 Moni Naor 於 1993 年的學術論文提出。（資料來源：Wikipedia）

2. 交易過程則採用橢圓曲線數位簽章演算法[10]來確保交易安全。
3. 並在每筆交易與每個區塊中使用多次雜湊函數[11]以及默克爾樹（Merkle Tree）[12]演算法，不只節省了儲存空間，更能將前一個區塊的雜湊值也納入新的區塊中，讓每個區塊環環相扣，也因此創造出區塊鏈可追蹤，但不可篡改的特性，並利用時間戳記來確保區塊序列[13]。

區塊鏈 2.0 是以太坊所開啟的，由出生於 1994 年的維塔利克・布特林（Vitalik Buterin）引領共創，他在 2011 年開始研究比特幣，和朋友聯合創立全球最早的數位資產雜誌《比特幣雜誌》，並擔任此雜誌的首席撰稿人。2013 年他進入加拿大滑鐵盧大學學習，不過入學八個月後，他就申請了休學，然後展開邊遊歷世界，邊替雜誌撰寫稿件以賺取稿費的生活。在這過程中他意識到比特底層的區塊鏈技術具有很大的應用價值與發展空間，若可以引入圖靈完備的程式語言，區塊鏈系統就可以從「世界帳本」升級成「世界電腦」。因此，在 2013 年 12 月 9 日，他發表了初版的以太坊白皮書《下一代智慧合約和去中心化應用平台》，並在全球招募開發者共同開發這個平台。2014 年 1 月，維塔利克展示了以太坊，且獲得了 2014 年資訊技術軟體類世界技術獎。2015 年以太坊區塊鏈系統誕生。[14]

---

10 一種基於橢圓曲線密碼學的公開金鑰加密算法。（資料來源：Wikipedia）

11 雜湊函式：英語：Hash function，又稱雜湊演算法，是一種從任何一種資料中建立小的數字「指紋」的方法。雜湊函式把訊息或資料壓縮成摘要，使得資料量變小，將資料的格式固定下來。該函式將資料打亂混合，重新建立一個叫做雜湊值（hash values、hash codes、hash sums，或 hashes）的指紋。雜湊值通常用一個短的隨機字母和數字組成的字串來代表。（資料來源：Wikipedia）

12 默克爾樹於 1979 年由美國電腦科學家拉爾夫·默克爾（Ralph Merkle）提出，本質上是一種樹狀資料結構，由資料塊、葉子節點、中間節點和根節點組成。由於運算後各類節點都是由雜湊值構成，因此默克爾樹又被稱為雜湊樹，即儲存雜湊值的樹狀資料結構。（資料來源：萬象區塊鏈小課堂 https://www.gushiciku.cn/pl/pIPe/zh-tw）

13 資料來源：《區塊鏈與元宇宙：虛實共存・人生重來的科技變局》

14 資料來源：《元宇宙大未來：數位經濟學家帶你看懂 6 大趨勢，布局關鍵黃金 10 年》一書以太坊的智慧合約是第二階段區塊鏈的最重要的機制，條件滿足就會執行的智慧合約，可以用來建立去中心化的程式、以及自治組織 DAO。以以太幣來買燃料的算力，以執行智慧合約是其機制的設計。

根據以太坊官網的文件上說明：「智慧合約只是一個運行在以太坊鏈上的一個程序。它是位於以太坊區塊鏈上一個特定地址的一系列代碼（函數）和數據（狀態）。

智慧合約也是一個以太坊帳戶，我們稱之為合約帳戶。這意味著他們有餘額，他們可以透過網路進行交易。但是他們無法被人操控，他們是被部署在網路上作為程序運行著。個人用戶可以透過提交交易執行智慧合約的某一個函數來與智慧合約進行交互。智慧合約能像常規合約一樣定義規則，並透過代碼自動強制執行。在預設情況下，您無法刪除智慧合約，與它們的交互是不可逆的。」

2022 年 1 月以太坊基金會宣布升級是「共識層（Consensus Layer）」方式。強調所謂之前籌劃的以太坊第二代 Eth2 實際上更像是網路升級，不是一個全新的網路；而重申改名絕對不會影響現在以太坊路線圖上的發展。

之前發展很久的 Eth1 被稱為「執行層」，新的升級的 Eth2 被稱為「共識層」。執行層是所有智慧合約和網路規則運作的地方；而共識層確保為網路做出貢獻的所有節點都按照規則行事，並懲罰那些不遵守規則的參與者。也就是說新的以太坊是執行層跟共識層的組合[15]。

區塊鏈 3.0 機制是針對物聯網、醫療等相關生活應用，重點是資料放在區塊鏈上的應用。

15 資料來源：Blocktempohttps://www.blocktempo.com/ethereum-foundation-cancel-eth-2-consensus/

接下來，區塊鏈 4.0 是以智慧合約衍生出的 DeFi、NFT 以及 DAO，這些是元宇宙虛擬世界金融的重要機制。

DeFi（Decentralized Finance 的縮寫），即去中心化的金融，在區塊鏈點對點支付的基礎上，衍生出各類金融業務。DeFi 業務領域涉及穩定幣、借貸、交易所、衍生品、基金管理、彩券、支付，以及保險等。而這些業務又相互疊加，衍生出新的金融產品。[16]

包括星展銀行、美國聖路易斯聯邦儲備銀行（Federal Reserve Bank of St Louis）等傳統金融機構，都紛紛在出版的報告中提及 DeFi，由此可見其重要性。而在元宇宙這樣的數位空間中，自然必須用到數位貨幣，並且有相關的金融服務，這時 DeFi 就會發揮很大的作用，再加上現在 DeFi 的採用度日漸上升，未來應會成為元宇宙中的金融服務機制。

NFT（Non-fungible token 的縮寫），中文稱為非同質化代幣，是一種儲存在區塊鏈（數位帳本）上的資料單位，代表非同質化資產，今天大多數的 NFT 利用以太坊的區塊鏈技術發行（鑄造），生成一顆 NFT，代表記錄著某事件發生時間戳（Timestamp）被儲存於區塊鏈上，任何人都能確認這顆 NFT 的來源與所有權。NFT 就是一種智慧合約，它會根據 ERC-721 協議或其他代幣協議，發行帶有唯一識別碼的 NFT。區分 NFT 與同質化加密貨幣（FT，Fungible token 的縮寫）看的是有無唯一識別碼[17]。NFT 具備唯一識別碼，不可分割且獨一無二，與比特幣等加密貨幣不同，其不可互換。所以以 NFT 來反應現實世界和虛擬世界中的大部分資產這種形質，還可以透過映射虛擬物品，進而使虛擬物品資產化而可進行交易。[18] NFT 只需買賣雙方達成協議便可進行交易，交易明細會被存在區塊鏈上，無法變更與偽造，這讓 NFT 的唯一識別碼又被稱為「所有權證明書」。[19]

---

16 資料來源：《元宇宙》一書，以及 Wikipedia

17 資料來源：《NFT 大未來》一書

18 資料來源：《元宇宙》一書，以及 Wikipedia

19 資料來源：《NFT 大未來》一書

NFT 的另一個構成元素是數位內容，以文字、圖像、音樂、影片等各種多媒體檔案形式存在，NFT 還包含了說明這些數位內容屬性的後設資料，如：作品名、作品細節描述、合約內容，以及多媒體內容的真實連結。這裡的真實連結如果用中心化的儲存方式，可能會發生一旦儲存處發生狀況，如公司倒閉、伺服器關閉，這些資料就取不出來的狀況，在 2020 年底就發生了「Niftymoji」的 NFT 專案，該專案開發者拿了錢就走人，並關閉了其所有社群媒體的帳號，以及這個 NFT 的後設資料和數位內容都消失的事件。很多專家正致力解決利用 NFT 的儲存問題，而去中心化的儲存方式，也逐漸成為主流，越來越多的 NFT 相關資料存在如星際檔案系統的分散式檔案系統上[20]。

在元宇宙中，NFT 可以代表其中的數位資產，包括藝術作品、裝備、裝飾、土地、房屋…等等的產權，而可在元宇宙中交易。[21]現在很多應用是把 NFT 對應到會員的特別資格，類似實體的會員卡，提供會員福利，好提高會員認同度。而因為有智慧合約的運作，可以玩出更多不同的商業模式。

以遊戲裝備為例，在遊戲中的裝備現在是很難轉給其他使用者的，現在已經能透過 NFT 把遊戲裝備以代幣型態購入，收入自己的數位錢包中，透過市場平台出售，未來還可以跨遊戲在元宇宙平台中使用，提升裝備的效益。現在無論大型遊戲製作公司或小型遊戲開發者都能夠透過 Enjin 等平台，以輕鬆和低門檻的方式踏入遊戲經濟中，而讓部分交易金額透過智慧合約轉為開發者收取的手續費，會讓開發者更有創作的動力。現在《Nine Chronicles》、《Lost Relics》、《Town Star》、《分裂之地》，以及《王國聯盟》等遊戲都開始支援此模式[22]。

20 資料來源：《NFT 大未來》一書

21 資料來源：《元宇宙》一書，以及 Wikipedia

22 資料來源：《NFT 大未來》一書

現今的 DeFi 將從五大方面對金融服務進行了變革實驗：

1. 業務載體變革：基於區塊鏈上的智慧合約程式，用真正去中心化的方式展開業務。大部分 DeFi 專案的交易機制是 P2C（Peer To Contract），其中 Contract 是智慧合約，而這些智慧合約大部分會經過第三方安全審計的代碼審計，所有交易均在鏈上可查詢，透明度高，任何人都能即時監控資產的動向，確保智慧合約內的資產安全。這使信任機制發生根本性變化。
2. 風險機制變革：因為是基於智慧合約，排除了人為的主觀因素，交易過程的信用風險與操作風險都會大幅下降。
3. 分配模式：收益耕作機制[23]已在 DeFi 領域廣泛應用。實現了使用者對專案關鍵資源的貢獻程度，自動、公平、透明地分配長期價值。
4. 組織型態變革：大部分 DeFi 專案的治理透過鏈上治理機制，其中關鍵流程大部分透過智慧合約完成。不需第三方公正單位或專案基金會，就可以自動運轉。
5. 產業關係變革：DeFi 形成了高速開放的金融體系，在公有鏈上，各個智慧合約可以互相透過介面調用其他智慧合約的功能，過程簡單、快速，而且透明[24]。

因為是在元宇宙世界中的經濟世界，使用 DeFi 自動運轉，在未來應該會發展到具效率高與風險低的特性，以符合元宇宙系統需求。

元宇宙的發展，作者認為應該會是先有多重互通，類似多重宇宙的形式，而彼此之間的數位貨幣與金融行為也要能互通，使用區塊鏈、DeFi 跟 NFT 做底層經濟交流依據，現在是一致認同且看好的，而 NFT 與 DeFi 的基礎設施在持續整合中[25]。不過未來可能會有更進一步的發展，畢竟 Web

---

23 英文是 Yield Farming 是人們透過向 DeFi 加密貨幣存款來獲得被動收入的一種方式。類似銀行存款的利率，但銀行存款利率低得多。

24 資料來源：《元宇宙大未來》一書

25 資料來源：《NFT Metaverse & DeFi: 3 Books in 1》一書

2.0 剛開始時，很多影響巨大的科技與商業模式那時都還沒出現，而現在是 Web 3.0 及元宇宙的剛開始階段。

而元宇宙的經濟管理，基於區塊鏈的基礎上，目前多認為會是採用 DAO[26]的方式。DAO 是基於區塊鏈核心思想理念，由一群具有共識的成員自發組建的共創、共治、共用的一種團體組織。DAO 的各項組織規則由成員共同協作而得，以智慧合約形式編寫在區塊鏈上，藉此自主運行而不受任何中心化組織或第三方之干預。在 DAO 模式下所形成的元宇宙經濟法治規則，將具有充分開放、自主交互、去中心化控制與多元紛呈等特點，或許可成為應對不確定、多樣、複雜環境的有效法治規則來源[27]。不過人性中的自私，是否可以讓 DAO 這樣的團體達到如此理想化，需要時間來觀察。

7.2.4 通訊連線協定

在元宇宙的時代，因為要符合高速傳輸，又要能移動，通訊連線協定會是 5G、Wi-Fi 6，以及未來的 6G（包含低軌道衛星）。

根據經濟部技術處 5G 辦公室的簡報資料，5G 速率可達到 1～20Gbps，每平方公里可連結數超過 100 萬，另外，連結延時僅 1 毫秒。可知 5G 不僅速率大幅增加，而且針對剛剛提到的兩個問題：多設備連結與低延時提供了不錯的解決方式。而這樣影響到的領域，包括使用 VR/AR 跟大量影像或資料傳輸的穿戴式裝置與智慧照顧/醫療應用。

高品質 VR/AR 對頻寬、時間延遲要求非常高，對於 VR 來說，要達到好的體驗效果，對頻寬的需求要高達 1Gbps 以上，延時要小於 2 毫秒；而對 AR 來說要有同樣的體驗，頻寬也需要 200Mbps 以上，與 5 毫秒以下的

---

26 DAO, decentralized autonomous organization，中文是分散式自治組織，有時也被稱為分散式自治公司（DAC），是一個以公開透明的電腦代碼來體現的組織，其受控於股東，並不受中央政府影響。（資料來源：Wikipedia）

27 資料來源：《中國元宇宙白皮書》

延時。也因此在 VR/AR 的設備之前都使用有線傳輸，後來改用特殊通訊協定，或是直接在設備上運算，才能達成把高解析度影像的大量資料即時傳輸到運算設備上，未來可以透過具備高傳輸速率、低延時特性的 5G，讓高解析度影像動態數據即時大量的傳輸，這可以讓 VR/AR 的效果更好，讓使用者獲得好的體驗。

而這樣的結果，可以應用在很多方面：在工作上可以讓不同的人在同時進行細緻地影像即時會議（一如《復仇者聯盟 4》中的場景）；可以透過即時影像數據傳輸與雲端人工智慧協助，用來進行遠距醫療；也可以在工廠中透過 AR 眼鏡順暢地看到即時作業狀況，如果故障，可以透過人工智慧運算，經由 AR 眼鏡即時清晰地看到故障處的 AR 細緻成像，讓設備維修變得更順暢便利。5G 將使用更小的天線組建，加上未來發展的更小晶片，目標是使穿戴式裝置更小更省電，這是另外可以看到的 5G 的好處。

元宇宙的體驗要好，解析度要很高，在大量使用者進入時，所需要的傳輸量會非常大量，現在的 5G 行動傳輸速度並不太夠，估計要到 6G 時代可能才有足夠快的傳輸速度。

在這次俄羅斯對烏克蘭的戰爭中，Elon Musk 提供的星鏈 Starlink 系統幫助烏克蘭對外保持通訊，而這套系統是使用低軌道衛星來做通訊傳遞，這也是現在看好的未來 6G 的系統的前期發展，現在這樣的通訊系統最大的優點是高覆蓋率，5G 基地台無法覆蓋的地方，透過低軌道衛星都可以覆蓋到，當然隨著技術的加強，到了 6G 時代的傳輸速率也一定會大大的增加，像是如果要做到 Star War 的天行者的 Hologram 的影像出現到異地，需要大量即時的傳輸資料，現在的 5G 也是無法達成這樣的要求的，要等到 6G 才能夠做到，特別是美國現在全力發展 6G 以取代 5G，6G 應該會很快進入商用化。

7.2.5 遊戲引擎

從線上連線角色扮演遊戲 MUD1 開始，遊戲引擎不斷地提高在虛擬遊戲中的體驗，在後來 GPU 的興起，讓 3D 遊戲開始發展，不斷地強化，這也是 VR 世界的構圖能力。在過去十年中，遊戲已經成為一個集遊玩、觀看，及參與於一身的體驗。元宇宙也可說是遊戲的下一個階段發展。

遊戲引擎讓參與者在虛擬世界中自由探索與互動，元宇宙開放世界遊戲大地圖的實踐會基於遊戲引擎的渲染技術，以展現出自由、開放、感受真實的大世界。也因此其空間計算能力、場景、內容、即時都是很重要的特性。[28]

為了讓元宇宙未來能夠跨平台，遊戲引擎的跨平台變成很重要，在不同硬體跟登入平台中都可以一起參與是很重要的特性，國際上目前跨平台最多且多人使用的遊戲引擎就有 Epic 公司的 Unreal Engine 跟 Unity Technologies 公司的 Unity。

元宇宙的遊戲引擎的運算主要在雲端的伺服器群，但是呈現到終端，要能流暢顯示，就必須透過終端裝置的邊緣運算，這個涉及到對應的硬體跟遊戲引擎對應的硬體加速運算。

7.2.6 人工智慧

元宇宙的世界中，很需要 AI 的能力。其中有使用者在其中的行動、所說的話，都會變成數據，而在元宇宙中互動的人，有很多是 AI 支援的非遊戲角色（NPC），元宇宙的地圖，除了跟真實世界一樣的 Mapping 之外，也有從人工智慧結合遊戲引擎所創造的。在其中的道具、房屋，甚至都可以用人工智慧讓它更活躍。另外，模擬真實世界的物理特性，也需要人工智慧的運算能力。

---

28 資料來源：《元宇宙全球發展報告》

在元宇宙中有對話，有人工智慧操控的人工智慧角色發出正確的語言的聲音，以及這些角色接受人類所發的語言，這就牽扯到聽得懂是說什麼字的語音辨識，以及說的內容是什麼的自然語言處理。而在元宇宙中所有的行動、行為與內部設備，以及住宅…等等都是數據，這些數據都可以透過機器學習來做學習，找出模式，在鏡像世界中，需要運用人工智慧來「觀看」並解讀視覺資料。而其中的可動物體，在強化學習後，有更佳的動作與互動模式。

7.3 結論

對元宇宙的未來有很多的想像空間，相關的發展與商業模式仍在不斷地變化。隨著技術的發展，為了滿足需求，會有很多意想不到的新商業模式。就如現在很多 Web 2.0 的應用，當初也想不到會有這樣的發展，而這背後有一次次的需求迭代解決痛點，強化體驗的過程，而每次的新發展，往往是站在上一次發展的結果所衍生的痛點與想要的慾望上，這是現在很難預知的。

無論如何，現在至少可以佈局，關注每次發展的結果，找出可以切入的地方，這樣在未來元宇宙的發展上自然就不會缺席了。

8 元宇宙在國際上的目前進展

8.1 概論

由前面兩章的內容，作者認為將在元宇宙為主力發展相關的公司，其應該具備以下幾類應用發展：

1. **遊戲**：包含遊戲引擎。
2. **互動設備**：包含 VR/AR/MR 設備及腦機裝置。
3. **社交**：有社交功能，包含粉絲經濟。
4. **經濟**：包含虛擬貨幣、NFT 跟 DeFi 對應的經濟體系，也因此具備 DAO 的自治組織機制。
5. **3D 設施構建**：以 AI 及 3D 圖學構建物件、Avatar、服飾。
6. **物聯網**：透過物聯網感測裝置連接虛擬與現實。
7. **AI 虛擬人**：具備人工智慧，可與真人自主進行非既定對話。

底下各節分別介紹國際上的在元宇宙上的發展，挑選的是各區域中最具代表性的公司，來介紹並附以現在所具備的技術發展與現有對應的相關商業模式。

8.2 美國

在元宇宙的大勢上，美國在全世界是居於主導地位的。領頭企業有元宇宙第一股 Roblox、有經營多年與虛擬世界多年的 Meta、有具備元宇宙底層遊戲及遊戲引擎的 Epic Game 及 Unity、有經營混合實境與遊戲多年的 Microsoft、有在 3D 硬體 GPU 及創造虛擬空間平台 Omniverse 經營的 NVIDIA、發表《從認知到落地元宇宙應用實踐 2022》報告的 AWS、賣虛擬土地佔有率第一的 DecentraLand、製作 AR 特殊效果以吸引年輕人的社群媒體公司 Snapchat，這裡先介紹這些公司。當然其他較小規模或以區塊鏈、DeFi、DAO，以及 NFT 的公司也非常多，限於本書篇幅，這裡就不另做介紹了。

元宇宙組織 1：Roblox

創始人 David Baszucki 於 1989 年以教育為目的創建了 Interactive physics 的 2D 模擬物理實驗平台，到了 2004 年，Baszucki 想要在更大的規模上來發揮想像力與創造力，於是創立了 Roblox。

Roblox 在 2021 年在紐約證交所上市，被稱為「元宇宙第一股」。它是全球最大的互動社區之一，以及大型多人遊戲創作平台，它將全世界連接在一起。任何人都可以探索全球開發者建立的各種 3D 遊戲。目前有超過 2,000 萬個 3D 數字世界。

在 2021 年 Q1 在美國 iOS 手機遊戲市場佔有率第一，5.52%。現在已經成為全球最大的遊戲使用者生成遊戲（User Generate Content；UGC）平台，支援 iOS、Android、PC、Mac、Xbox，以及 StreamVR；長期來看，以後會支援 Nintendo Switch、PlayStation，以及 Oculus Quest2。

Roblox 在對開發者的方面，提供了 Roblox Studio 的即時社交體驗開發環境，使用 Lua 語言編碼，創建基於物理原理的互動模組以及建構遊戲機制。提供了素材選擇和創作自由的更大空間，且作者對遊戲作品具有了一定的所有權[1]。

Roblox的商業模式在於透過遊戲的用戶產生內容生態與社交屬性構築的正向飛輪效應。由於越多開發者創造遊戲+玩法內容，讓玩家沉浸時間越長，就像當初 YouTube 平台有了更多的內容，透過社交機制，才會有更多的人欣賞與加入，這就是 Prosumer 的經濟學。不過這也需要 UGC 的激勵與反饋系統，現在 Roblox 將手中資金投入創造者獎勵，不過創造者常常將得到的錢投到遊戲系統中。Roblox 在 2020 年行銷上的費用為 3.1%，由此推論其主要獲客機制是朋友介紹[2]。

《Roblox》在社交性質方面，它讓玩家能夠在其中聊天，與現實或線上認識的虛擬朋友進行互動；新冠疫情期間還推出了「一起玩」遊戲分類，鼓勵玩家進行線上遊戲的同時進行社交。推出的「party place」功能可供玩家在《Roblox》的虛擬世界中舉辦生日派對和其他聚會，例如虛擬演唱會等[3]。2020 年說唱歌手 Lil Nas X 在 Roblox 中就舉辦了一場虛擬演唱會，有超過 3,000 萬粉絲參加。

1　資料來源：《Metaverse 第一股，元宇宙引領者 Roblox》中國天風證券報告

2　資料來源：《Metaverse 第一股，元宇宙引領者 Roblox》中國天風證券報告

3　資料來源：《Metaverse 第一股，元宇宙引領者 Roblox》中國天風證券報告

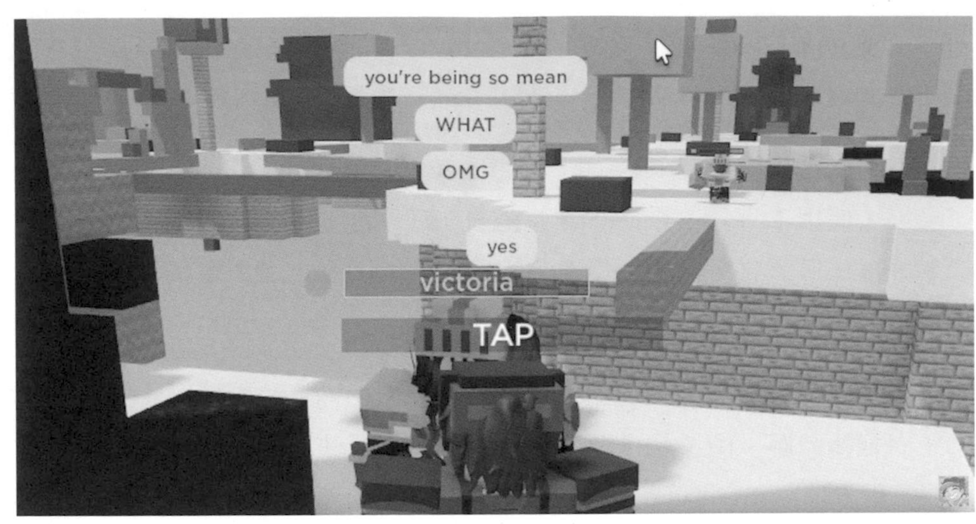

圖 8.1：Roblox 遊戲中的社交 ，圖源：https://www.youtube.com/watch?v=51SjTdnb0aM

Roblox 在元宇宙的佈局包含了遊戲、社交、經濟，以及 3D 設施構建的這幾類發展。Roblox 關於元宇宙的商業模式圖如下：

表 8.1：Roblox 關於元宇宙的商業模式圖

<table>
<tr><th colspan="2">關鍵夥伴</th><th colspan="2">關鍵活動</th><th colspan="2">價值主張</th><th colspan="2">客戶關係</th><th colspan="2">客戶區隔</th></tr>
<tr><td colspan="2" rowspan="3">騰訊</td><td colspan="2">遊戲引擎開發、社群營運</td><td colspan="2" rowspan="3">用戶創更多更好的遊戲而能贏取更多的用戶、創造很好的社群體驗</td><td colspan="2">靠遊戲本身維持，透過 UGC 激勵系統</td><td colspan="2" rowspan="3">主要為美國 9~12 歲兒童</td></tr>
<tr><th colspan="2">關鍵資源</th><th colspan="2">通路</th></tr>
<tr><td colspan="2">開發人員、底層平台、管銷人員</td><td colspan="2">Twitch 等媒體平台</td></tr>
<tr><th colspan="5">成本</th><th colspan="5">獲得</th></tr>
<tr><td colspan="5">人員薪資、平台費用、獎勵創造費用（開發者交易費）、管銷費用</td><td colspan="5">Robux 收入</td></tr>
</table>

元宇宙組織 2：Meta

2004 年 2 月 4 日 Facebook 成立，成立初期原名為「thefacebook」，名稱的靈感來自美國高中提供給學生包含相片和聯絡資料的花名冊之暱稱「face book」[4]。華人習慣叫 Facebook 中文為臉書，發展至今是台灣人最熟悉的社群媒體。Facebook 後來又購入 Instagram，現在全球用戶約有 30 億。在 2021 年 10 月，Facebook 創辦人馬克．祖克柏（Mark Zuckerberg）對外宣告將公司更名為 Meta，並高調宣佈了其元宇宙藍圖。

Facebook 在 2014 年收購了 2012 年成立的 Oculus，2016 年發表了「Oculus Rift」。之後出了獨立機 Oculus Quest 1，以及最近出的 Oculus Quest 2。其中 Quest 2 很受歡迎，讓 Oculus 市占率在 VR 裝置中超過 60%。之後在 2017 年推出 3D 虛擬社群世界《Facebook Space》，但是在 2019 年 10 月 25 日停止服務。而 2020 年開始公測《Horizon Worlds》的新版 3D 虛擬社群平台，於 2021 年 12 月 9 日正式推出。

在 2019 年 9 月起，包括 Oculus 在內的 AR/VR 團隊被重新命名為 Facebook Reality Labs，而 2021 年 7 月 27 日，其又宣佈將成立元宇宙團隊，隸屬於 Reality Labs。並且在同年 9 月投資 5,000 萬美元成立 XR 計劃和研究基金，用於元宇宙生態規則的探索和研究，透過和行業夥伴、民權組織、政府、非營利組織以及學術機構等建立合作，分析元宇宙中存在的問題和機會[5]。

馬克．祖克柏提到「Horizon 裡有各種不同的服務，涵蓋社交、遊戲、工作、協作和生產力。我們非常專注於為創作者和開發者提供開發工具。我們不只是將它構建為單個應用程式或體驗，也正在將其構建為一個平臺。我認為它將在說明建立這個廣闊的元宇宙方面發揮重要的作用。」

4　資料來源：Wikipedia

5　資料來源：《中國元宇宙白皮書》

2021 年發表虛擬化身系統 Codec Avatars 是在特殊攝影棚內用 171 台照相機取樣被取樣者的臉部畫面資訊，之後在 VR 裝置中即時繪製其臉部 3D 模型[6]，目前發展到 2.0 版。

其最近兩年又收購 6 家 VR 公司和遊戲工作室，以豐富 VR 場景的內容製作能力，包括提供虛擬居家場景的《Horizon Home》，虛擬遠端會議和辦公的《Horizon Workrooms》，以及具有使用者自主創作功能的遊戲社交平臺《Horizon Worlds》（圖 8.2）。

圖 8.2：Horizon Worlds，圖源：https://www.youtube.com/watch?v=02kCEurWkqU

《Horizon Workrooms》於 2021 年 8 月推出，重新定義了「辦公空間」，用戶可以在 Workrooms 中的各類虛擬白板上表達自己的想法，並且可以將自己的辦公桌、電腦和鍵盤等帶進 VR 虛擬世界中並用它們進行辦公。Workrooms 提供各類辦公場景和陳設，用戶可以根據需求選擇不同的會議室和辦公室。

6　資料來源：《數位時代雜誌 2022 年 6 月號》

2019 年 6 月發佈 Libra 數位貨幣白皮書，初衷是在安全穩定的開源區塊鏈基礎上創建一種穩定的貨幣。2020 年 Libra 正式更名為 Diem，Diem 設定為穩定幣，是一種與美元或歐元等法定貨幣掛鉤的加密貨幣。Diem 專案運行在臉書的區塊鏈上。目前 Diem 協會會員由 26 家公司和非盈利組織構成，包括 Shopify、Uber、Spotify 等具有大量支付場景的公司[7]。

2022 年 5 月 6 日 Meta 宣佈在台灣與資策會合作設立亞洲第一座「元宇宙 XR Hub」，表示希望藉由此場域盼促進各界人才交流，創造更多 AR、VR、XR 生態系的可能性[8]。

Meta 在元宇宙的佈局包含了遊戲、互動設備、社交、經濟，以及 3D 設施構建的這幾類發展。Meta 關於元宇宙的商業模式圖如下：

表 8.2：Meta 關於元宇宙的商業模式圖

<table>
<tr><th>關鍵夥伴</th><th>關鍵活動</th><th>價值主張</th><th>客戶關係</th><th>客戶區隔</th></tr>
<tr><td rowspan="3"></td><td>社群營運、VR 裝置開發、VR 內容應用製作、平台開發</td><td rowspan="3">創造很好的社群體驗、有很好的 VR 裝置強化體驗、有很好的 VR 虛擬空間與 3D 人與物件</td><td>靠社群關係</td><td rowspan="3">各種年齡族群</td></tr>
<tr><th>關鍵資源</th><th>通路</th></tr>
<tr><td>開發人員、管銷人員</td><td></td></tr>
<tr><th colspan="2">成本</th><th colspan="3">獲得</th></tr>
<tr><td colspan="2">人員薪資、平台成本、管銷費用</td><td colspan="3">廣告、商城收入、賣設備</td></tr>
</table>

7　資料來源：《中國元宇宙白皮書》

8　資料來源：Insidehttps://www.inside.com.tw/article/27593-xr-hub

元宇宙組織 3：Epic Game

1995 年 1 月 15 日於提姆・斯維尼在馬里蘭州的羅克維爾創立了 EpicMegaGames。其於 1998 年發布《Unreal》（中文名《魔域幻境》），一款 3D 第一人稱射擊遊戲，得益於完全自主開發的 3D 遊戲引擎 Unreal Engine 1；而公司於 1999 年改名為 Epic Game。2002 年發布 2.0 版；2009 年發布了 3.0 版，伴隨發布了 Unreal Development Kit，好讓更多人加入開發者行列；到 2015 年發布 4.0 版。

Unreal Engine 被廣泛運用於開發各種類型的 3D 遊戲，如動作遊戲、射擊遊戲、格鬥遊戲…等等，也支援多種平台，像是 PC、家用主機、手機、虛擬實境頭戴式顯示器…等眾多平台。而藉助於自家的 Unreal Engine，陸續推出了《魔域幻境》系列、《戰爭機器》、《無盡之劍》、《Shadow Complex》、《要塞英雄》等多種遊戲[9]。

Unreal Engine 是世界最知名授權最廣的頂尖遊戲引擎，2020 年佔有全球 PS 和 XBOX 遊戲引擎 47% 的市場，它也是次世代畫質標準最高的一款遊戲引擎。其特色有：

1. **行業領先的圖形技術**：基於物理的光柵化和光線追蹤渲染，產出驚人的視覺內容。利用動態陰影選項、螢幕空間及真 3D 反射、多樣的光照工具和基於節點的靈活材質編輯器，創作出最逼真的即時 3D 圖形內容。
2. **穩定的多人框架**：歷經 20 多年的發展，Unreal Engine 的多人框架已透過眾多遊戲平臺以及不同遊戲類型的考驗，製作過許多業內的多人遊戲。
3. **完整的 C++原始程式碼使用許可權**：透過對完整 C++原始程式碼的自由使用與了解，使用者可以學習、自行定義、擴充和調整整個 Unreal Engine，毫無阻礙地完成專案。而其在 GitHub 上的原始程

9 資料來源：Wikipedia

式碼庫會隨著其開發主線的功能而不斷更新，因此使用此引擎的程式開發者甚至不必等待下一個產品版本發行，就能獲得最新的代碼。

4. **具備無須代碼的藍圖創作作法**：透過對於設計師友好的藍圖可視化腳本，設計師就能快速製作出原型並推出互動內容。使用者還可以使用強大的內置調試器在測試作品的同時，可視化玩法流程並檢查屬性。

5. **最高品質的數位人**：其 MetaHuman Creator 功能具有完整的綁定，讓使用者能在幾分鐘內創作出高品質的、具有毛髮和服裝的數位人，可以在使用 Unreal Engine 專案中用於動畫製作[10]。

其在 2017 年推出《要塞英雄（Fortnite）》連線遊戲，到目前擁有 3.5 億名玩家[11]。Fortnite 開啟在虛擬世界開大型演唱會的先例；在 2019 年與美國電子舞曲音樂製作人 Marshmello 合作，利用他的虛擬形象在遊戲內進行第一場虛擬演唱會的演出，透過 3D 技術打造電音現場舞台，而玩家可以操控角色到現場參加活動，透過這個角色享受虛擬世界中的演唱會，此場演出受到大量玩家的青睞，獲得廣大的迴響與討論。根據 Fortnite 統計，當天的上線人數約為 1,070 萬人次，比任何實體巡迴演唱會的人次還要多數十倍。之後於 2020 年與饒舌歌手 Travis Scott 合作舉行「Astronomical Tour」虛擬演唱會，讓玩家們可以與 Travis Scott 的虛擬替身一起開啟熱門金曲的遊戲冒險，有更高臨場感的體驗。「Astronomical Tour」總共舉行三天，共吸引超過 4,500 萬的參加人次，此場次被稱為虛擬音樂會的里程碑。

10 資料來源：《元宇宙框架梳理之算法引擎》中國東吳證券報告

11 資料來源：《數位時代 2022 年 3 月號》

圖 8.3：《要塞英雄》2020 Travis Scott 活動現場

圖源：https://www.youtube.com/watch?v=wYeFAIVC8qU

Epic Game 在元宇宙的佈局包含了遊戲、社交，以及 3D 設施構建的這幾類發展。Epic Game 關於元宇宙的商業模式如下：

表 8.3：Epic Game 關於元宇宙的商業模式圖

<table>
<tr><th>關鍵夥伴</th><th>關鍵活動</th><th>價值主張</th><th>客戶關係</th><th>客戶區隔</th></tr>
<tr><td rowspan="3">SONY、騰訊</td><td>遊戲開發、遊戲引擎開發、社群營運、平台開發</td><td rowspan="3">遊戲好玩、遊戲引擎好用、創造很好的社群體驗、支援多種平台登入</td><td>靠遊戲本身維持</td><td rowspan="3">玩遊戲人員、遊戲開發商</td></tr>
<tr><th>關鍵資源</th><th>通路</th></tr>
<tr><td>開發人員、管銷人員</td><td></td></tr>
<tr><th colspan="2">成本</th><th colspan="3">獲得</th></tr>
<tr><td colspan="2">人員薪資、平台成本、管銷費用</td><td colspan="3">遊戲銷售</td></tr>
</table>

元宇宙組織 4：Microsoft

2021 年 11 月初，繼 Facebook 宣布更名 Meta 不久，微軟就在 Ignite 秋季大會上發表全新會議視訊服務《Mesh for Microsoft Teams》，宣告進軍元宇宙[12]。

微軟的元宇宙佈局主要體現在辦公和遊戲行業。例如《Mesh for Microsoft Teams》就是要在其協作辦公軟體 Teams 內部建立虛擬世界，利用 3D 化的卡通人物造型，透過語音、體感等智慧技術，提升體驗，降低會議的疲勞度，使人們彼此能夠更好的溝通。

另外旗下遊戲《當個創世神》已經在一定程度上接近元宇宙。之前 Berkeley 學生還在其中做了個畢業典禮的世界（如圖 8.4），而微軟在元宇宙的願景是希望將不同的元宇宙連接起來[13]。

圖 8.4：在《Minecraft》中 Berkeley 畢業生舉辦畢業典禮的虛擬校園

圖源：https://www.youtube.com/watch?v=51SjTdnb0aM

12 資料來源：《數位時代雜誌 2022 年 3 月號》

13 資料來源：《中國元宇宙白皮書》

微軟驅動元宇宙有多種技術和產品支撐，涉及物聯網、數位孿生、混合現實等技術領域，以及在人工智慧的說明下，以自然語言進行互動，並用於視覺處理的機器學習模型等技術儲備；主要產品包括 Microsoft HoloLens、《Microsoft Mesh》、Azure 等[14]。Microsoft HoloLens 現在到第二代，是目前市面上最好的混合實境裝置。企業將可以在 Teams 內部建立自己的虛擬空間或元宇宙。例如微軟與埃森哲共同打造支援《Microsoft Mesh》的沉浸式空間。疫情爆發之前，埃森哲就建立了一個虛擬園區，來自任何地方的員工都可以聚集在這裡喝咖啡、聽講座、參加聚會和其他活動。而疫情爆發後，這個沉浸式空間的重要作用便突顯出來，特別是在幫助新員工進入這個新職場方面[15]。

微軟為了強化其遊戲上佈局，在 2022 年 1 月收購 Activision Blizzard，現在已經成為全世界第三大遊戲商。當然，這也是為了元宇宙佈局。

微軟在元宇宙的佈局包含了遊戲、互動設備、3D 設施構建、物聯網，以及 AI 虛擬人的這幾類發展。微軟關於元宇宙的商業模式圖如下：

表 8.4：微軟關於元宇宙的商業模式圖

<table>
<tr><th>關鍵夥伴</th><th>關鍵活動</th><th>價值主張</th><th>客戶關係</th><th>客戶區隔</th></tr>
<tr><td rowspan="3"></td><td>VR 裝置開發、遊戲內容應用製作</td><td rowspan="3">有很好的遊戲體驗、MR 裝置強化體驗、各類企業應用</td><td>靠企業關係</td><td rowspan="3">商業用戶、遊戲族群</td></tr>
<tr><th>關鍵資源</th><th>通路</th></tr>
<tr><td>開發人員、底層平台、管銷人員</td><td></td></tr>
<tr><th colspan="2">成本</th><th colspan="3">獲得</th></tr>
<tr><td colspan="2">人員薪資、平台成本、管銷費用</td><td colspan="3">遊戲、器材銷售與租用費</td></tr>
</table>

14 資料來源：《中國元宇宙白皮書》

15 資料來源：《中國元宇宙白皮書》

元宇宙組織 5：NVIDIA

1993 創立的 NVIDIA，在 3D 與人工智慧都是著名的硬體解決方案 GPU 的提供者。

2021 年 8 月，NVIDIA 首席執行官黃仁勳在 NVIDIA 年度發佈會 GTC 2021 的一段公開演講影片中，黃仁勳用了 14 秒的「虛擬替身」，因為太過逼真，所以無人察覺，造成了轟動。這是利用 NVIDIA 的基礎設施平臺 Omniverse 完成的。

Omniverse 是用於創造虛擬空間的軟體平臺，它集合了語音 AI、計算機視覺、自然語言理解、推薦引擎和模擬技術方面的技術。它是 NVIDIA 開發的專為虛擬協作和即時逼真類比打造的開放式雲平臺，其能賦能創作者、設計師、工程師和藝術家創作，可以即時看到進度和工作效果[16]。

Omniverse 基於 Pixar 的 USD（Universal Scene Description；通用場景描述技術），具有高度逼真物理模擬引擎和高性能渲染的能力。Omniverse 包含五個重要元件：Connector、Nucleus、Kit、Simulation，以及 RTX。USD 是傳遞場景描述資訊的檔格式，主要被用來合成場景和即時解析場景中的數值，並且 USD 的 API 支援複雜屬性、分層、延遲載入和多種其他功能。基於 USD，NVIDIA 想要創造整合各個 3D 軟體平臺的 3D 資產，構建開放式創作和共享平臺。圖 8.5 是使用 NVIDIA Studio 在 Omniverse 創建車與環境的例子。

16 資料來源：《中國元宇宙白皮書》

圖 8.5：使用 NVIDIA Studio 在 Omniverse 創建車與環境例
圖源：https://www.youtube.com/watch?v=EIF53kfHrYc

Omniverse 的願景非常符合元宇宙的重要理念之一：「不由單一公司或平台運營，而是由多方共同參與的、去中心化的方式去運營」[17]。

2022 年 1 月 5 日 NVIDIA 推出免費版 Omniverse，讓藝術家、設計師與創作者即時 3D 設計協作，構築商業、娛樂、創意與工業互連的世界。發展 3D 市集商業生態[18]。而其中的 Audio2Face 是 AI 生成人物嘴型的工具[19]。

NVIDIA 在元宇宙的佈局包含了遊戲，和 3D 設施佈建的這幾類發展。

17 資料來源：《元宇宙：人類的數位化生存，進入雛形探索期》報告
18 資料來源：《元宇宙全球趨勢與臺灣產業機會》報告
19 資料來源：《從認知到落地 元宇宙應用實踐 2022》報告

NVIDIA 關於元宇宙的商業模式圖如下：

表 8.5：NVIDIA 關於元宇宙的商業模式圖

<table>
<tr><th colspan="2">關鍵夥伴</th><th colspan="2">關鍵活動</th><th colspan="2">價值主張</th><th colspan="2">客戶關係</th><th colspan="2">客戶區隔</th></tr>
<tr><td colspan="2" rowspan="3"></td><td colspan="2">即時 3D 設計協作、SaaS 平台開發</td><td colspan="2" rowspan="3">開發擬真 3D 創作、利用人工智慧達成元宇宙中人的講話擬真</td><td colspan="2">靠企業關係</td><td colspan="2" rowspan="3">企業、藝術家、設計師、工程師、創作者</td></tr>
<tr><th colspan="2">關鍵資源</th><th colspan="2">通路</th></tr>
<tr><td colspan="2">開發人員、管銷費用</td><td colspan="2"></td></tr>
<tr><th colspan="5">成本</th><th colspan="5">獲得</th></tr>
<tr><td colspan="5">開發成本、管銷費用</td><td colspan="5">使用其硬體的費用</td></tr>
</table>

元宇宙組織 6：Amazon Web Service

AWS 為 Linux 基金會提供開源的 3D 引擎（O3DE，Open3DEngine）成立一個新的開源基金會。O3DE 是一個平台開源遊戲引擎，其目標為「每個為行業提供一個開源、高保真、即時的 3D 引擎，用於構建遊戲和類比。」O3DE 可以透過提供開發人員實現 3D 環境需求來擴展遊戲的 3D 開發。該引擎在 Apache 2.0 允許下，任何人都可以建設和保留他們的智慧財產權，並選擇性回饋專案。AWS 希望藉此創建一個成功的生態系統，並推動創新，包括支援雲整合的遊戲開發平臺、雲渲染、遠端遊戲開發工作室以及 O3DE 引擎的開發等，讓開發人員可以靈活地使用。

AWS 也推出了 Amazon Sumerian 這個建立和執行以瀏覽器為基礎的 3D、擴增實境（AR）和虛擬實境（VR）應用程式[20]。Amazon Sumerian 編輯器提供了現成的場景範本和直觀的拖放工具，使內容建立者、設計師和開發人員都可以輕鬆構建互動式場景（圖 8.6）。其採用最新的 WebGL

20 資料來源：Wikipedia

和 WebXR 標準，可直接在 Web 瀏覽器中創建沉浸式體驗，並可透過簡單的連接 URL 進行訪問，同時能夠在適用於 AR/VR 的主要硬體平台上運行[21]。AWS 也新上架了 Luna 雲遊戲服務平台，讓玩家用訂閱制的方式在手機或電視上玩遊戲，不需要價格高昂的硬體設備。

它旗下的 Amazon GameLift 是可為多人遊戲部署、操作並擴展雲端伺服器的專用遊戲伺服器託管解決方案。GameLift 利用 AWS 提供低延遲、低玩家等待時間[22]，以提供玩家最沉浸的體驗，這也代表著 AWS 跟遊戲社群的強力連結。

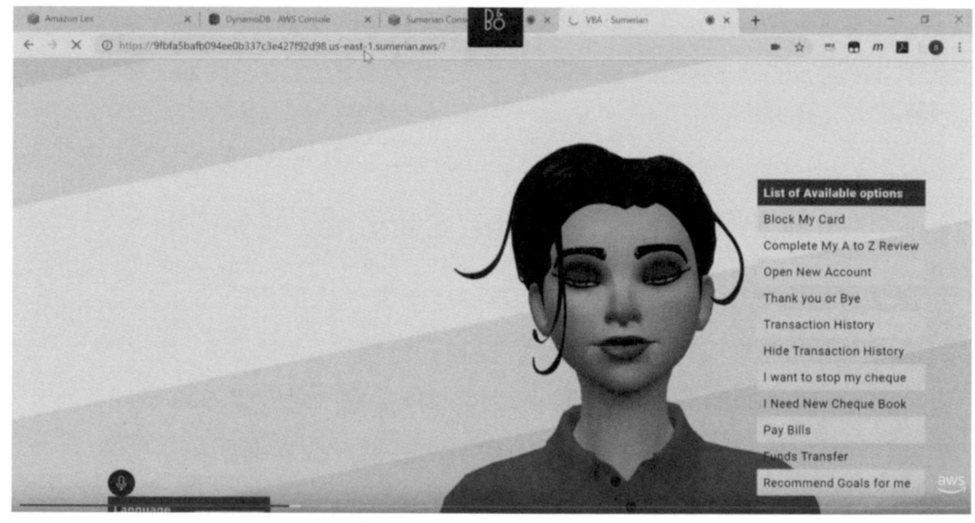

圖 8.6：使用 Amazon Sumerian 編輯器例
圖源：https://www.youtube.com/watch?v=dnZbtPNeZTo&t=891s

AWS 的 Managed blockchain 服務，也支持著如雀巢、Sony Music 等大型企業應用區塊鏈進行供應鏈管理、音樂版權保護等服務。

最近 AWS 收購 MGM，這代表了 AWS 提供元宇宙內容的決心。而 2014 年收購的 Twitch 遊戲直播服務，也是跟遊戲社群連結的重要里程碑。

---

21 資料來源：《從認知到落地 元宇宙應用實踐 2022》報告
22 資料來源：AWS 官網

AWS 於 2019 年在台北成立大中華區第一家 IoT Lab，提供由 AWS Partner Network（APN）合作夥伴建構的合格硬體和軟體解決方案，幫助客戶加速裝置軟硬體設計和部署物聯網應用設計。這個 Lab 的目的包括結合區域地理優勢與全球技術的中轉站，強化 IoT 軟硬體生態系發展，加速 IoT 解決方案部署。

AWS 在元宇宙概念下的數位孿生與智慧建築相關解決方案，可以讓大型企業運用元宇宙的概念與成熟技術加速產品掌握、佈建監控與應對措施。例如波音在今年即宣布與 AWS 合作，運用雲端相關技術加速其產品設計發展。

最近 Meta（臉書母公司）也宣布了選擇 AWS 作為其長期策略雲端服務夥伴，把他們最重要的深度學習模型 PyTorch 放在 AWS 的服務上，讓開發虛擬互動場景更為便利。

AWS 在元宇宙的佈局包含了遊戲、社交、3D 設施構建，以及物聯網的這幾類發展。AWS 關於元宇宙的商業模式圖如下：

表 8.6：AWS 關於元宇宙的商業模式圖

<table>
<tr><th>關鍵夥伴</th><th>關鍵活動</th><th>價值主張</th><th>客戶關係</th><th>客戶區隔</th></tr>
<tr><td rowspan="3">Linux 基金會、IoT 設備開發商</td><td>IoT 設備開發、遊戲引擎開發、Amazon Sumerian 開發與 AWS 平台支持</td><td rowspan="3">1. 支援開源 3D 遊戲引擎
2. Twitch 社群媒體精彩內容與社群關係吸引電玩群眾。
3. 支援 IoT 廠商開發
4. Amazon Sumerian 讓 3D 物件容易創建
5. 數位孿生的快速建模服務</td><td>AI 服務強化體驗與直接聯繫</td><td rowspan="3">1. 遊戲開發商
2. 玩遊戲人群
3. IoT 設備廠商
4. 想使用 3D 物件在網頁中的人
5. 建築與設備廠商</td></tr>
<tr><th>關鍵資源</th><th>通路</th></tr>
<tr><td>開發人員平台開發維護、管銷人員</td><td>AWS 官網</td></tr>
<tr><th colspan="3">成本</th><th colspan="2">獲得</th></tr>
<tr><td colspan="3">開發成本、管銷費用</td><td colspan="2">遊戲開發商使用 Engine 的費用</td></tr>
</table>

元宇宙組織 7：Unity Technologies

Unity 是一款多平臺、綜合型 3D 開發工具，一種跨平台的 2D 和 3D 遊戲引擎，由 Unity Technologies 研發，可開發跨平台的電子遊戲、並延伸於基於 WebGL 技術的 HTML5 網頁平台，以及多種新一代多媒體平台。

2005 年 5 月 Unity 1.0.1 版發行，2007 年發布 2.0 版，2010 年 9 月發布 3.0 版，2012 年 11 月發布 4.0 版，在發展過程中支援的平台越來越多，是到目前為止 3D 遊戲界使用最多的遊戲引擎。

與 Unreal Engine 相比，Unity 開發門檻較低，開發週期較短，更適合手機遊戲、PC 遊戲與 Console（PS、Xbox 系列）遊戲的開發，2020 年全球使用 Unity 開發的新手機遊戲市佔率超過 50%。目前多種遊戲，例如《王者榮耀》、《絕地求生》、《原神》等，都採用 Unity 進行 3D 開發。由於其強大功能，除可以用於研發電子遊戲之外，Unity 的應用場景還廣泛用作建築視覺化、即時三維動畫等類型互動內容。現在更擴展到醫療，影視，工業等需要進行虛擬展示的行業中。圖 8.7 顯示的是 Unity HDRP 的效果，HDRP 是 High Definition Render Pipeline 的縮寫，是從 Unity 2018 版本加入的渲染技術，透過 HDRP 技術能帶來非常精緻的畫面。

開發工具 Unity MARS 可隨時隨地、快速、可視化地創建 XR 應用，其是業內首款智慧化 MR 及 AR 內容創作工具，使用 Unity MARS 可以透過 AR 將使用者所處周圍環境提升為獨特的擴增現實體驗，這豐富了 AR 的使用範圍，更是促進了 AR 內容生態的建立。2020 年的統計數據顯示，60% 的 AR/VR 內容是由 Unity3D 開發的（例如 Oculus 上的 XR 應用約有 85% 是使用 Unity 引擎開發的）。

Unity CEO 認為，即時 3D 技術的採用將改變人們與數位內容和娛樂互動的方式，Unity 希望世界上更多的內容是 3D 的、即時的和互動式的（不過，截至 2021 年 11 月，虛擬世界僅有 2%的內容是 3D 的）[23]。

---

23 資料來源：《元宇宙框架梳理之算法引擎》中國東吳證券報告

目前 Unity 除引擎的 SaaS 收費外，未來在虛擬世界的運營及推廣上，Unity 應會有更高的利潤空間。就像 2D 時代的設計軟體 Adobe 的發展，Unity 接下來的發展應該會成為 3D 時代非常重要的基礎型設計軟體，擁有很大的增長空間。

圖 8.7：Unity 引擎的細緻效果，圖源：https://www.youtube.com/watch?v=7NkpMU47-b8

Unity 在元宇宙的佈局包含了遊戲的發展。目前 Unity 元宇宙的商業模式圖如下：

表 8.7：Unity 關於元宇宙的商業模式圖

<table>
<tr><th>關鍵夥伴</th><th>關鍵活動</th><th>價值主張</th><th>客戶關係</th><th>客戶區隔</th></tr>
<tr><td rowspan="3">遊戲開發商</td><td>遊戲引擎開發</td><td rowspan="3">開發門檻較低、開發週期較短、可隨時隨地/快速/可視化地創建 XR 應用</td><td>靠企業關係</td><td rowspan="3">遊戲開發商</td></tr>
<tr><th>關鍵資源</th><th>通路</th></tr>
<tr><td>開發人員、SaaS 平台</td><td></td></tr>
<tr><th colspan="2">成本</th><th colspan="3">獲得</th></tr>
<tr><td colspan="2">開發成本、管銷費用</td><td colspan="3">遊戲開發商使用 Engine 的費用</td></tr>
</table>

元宇宙組織 8：DecentraLand

《DecentraLand》是基於乙太坊的 VR 的虛擬世界，於 2020 年 2 月向公眾開放，由阿根廷人 Ari Meilich 和 Esteban Ordano 創辦，由非營利性的 DecentraLand 基金會監督[24]。

《DecentraLand》是一款允許用戶以 NFT 形式買賣數字房地產的遊戲，使用者可以購買土地和其他商品，搭建自己的房屋或城市。當玩家購買時，他們會獲得一份證明其所有權的契約。《DecentraLand》內使用 NFT 代幣 MANA，可用於拍賣，且使用以太坊區塊鏈來跟蹤誰擁有虛擬世界土地上的東西。同時，用戶可以參與遊戲，訪問土地市場，購買土地來建造自己的家園。不僅如此，玩家還可以將他們的土地出租或出售給其他玩家。《DecentraLand》上有很多玩家在購買、出售虛擬房地產。現在是買賣虛擬土地最大的一個機構[25]。

2021 年 3 月，《DecentraLand》中的賭場聘用現實用戶為經理，雇員負責管理賭場運營，工資用虛擬資產支付。《DecentraLand》設有專門用於展示數位化藝術品的地方，而蘇富比拍賣行（Sotheby's）已入駐《DecentraLand》（圖 8.8）。在《DecentraLand》裡現在可以購買 Domino 比薩[26]。

---

24 資料來源：Wikipedia

25 資料來源：《NFT for Beginners》

26 資料來源：《2020-2021 年元宇宙發展研究報告》

圖 8.8：在 DecentraLand 的蘇富比拍賣行

圖源：https://www.youtube.com/watch?v=RFFbLmvW6lo

DecentraLand 在元宇宙的佈局包含了遊戲跟經濟的這幾類發展。DecentraLand 關於元宇宙的商業模式圖如下：

表 8.8：DecentraLand 關於元宇宙的商業模式圖

<table>
<tr><th>關鍵夥伴</th><th>關鍵活動</th><th>價值主張</th><th>客戶關係</th><th>客戶區隔</th></tr>
<tr><td rowspan="3"></td><td>買賣虛擬資產、管理平台、開發平台</td><td rowspan="3">以 NFT 買賣虛擬土地與展示買賣數位資產</td><td>靠遊戲</td><td rowspan="3"></td></tr>
<tr><th>關鍵資源</th><th>通路</th></tr>
<tr><td>開發人員、SaaS 平台、管銷人員</td><td></td></tr>
<tr><th colspan="3">成本</th><th colspan="2">獲得</th></tr>
<tr><td colspan="3">薪資、管銷費用</td><td colspan="2">買賣數位資產所得</td></tr>
</table>

元宇宙組織 9：Snapchat

2011 年 9 月上線的《Snapchat》在美國是年輕人很喜歡的社群媒體，之前以發文閱後即焚著稱。在過去幾年，Snap 始終圍繞著「新世代的通訊與社交」這個核心，試圖理解並構建未來虛擬和現實的互動方式，以 AR 發動、含括一切生活情境應用的 Super-app。

《Snapchat》現在推出的功能有：

1. Lens Studio 是 Snap 的 AR 開發平台，提供 3D 身體網格、服裝模擬和不需寫程式的視覺效果編輯器等工具，協助創作者開發更多的 AR 濾鏡和應用。如圖 8.9 的替建築物加效果。

圖 8.9：用 Snapchat Lens Studio 增加即時 AR 效果，圖源：Snap Chat 官方網站

2. Creative Marketplace 則媒合企業與創作者或是網紅，並提供多樣的分析數據，幫助品牌建立 AR 體驗。
3. SnapKit 工具包是可部分產品功能授權給外部客戶創作，以增加生態系的影響力。
4. Creative Kit 讓三方 APP 可以在 Snap 上製作專屬的濾鏡和貼紙。

5. Camera Kit 則提供 AR 的解決方案，幫助客戶打造自己的 AR 應用。
6. Bitmoji Kit 則讓 Snap 用戶自己設計的虛擬替身能夠出現在第三方的鍵盤貼圖和遊戲[27]。用此工具幫助用戶在現實世界的中相中擺姿勢轉為他們的 3D Bitmoji 頭像[28]。

《Snapchat》在元宇宙的佈局包含了社交及 3D 設施佈建的這幾類發展。《Snapchat》關於元宇宙的商業模式圖如下：

表 8.9：《Snapchat》關於元宇宙的商業模式圖

<table>
<tr><th>關鍵夥伴</th><th>關鍵活動</th><th>價值主張</th><th>客戶關係</th><th>客戶區隔</th></tr>
<tr><td rowspan="3"></td><td>即時 AR 設計協作、社交平台</td><td rowspan="3">開發 AR 創作、透過 AR 創作提供黏著度、構建未來虛擬和現實的互動方式</td><td>Snapchat</td><td rowspan="3">年輕用戶</td></tr>
<tr><th>關鍵資源</th><th>通路</th></tr>
<tr><td>開發人員、管銷人員</td><td>Snapchat</td></tr>
<tr><th colspan="2">成本</th><th colspan="3">獲得</th></tr>
<tr><td colspan="2">開發成本、管銷費用</td><td colspan="3">廣告收入</td></tr>
</table>

27 資料來源：Inside【提姆科技觀察】從閱後即焚到 AR：Snapchat 的策略佈局

28 資料來源：Virtual Human 網站 https://www.virtualhumans.org/article/snapchat-commits-to-the-metaverse-with-launch-of-3d-bitmojis

元宇宙組織 10：Discord Inc.

如第 6 章所說，《Discord》一開始是為了讓遊戲社群聊天、討論遊戲的 APP，一開始是專為遊戲玩家所建，現在仍可以在上面找到很多致力討論遊戲的社群。但已經發展成為遠遠超過遊戲領域的對話空間，討論主題很多元，包括音樂、文化、政治、藝術、金融，甚至約會…等等。具備很強的多媒體功能，可以強化相關體驗：使用《Discord》播放影片、和朋友玩遠距桌遊、一起聽音樂。該平台基本是免費的，也有付費的升級服務。它是個很大的分層平台，有大量選項和設定可供選擇。

使用者可以透過手機或電腦使用《Discord》，支援 Android 和 iOS 兩種不同作業系統的 APP 都有。在電腦環境下可以直接開網頁版使用，也可以免費下載桌面版的 APP，支援 Windows、macOS 和 Linux 三種 OS。另外，Windows 版本可在遊戲商店下載和玩遊戲。

Discord 中的社群有各類使用者，社群有公開和私人的兩種，其中私人的需要邀請才能加入[29]。

Discord 有 Nitro、Nitro Classic 兩種訂閱用戶和一般免費用戶，權力差別如下：

1. **全球表情符號**：大多數 Discord 伺服器都有由社區或伺服器所有者創建的自定義表情符號。一般而言，這些只能在製作它們的伺服器上使用。Nitro 及 Nitro Classic 訂閱用戶可以在任何伺服器上使用它們表情符號庫中的任何表情符號。
2. **升級後的直播串流媒體**：是讓您將遊戲直播傳輸給其他人的功能。免費用戶可以用到 30FPS（Frame Per Second）的速度傳輸高達 720p 解析度傳輸直播，而 Classic Nitro 訂閱用戶可以用到 60FPS 的速度

---

29 資料來源：Insidehttps://www.inside.com.tw/article/26185-how-to-use-discord

高達 1080p 解析度傳輸直播，而 Nitro 用戶則可以以最大速度、解析度傳輸直播。

3. **自定義 Nitro 標籤**：每個 Discord 用戶名後面都有一個隨機的四位數字。Nitro 及 Nitro Classic 訂閱用戶可以將該號碼更改為您想要的任何內容，只要不採用該名稱和號碼組合即可。

4. **螢幕共享**：Nitro 及 Nitro Classic 訂閱用戶可以以高達 1080p 的 30FPS 或 720p 的 60FPS 的效果與朋友分享螢幕。

5. **增加上傳限制**：免費用戶最多只能發送 8MB 的文件，但 Nitro Classic 和 Nitro 訂閱用戶可以分別上傳最大 50MB 和 100MB 的文件。

6. **動畫化身**：Nitro 和 Nitro Classic 訂閱用戶可以使用動畫 GIF 檔作為他們的頭像，而免費用戶只能用靜態圖檔[30]。

圖 8.10：Discord Nitro users will be able to claim a 3 month YouTube Premium trial code!
圖源：Discord 官方網站

30 資料來源：Howpediahttps://howpedia.net/zh-hant/%E4%BB%80%E9%BA%BC%E6%98%AF-discord-nitro%EF%BC%8C%E6%98%AF%E5%90%A6%E5%80%BC%E5%BE%97%E4%BB%98%E8%B2%BB%EF%BC%9F

8 元宇宙在國際上的目前進展

Discord 在元宇宙的佈局包含了社交這類發展。Discord 關於元宇宙的商業模式圖如下：

表 8.10：Discord 關於元宇宙的商業模式圖

<table>
<tr><th>關鍵夥伴</th><th>關鍵活動</th><th>價值主張</th><th>客戶關係</th><th>客戶區隔</th></tr>
<tr><td rowspan="3"></td><td>社交平台</td><td rowspan="3">透過多媒體功能提升體驗、透過社群互動</td><td>Discord</td><td rowspan="3">年輕用戶</td></tr>
<tr><th>關鍵資源</th><th>通路</th></tr>
<tr><td>開發人員平台、管銷人員</td><td>Reddit、電子競技、LAN party 和 Twitch…等等</td></tr>
<tr><th colspan="2">成本</th><th colspan="3">獲得</th></tr>
<tr><td colspan="2">開發成本、管銷費用</td><td colspan="3">Nitro 及 Nitro Classic 會員付費收入、創作者分潤收入</td></tr>
</table>

8.3 歐洲

關於歐洲元宇宙討論的並不多，大家知道的就是報紙上有提到的 Meta 之前發表，計畫未來五年在歐洲聘用 1 萬名員工，以協助打造所謂的「元宇宙」（Metaverse）[31]。

在馬克龍總統大選的政見發表活動中提到，如果獲得連任將打造一個「歐洲元宇宙」與美國科技巨頭競爭，並使歐洲在元宇宙方面也更加獨立[32]。

針對加密貨幣，在歐盟，人們擔心比特幣和其他加密貨幣可能會破壞金融穩定，並被用來犯罪，這種擔憂推進了政策制定者想要努力迫使比特幣接受監管。根據歐盟執委會在 2021 年的提案，加密貨幣公司和交易所必

31 資料來源：中央社 https://www.cna.com.tw/news/firstnews/202110180028.aspx

32 資料來源：鉅亨網 https://news.cnyes.com/news/id/4836908

須獲取、持有、提交與匯款相關的資訊。現在歐洲議會通過收緊管理的法案，目的是識別和報告可疑交易、凍結數位資產、阻止高風險交易更加容易，到本書截稿為止，此法案尚未通過。歐洲有西門子的數位孿生及達梭系統的 3D 繪圖工具在市場上的領先，不過這兩個廠商做這些並不是為了元宇宙。

這裡以英國很早開發元宇宙世界遊戲的 Lockwood Publishing 為例子做討論。

元宇宙組織 11：Lockwood Publishing

英國諾丁漢市 Lockwood Publishing 公司開發了元宇宙世界遊戲《Avakin Life》，在 2013 年 12 月初次發布，目前支援 Android、iOS，及 Chrome OS 三大平台。

在《Avakin Life》中，玩家可以透過遊戲的核心功能來完成各種想要達成的目標。遊戲的核心功能包括：

1. **Avakin**：玩家可以創建自己的名為 Avakin 的頭像。Avakins 在身體特徵、配飾、動畫和服裝方面可訂製。透過 Avakin 的玩家可以在遊戲中與其他 Avakin 進行交流和互動。
2. **社交場所**：社交場所是開放的房間，Avakins 可以在其中與其他 Avakins 以相同的語言進行交流、互動或完成類似的目標。
3. **Avacoins**：Avakins 可以透過工作賺取 Avacoins，也可以透過完成遊戲內成就，以及參加時尚比賽來獲得 Avacoins。Avacoins 可用於購買遊戲內商店物品，如服裝、動畫、公寓、家具和捆綁包。
4. **公寓**：這是 Avakins 可以購買的個人空間。與社交場所不同，公寓是可以訂製的。玩家可以開放他們的公寓，讓其他 Avakins 也可以訪問。

5. **Petkins**：這是玩家可以購買、放置在公寓中並與它們互動的虛擬寵物。Petkins 並非由玩家操作[33]。

Avakin Life 在元宇宙的佈局包含了遊戲、社交、經濟，以及 3D 設施構建的這幾類發展。

圖 8.11：《Avakin Life》中的世界例，圖源：https://www.youtube.com/watch?v=lROvQeFkcqc

《Avakin Life》關於元宇宙的商業模式圖如下：

表 8.11：《Avakin Life》關於元宇宙的商業模式圖

關鍵夥伴	關鍵活動	價值主張	客戶關係	客戶區隔
騰訊	遊戲引擎開發、社群營運	用戶創更多更好的內容以贏取更多的用戶、創造很好的社群體驗	靠遊戲本身維持	iOS、Android 及 Chrome OS 的想過第二人生的玩家
	關鍵資源		通路	
	開發人員、底層平台、管銷人員		App Store、Google Play	
成本		獲得		
人員薪資、平台費用、管銷費用		遊戲內付費與廣告		

33 資料來源：Wikipedia

8.4 中國

中國各個企業對元宇宙很積極，騰訊、阿里巴巴、華為、字節跳動、網易、米哈游、莉莉絲都有佈局，而整個國家很多機構，包含清華大學新媒體研究中心出了調查報告跟出版了相關書籍，特別還有一本由中關村數字媒體產業聯盟元宇宙實驗室執行主任、國家互聯網數據中心產業技術戰略發展聯盟副主任委員龔才春主編的《中國元宇宙白皮書》。

儘管中國禁止了加密貨幣交易、挖礦等行為，卻看見了 NFT（非同質化代幣）背後的龐大潛力。近期，中國提出了一套獨有的 NFT 管制方法，打造官方版本的「中國區塊鏈服務網路」（Blockchain-based Service Network，簡稱 BSN），以國家區塊鏈為基礎，來發展 NFT 相關應用[34]。

元宇宙組織 12：騰訊

在中國市場，騰訊被認為是最有可能成為「元宇宙」領導者的科技公司。騰訊本身是遊戲第一大公司，旗下微信、QQ 更讓其成為中國社群平台第一大公司。

2020 年底，騰訊創辦人馬化騰曾在年度特刊《三觀》中寫道：「現在，一個令人興奮的機會正在到來，行動互聯網十年發展，即將迎來下一波升級，我們稱之為『全真互聯網』—— 虛擬世界和真實世界的大門已經打開，無論是從虛到實，還是由實入虛，都在致力於說明用戶實現更真實的體驗。」

近年來，騰訊持續投資元宇宙概念相關的公司和產品，其中，Snap、Lockwood Publishing、Roblox 和 Epic 都在它的投資名單上，以此構建起了元宇宙的基礎生態[35]。

34 資料來源：數位時代 https://www.bnext.com.tw/article/68596/china-nft-web2-web3

35 資料來源：《元宇宙，下一個「生態級」科技主線》報告騰訊積極以數位孿生方式在智慧城市上佈局：2020 年 4 月，騰訊旗下的騰訊雲推出了智慧城市底層平臺 CityBase。這是騰訊雲在城市資訊模型（CityInformationModeling，簡稱 CIM）領域推出的首個平臺。CityBase 已在深圳、武漢、貴陽、重慶等多個城市實施數位孿生城市的「騰訊方案」。特別是騰訊雲協助了重慶市，探索新型智慧城市的建設方案。同年 12 月，智慧交通產業博覽會上，騰訊更利用城市 3D 重建技術，構建出深圳南山區科技園的數位孿生環境，利用燈光動態還原真實世界夜晚中的樓宇、道路、交通等豐富資訊。未來騰訊數位孿生平臺計畫全面運用於智慧交通的建設、管理、營運、服務四個環節[36]。

從 2021 騰訊遊戲年度發佈會的狀況，也可以了解騰訊在元宇宙上的積極佈局，在這次發佈會上騰訊共展示了 4 款「元宇宙」概念遊戲：

1. **《羅布樂思》**：騰訊代理《Roblox》大陸發行的名稱，目前最主要的元宇宙概念產品，數據在中國的伺服器和國外不互通。
2. **《手工星球》**：見圖 8.12，騰訊自己研發的元宇宙概念沙盒遊戲，帶有小遊戲創作功能，也具有濃厚的社交、創造等元素。
3. **《我們的星球》**：天津五麥科技研發，騰訊代理的一款科幻太空題材的元宇宙概念沙盒遊戲。主打多人在線、開放世界探索。
4. **《艾蘭島》**：波西米亞互動研發，騰訊代理的一款元宇宙概念沙盒遊戲，主打生存和小遊戲創造[37]。

36 資料來源：《Metaverse 元宇宙：遊戲系通往虛擬實境的方舟》報告
37 資料來源：《元宇宙：始於遊戲，不止於遊戲》報告

圖 8.12：多人參與類似《Minecraft》的社交遊戲《手工星球》

圖源：https://www.youtube.com/watch?v=EzI_MYjnL4k

騰訊在元宇宙的佈局包含了遊戲、社交、經濟，以及 AI 虛擬人的這幾類發展。騰訊關於元宇宙的商業模式圖如下：

表 8.12：騰訊關於元宇宙的商業模式圖

<table>
<tr><th>關鍵夥伴</th><th>關鍵活動</th><th>價值主張</th><th>客戶關係</th><th>客戶區隔</th></tr>
<tr><td rowspan="3">遊戲開發商：如天津五麥科技、波西米亞互動
投資廠商：Snap、Lockwood Publishing、Roblox 和 Epic</td><td>遊戲引擎開發、社群營運</td><td rowspan="3">用戶創更多更好的內容以贏取更多的用戶、創造很好的社群體驗、建立數位孿生以協助智慧城市建設</td><td>微信、QQ、遊戲</td><td rowspan="3">遊戲用戶、社群參與者、城市官員</td></tr>
<tr><th>關鍵資源</th><th>通路</th></tr>
<tr><td>開發人員、底層平台、管銷人員</td><td>微信、QQ</td></tr>
</table>

<table>
<tr><th>成本</th><th>獲得</th></tr>
<tr><td>人員薪資、平台費用、管銷費用</td><td>遊戲內付費與廣告、協助智慧城市數位孿生所得</td></tr>
</table>

元宇宙組織 13：字節跳動

字節跳動旗下的抖音，海外版叫 Tiktok，是很有名的青少年常用社交影片自我展示軟體。在進軍元宇宙的部分，字節跳動想要憑藉自身的社交、內容，以及全球化優勢，將 Tiktok 應用到下一代將顛覆手機的終端設備中，當然也用此構建屬於自己的「元宇宙」。而跟騰訊類似的，字節跳動也透過投資強化元宇宙佈局。

2021 年 4 月，字節跳動投資成立於 2018 年的代碼乾坤公司，為了其概念與 Roblox 類似的青少年創造和社交 UGC 平臺《重啟世界》，這個基於代碼乾坤自主研發的互動物理引擎技術系統開發的遊戲，由具備高自由度的創造平臺及高參與度的年輕人社交平臺兩部分組成。在遊戲中，玩家可以使用多種基礎模組，製作樣式各異的角色、物品及場景，而組裝好的素材可以獲得與真實世界相似的物理特性。

2021 年 11 月，字節跳動投資眾趣科技這一家 VR 數位孿生雲服務商，專門做 3D 實景重建，可以透過用一個普通的第三方全景相機拍攝，在雲端搭建 3D 空間模型。

圖 8.13：字節跳動旗下 Pico VR 使用情境，圖源：Pico 官方網站

2021 年 8 月底，字節跳動收購 VR 軟硬體製造商 Pico。結合字節跳動旗下特別是抖音的社交屬性優勢再結合 Pico 的硬體優勢，透過軟體應用推動硬體的發展，以打通硬體、軟體、內容、應用和服務的虛擬實境全產業鏈環節，有望打造具有競爭力的軟硬一體的完整 VR/AR 生態系統甚至是最終的元宇宙生態。

2021 年 9 月字節跳動在東南亞地區上線了《Pixsoul》軟體。《Pixsoul》目前提供兩個 AI 製作的高解析度特效，其中之一便是虛擬化身 Avatar，可以將使用者的照片轉變為相應的 3D 形象，也可塑造成遊戲中的虛擬角色[38]。

字節跳動在元宇宙的佈局包含了遊戲、互動設備、社交，以及 3D 設施構建的這幾類發展。字節跳動關於元宇宙的商業模式圖如下：

表 8.13：字節跳動關於元宇宙的商業模式圖

<table>
<tr><th colspan="2">關鍵夥伴</th><th colspan="2">關鍵活動</th><th colspan="2">價值主張</th><th colspan="2">客戶關係</th><th colspan="2">客戶區隔</th></tr>
<tr><td colspan="2" rowspan="3">代碼乾坤、眾趣科技</td><td colspan="2">Pico VR 裝置開發、遊戲引擎開發、社群營運</td><td colspan="2" rowspan="3">用戶創更多更好的內容以贏取更多的用戶、創造很好的 VR、社群體驗，以及數位孿生物件體驗</td><td colspan="2">抖音等軟體</td><td colspan="2" rowspan="3">年輕社群用戶</td></tr>
<tr><th colspan="2">關鍵資源</th><th colspan="2">通路</th></tr>
<tr><td colspan="2">軟硬體開發人員、底層平台、管銷人員</td><td colspan="2">抖音等軟體</td></tr>
<tr><th colspan="5">成本</th><th colspan="5">獲得</th></tr>
<tr><td colspan="5">人員薪資、平台費用、代理費用、管銷費用</td><td colspan="5">KOL 營收之分潤、廣告收費</td></tr>
</table>

38 資料來源：《中國元宇宙白皮書》

元宇宙組織 14：阿里巴巴

阿里巴巴在 2016 年就推出了 VR 購物 Buy+計劃，而在 2021 年在旗下達摩院中成立了 XR 實驗室，專門研究元宇宙相關技術。

Buy+是利用電腦 3D 圖學，輔助以感測器，生成可互動的虛擬 3D 購物環境。用戶可以直接與虛擬世界中的人和物進行互動，將現實生活中的場景虛擬化，並可以在其中互動。而連結開放的目的地包括美國的 Macy's 梅西百貨、COSTCO 好市多百貨、Target 塔吉特百貨、日本的 Supature 松本清藥妝店和 Tokyo Otaku Mode 周邊專賣店。而在 2021 年 7 月，其使用 HTC Vive 展示的 Buy+以有更高解析度的體驗，並在當年的雙 11 中 VR 會場讓下載了淘寶應用的使用者都可以體驗 Buy+購物。

圖 8.14：Buy+在 Macy's 虛擬場景中購物情境

圖源：https://www.youtube.com/watch?v=-HcKRBKlilg

XR 實驗室在 2021 年透過 3D 重建的技術構建出線下店鋪的 VR 模型，讓用戶可以在模型中漫遊，點擊查看商品的詳情甚至下單，實現客戶足不出戶而有良好的購物體驗。

另外 XR 實驗室也與位於北京的松美術館合作開發 AR 藝術展。使用者只需要戴上 AR 眼鏡就可以沉浸到藝術家設計出來的虛擬世界中，並且可以和虛擬世界中的一些虛擬元素進行互動，而藝術家可以透過這項技術向公眾來展現自己的作品，並介紹自己的藝術理念[39]。而阿里巴巴投資了被稱為最神秘 AR 公司 Magic Leap，以佈局 AR 設備硬體領域。

阿里巴巴在元宇宙的佈局包含了互動設備，以及 3D 設施構建的這幾類發展。阿里巴巴關於元宇宙的商業模式圖如下：

表 8.14：阿里巴巴關於元宇宙的商業模式圖

關鍵夥伴	關鍵活動	價值主張	客戶關係	客戶區隔
Magic Leap、美國的Macy's、COSTCO、Target、日本的Supature、Tokyo Otaku Mode	平台開發、管銷活動	創造很好的VR購物體驗、以及數位孿生場景良好體驗	阿里巴巴旗下網站	懶得出門卻想好購物體驗的人
	關鍵資源		通路	
	平台開發、及維護人員、管銷人員			
成本			獲得	
人員薪資、平台費用、投資費用、合作費用、管銷費用			客戶購物得到營收之分潤	

39 資料來源：維科網 https://m.ofweek.com/ai/2021-12/ART-201721-8110-30540531.html

元宇宙組織 15：網易

網易經營網際網路業務，提供網路遊戲、入口網站、移動新聞客戶端、移動財經客戶端、電子郵件、電子商務、搜尋引擎、部落格、相簿、社交平台、網際網路教育等服務。截至 2020 年 1 月 16 日，網易公司的收入中大約 79% 來自於線上遊戲服務[40]。而其在中國大陸遊戲市占率僅次於騰訊。

網易在元宇宙相關在元宇宙的佈局如下：

1. 2016 年 5 月 20 日，網易已與微軟、Mojang 達成協定，取得《Minecraft》在中國市場的獨家代理權，為期 5 年[41]。
2. 2019 年 9 月，網易推出《河狸計劃》，提供低門檻遊戲開發工具，並以社群方式經營。

2021 年 11 月網易旗下 AI 機構網易伏羲以及通訊業務網易雲信聯手，發表虛擬形象即時互動 SDK[42]，以及推出沉浸式會議活動系統「瑤台」，系統設定在古代風格的世界，讓每個用戶有自己的角色，活動方能在當中選擇想要的場景進行會議互動[43]。

網易在元宇宙也進行投資：

1. 投資 IMPROBABLE，其雲計算平臺 SPATIALOS 允許第三方建立大型虛擬世界。如圖 8.15 就是拿來做演唱會的例子。
2. 投資虛擬角色社交平臺《IMVU》。《IMVU》主打 3D 虛擬化身場景社交，擁有 VCOIN 代幣和使用者生成平台 WITHME，可以自由設計虛擬世界化身，在夜場、海灘、花園、豪宅、KTV 等場景中聊天，並做出各種姿勢[44]。

---

40 資料來源：wikipedia

41 資料來源：wikipedia

42 Software Development Kit，中文名遊戲開發套件，用以協助開發者的開發工具套件，

43 資料來源：工商時報 https://ctee.com.tw/news/china/550441.html

44 資料來源：《2020-2021 年元宇宙發展研究報告》

圖 8.15：IMPROBABLE 可以拿來做虛擬世界的演唱會，圖源：YouTube

網易在元宇宙的佈局包含了遊戲引擎、社交，以及 3D 設施構建的這幾類發展。目前網易在元宇宙的商業模式圖如下：

表 8.15：網易關於元宇宙的商業模式圖

<table>
<tr><th>關鍵夥伴</th><th>關鍵活動</th><th>價值主張</th><th>客戶關係</th><th>客戶區隔</th></tr>
<tr><td rowspan="3">IMPROBABLE、IMVU</td><td>平台開發、管銷活動</td><td rowspan="3">簡易設計遊戲平台、自由更換替身、虛擬替身社交、自由選擇虛擬場景</td><td>網易旗下網站</td><td rowspan="3">想在3D虛擬世界中沉浸以增加體驗的人</td></tr>
<tr><th>關鍵資源</th><th>通路</th></tr>
<tr><td>平台開發及維護人員、管銷人員</td><td></td></tr>
<tr><th colspan="2">成本</th><th colspan="3">獲得</th></tr>
<tr><td colspan="2">人員薪資、平台費用、投資費用、代理費用、管銷費用</td><td colspan="3">遊戲中購買</td></tr>
</table>

元宇宙組織 16：華爲

華為在元宇宙上在元宇宙的佈局，有 XR 硬體、內容開發工具 Reality Studio，以及 AR 地圖河圖。

XR 硬體方面，在 2019 年 9 月，華為發布華為 VR Glass 的虛擬硬體裝置。在其官網上陳述其用了兩塊獨立的 2.1 英寸 Fast LCD 顯示幕，延遲低，且具備 3K 高解析度，讓細節之處纖毫畢現。另外支援 700 以內的單眼近視獨立調節，戴上後雙眼都能看得清晰，且瞳距自適應範圍高達 55-71mm，適合大多數人[45]。

圖 8.16：華爲 VRGlass，圖源：華爲官方網站

在 2020 年 5 月推出海思 XR 專用晶片，是首款可支援 8K 解碼能力，整合 GPU、NPU 的 XR 晶片，首款基於該平台的 AR 眼鏡為 RokidVision，其使用了專有架構 NPU（Neural Processing Unit）。

華為的 AREngine 是一款用於在 Android 上構建增強現實應用的引擎，目前版本到 AREngine 3.0，包含 AREngine 服務、ARCloud 服務與 XRKit 服務，其中 XRKit 是基於 AREngine 提供場景化的 AR 解決方案，二者均可實現虛擬世界與現實世界的融合。

3D 場景跟互動設計的 Reality Studio 工具其功能包括互動設計、場景設計、模型編輯、發布管理全體系。該工具還將支援 3D 格式轉換，華為將聯合其他中國的開發者共同推動中國自有的 3D 模型格式—RSDZ 格式的建立。

---

45 資料來源：華為官方網站

河圖 Cyberverse 就是基於空間運算演算法以及 AI 識別技術打造的虛實整合的視覺體驗服務。基於終端硬體產品和華為地圖數據，做到 3D 地圖及 VR/AR 的融合，再透過空間計算連結用戶、空間與數據，最終給華為的移動終端用戶帶來全新的互動模式與視覺體驗。其功能已經涵蓋各種 AI 視覺辨識、3D 地圖識別…等，應用場景包括景點、博物館、園區、機場、高鐵站、商業空間等公共場所，好提供導覽服務等。它融合了 3D 高精度地圖、全場景空間計算、透過 AI 得到對環境/物體強理解、虛實世界整合渲染的核心能力[46]。

另外，華為一直在開發多類物聯網裝置。

華為在元宇宙的佈局包含了互動設備、3D 設施構建，以及物聯網的這幾類發展。華為關於元宇宙的商業模式圖如下：

表 8.16：華為關於元宇宙的商業模式圖

<table>
<tr><th rowspan="4">關鍵夥伴</th><th>關鍵活動</th><th>價值主張</th><th>客戶關係</th><th>客戶區隔</th></tr>
<tr><td>軟硬體開發、平台開發、管銷活動</td><td rowspan="3">1.VRGlass 的高解析度 700 度近視以內都可用的 VR 眼鏡
2.XR 軟硬體解決方案
3.河圖虛實整合的視覺體驗服務</td><td>華為直接接觸官方網站社群</td><td rowspan="3">1.想使用 VR 做精緻視覺饗宴的人
2.想做 XR 解決方案的企業
3.想享受虛實整合體驗的人</td></tr>
<tr><th>關鍵資源</th><th>通路</th></tr>
<tr><td>平台開發及維護人員、軟硬體開發人員、管銷人員</td><td>3C 產品通路</td></tr>
<tr><th colspan="2">成本</th><th colspan="3">獲得</th></tr>
<tr><td colspan="2">人員薪資、平台費用、管銷費用</td><td colspan="3">XR 軟硬體解決方案及平台所賺到的</td></tr>
</table>

46 資料來源：頭條匯 https://min.news/zh-tw/tech/8513a510e7b0a66b4da567b4af508f4d.html

元宇宙組織 17：米哈游

米哈遊（miHoYo）是開發了遊戲《原神》、《崩壞 3rd》及《未定事件簿》，特別是《原神》這款虛擬世界 RPG 遊戲，很受歡迎。

米哈游在 2022 年 2 月宣布啟用全新品牌「HoYoverse」，據其執行長蔡浩宇表示，「成立 HoYoverse 的使命是打造一個由內容驅動的宏大虛擬世界，並且融合遊戲、動畫和其他多種娛樂類型內容，並且為玩家提供高自由度和沉浸感。未來將繼續專注於長期營運策略、持續開展技術研究，並在人工智慧、雲端運算和工業化能力建構等方面不斷革新，以確保創造出足夠的內容以滿足全球玩家對虛擬世界體驗的期待。」[47]

米哈游也開發「鹿鳴」等基於 Unreal Engine 的虛擬形象解決方案。

米哈游出資 8900 萬美元參與 2021 年提出「年輕人的社交元宇宙」概念的 Soul 的私募配售。《Soul》為中國大陸的社群軟體，從上線之初至今，《Soul》就不讓用戶上傳真人頭像，而用虛擬頭像成為了用戶們獨特的身份標識。在 2019 年，《Soul》推出了「超萌捏臉」工具，讓用戶可以自發創作個性化的頭像（如圖 8.17）[48]。

在腦機介面[49]方面，米哈游與上海交大醫學院附屬瑞金醫院合作建立「瑞金醫院腦病中心米哈游聯合實驗室」，研究腦機介面技術的開發和臨床應用。

米哈游在元宇宙的佈局包含了遊戲、互動設備，以及 3D 設施構建的這幾類發展。

---

47 資料來源：udn 遊戲角落
https://game.udn.com/game/story/122089/6098338?from=udn-relatednews_ch2003

48 資料來源：壹讀 https://read01.com/K0DjagR.html

49 指將大腦/神經訊號跟外界電子訊號連接的介面裝置。

圖 8.17：使用《Soul》App 做自己的頭像，圖源：
https://www.youtube.com/watch?v=xxvEco7MUkE

米哈游關於元宇宙的商業模式圖如下：

表 8.17：米哈游關於元宇宙的商業模式圖

關鍵夥伴	關鍵活動	價值主張	客戶關係	客戶區隔
Soul、海交大醫學院附屬瑞金醫院	遊戲開發、腦機開發、管銷活動	高畫質、強社交、強體驗	米哈游遊戲、官方網站社群	想玩 3D 精緻畫質遊戲、強社交體驗的年輕人
	關鍵資源		**通路**	
	平台開發及維護人員、軟硬體開發人員、管銷人員			

成本	獲得
人員薪資、平台費用、管銷費用	遊戲內購買

元宇宙組織 18：莉莉絲

莉莉絲有《劍與遠征》、《刀塔傳奇》，以及《萬國覺醒》…等等著名遊戲，是中國遊戲收入第三名。

莉莉絲組建約 200 人團隊研發 UGC 使用者創作內容平台達文西，布局 Metaverse，並且發起遊戲創作大賽。

圖 8.18：莉莉絲達文西計畫遊戲創造競賽《Case Time》例 HaveFun Team 內一幕
圖源：https://www.youtube.com/watch?v=UmyPR23qmMA

莉莉絲也用投資的方式，強化自身的能力，它投資的團隊有：

1. AI 團隊「啟元世界」，研發用於在線遊戲的認知決策智能技術。
2 雲遊戲技術平臺「念力科技」，研發雲遊戲解決方案。

莉莉絲在元宇宙的佈局包含了遊戲，以及社交的這幾類發展。

莉莉絲關於元宇宙的商業模式圖如下：

表 8.18：莉莉絲關於元宇宙的商業模式圖

<table>
<tr><th>關鍵夥伴</th><th>關鍵活動</th><th>價值主張</th><th>客戶關係</th><th>客戶區隔</th></tr>
<tr><td rowspan="3">啟元世界、念力科技</td><td>遊戲開發、平台開發、管銷活動</td><td rowspan="3">高畫質、強化體驗、UGC 創作</td><td>莉莉絲遊戲、官方網站社群</td><td rowspan="3">想玩 3D 精緻畫質遊戲的年輕人</td></tr>
<tr><th>關鍵資源</th><th>通路</th></tr>
<tr><td>平台開發及維護人員、管銷人員</td><td></td></tr>
<tr><th colspan="3">成本</th><th colspan="2">獲得</th></tr>
<tr><td colspan="3">人員薪資、平台費用、管銷費用</td><td colspan="2">遊戲內購買</td></tr>
</table>

8.5 日本

日本以動畫及 Sony、任天堂等電動遊戲公司出名，也有區塊鏈、加密資產等政府支持的技術領域。2020 年 7 月 13 日，日本經濟產業省發布了關於虛擬行業、虛擬空間行業未來可能性與客體的調查報告，把虛擬空間產業這件事情作為專門課題研究做了調查報告。日本經濟主管部門定義了「元宇宙」，但暫時並沒有把元宇宙作為一種確定的商業形式。該部門計劃完善法律與發展方針，試圖在全球虛擬空間行業占據主導地位。

這裡我們以有推 VR 頭盔的 Sony、LINE、KDDI 及宣佈其開發了最新元宇宙平臺的 Hassilas 為例做討論。

元宇宙組織 19：Sony

Sony 針對元宇宙在元宇宙的佈局，在於 2016 年推出 Play Station VR 這個頭戴裝置，以及其針對遊戲引擎的部分，也大量投資 Epic Games。

Sony 推出了《Dreams Universe》這個遊戲平台，可以在其中進行 3D 遊戲創作、製作視頻，並分享到 UGC 社區。概念類似《Roblox》，但上手難度更低、圖像效果更好。

圖 8.19：Dream Universe 遊戲，圖源：https://www.youtube.com/watch?v=jh1J4vM9UQc

Sony 在元宇宙的佈局包含了遊戲，以及互動設備的這幾類發展。Sony 關於元宇宙的商業模式圖如下：

表 8.19：Sony 關於元宇宙的商業模式圖

<table>
<tr><th>關鍵夥伴</th><th>關鍵活動</th><th>價值主張</th><th>客戶關係</th><th>客戶區隔</th></tr>
<tr><td rowspan="3">Epic Game</td><td>遊戲開發、平台開發、管銷活動</td><td rowspan="3">強化體驗、UGC 創作</td><td>官方網站社群</td><td rowspan="3">想玩 3D 精緻畫質遊戲的年輕人</td></tr>
<tr><th>關鍵資源</th><th>通路</th></tr>
<tr><td>平台開發及維護人員、管銷人員</td><td></td></tr>
<tr><th colspan="2">成本</th><th colspan="3">獲得</th></tr>
<tr><td colspan="2">人員薪資、平台費用、管銷費用</td><td colspan="3">遊戲及設備收入</td></tr>
</table>

元宇宙組織 20：LINE

LINE 在 2021 年 6 月在日本發表 NFT Market，並在 2022 年 1 月 19 日舉行的第 6 屆台灣年度開發者大會「LINE TAIWAN TECHPULSE 2022」中，除運用元宇宙（Metaverse）概念、打造 LINE 虛擬人像[50]，LINE 推動的 Global NFT Market—DOSI 平台服務預計在 2022 年上線。

DOSI 推出的服務有 DOSI Store、DOSI Wallet、DOSI Support。DOSI Store 提供企業品牌，利用模板或 API 客製化 NFT 品牌商店和鑄造 NFT；DOSI Wallet 則與社群平台結合，讓用戶可參與平台上的多元活動，優先支援信用卡支付；DOSI Support 則由 LINE 的技術與行銷團隊支援，提供企業主技術及產品面的服務，協助企業主優化 NFT 商店的規劃與營運[51]。

圖 8.20：DOSI 的服務，圖源：https://www.youtube.com/watch?v=fX9fBjL5I1I

LINE 在元宇宙的佈局包含了社交，以及經濟的這幾類發展。

---

50 資料來源：Line Hub 主頁 https://today.line.me/tw/v2/article/Ggn7oBQ

51 資料來源：數位時代 https://www.bnext.com.tw/article/68725/line-blockchain-recruit-0422

LINE 關於元宇宙的商業模式圖如下：

表 8.20：LINE 關於元宇宙的商業模式圖

<table>
<tr><th>關鍵夥伴</th><th>關鍵活動</th><th>價值主張</th><th>客戶關係</th><th>客戶區隔</th></tr>
<tr><td rowspan="3"></td><td>平台開發、管銷活動</td><td rowspan="3">1.強社交、交易方便，虛擬頭像表達自我
2.NFT 品牌商店</td><td>LINE</td><td rowspan="3">1.一般民眾
2.企業主</td></tr>
<tr><th>關鍵資源</th><th>通路</th></tr>
<tr><td>平台開發及維護人員、管銷人員</td><td>LINE</td></tr>
<tr><th colspan="2">成本</th><th colspan="3">獲得</th></tr>
<tr><td colspan="2">人員薪資、平台費用、管銷費用</td><td colspan="3">LINE 商店收入、NFT 交易收入</td></tr>
</table>

元宇宙組織 21：KDDI

KDDI 在 2020 年推出「虛擬澀谷萬聖節」活動服務，6 天共吸引 40 萬人參與，用戶可用分身在虛擬澀谷自由移動，參加變裝大會。2021 年再次舉辦時技術更精進，分身相似度進一步升高。預定 2022 年要展開虛擬城市「au 版元宇宙」，計劃開發一個連接虛擬空間和現實空間的平臺。

KDDI 株式會社更與東京急行電鐵，瑞穗研究和澀谷未來設計有限公司一起聯合推出「虛擬城市聯盟」的組織。該組織的目的是制定使用與城市相關的 Metaverse 指南，「虛擬城市聯盟」是一個以公開討論和進行研究、制定指導方針和傳播資訊為目的的組織。各公司與相關地方政府及主管部委、機構合作，透過「虛擬城市聯盟」的活動，旨在開發來自日本的元宇宙並進一步增加現有城市的價值[52]。

52 資料來源：新浪網 https://vr.sina.com.cn/news/hot/2021-11-09/doc-iktzqtyu6287657.shtml

圖 8.21：虛擬涉谷，圖源：https://www.youtube.com/watch?v=KSeEKEOt92E

KDDI 在元宇宙的佈局包含了 3D 設施構建的發展。KDDI 關於元宇宙的商業模式圖如下：

表 8.21：KDDI 關於元宇宙的商業模式圖

關鍵夥伴	關鍵活動	價值主張	客戶關係	客戶區隔
	平台開發、管銷活動	用虛擬城市來增加城市價值		想體驗元宇宙城市的人
	關鍵資源		**通路**	
	平台開發及維護人員、管銷人員			

成本	獲得
人員薪資、平台費用、管銷費用	提升城市價值後的更進一步收入

元宇宙組織 22：Hashilus

日本 VR 開發商 Hashilus 公司正式宣佈其最新元宇宙平臺：Mechaverse。其 Metaverse 平台，無須用戶註冊，就可以透過瀏覽器直接訪問，商務使用者更可在此平臺上快速舉辦產品發布會，並為出席者提供影片介紹和 3D 模型體驗。

Mechaverse 平臺單一場景最多可同時容納上千名使用者且提供虛擬音樂會、虛擬體育場等常見服務[53]。

圖 8.22：Mechaverse 使用瀏覽器即可操作

圖源：https://www.youtube.com/watch?v=LmA-wLqChCk&t=73s

Hashilus 在元宇宙的佈局包含了遊戲，以及社群的這幾類發展。

53 資料來源：《2020-2021 年元宇宙發展研究報告》

Hashilus 關於元宇宙的商業模式圖如下：

表 8.22：Hashilus 關於元宇宙的商業模式圖

<table>
<tr><th>關鍵夥伴</th><th>關鍵活動</th><th>價值主張</th><th>客戶關係</th><th>客戶區隔</th></tr>
<tr><td rowspan="3"></td><td>遊戲開發、平台開發、管銷活動</td><td rowspan="3">強化體驗、多人同時在線上做大型發表會／音樂會、社群朋友關係維繫</td><td></td><td rowspan="3">想利用大空間做虛擬發表會／音樂會、想體驗元宇宙的人</td></tr>
<tr><th>關鍵資源</th><th>通路</th></tr>
<tr><td>平台開發及維護人員、管銷人員</td><td></td></tr>
<tr><th colspan="2">成本</th><th colspan="3">獲得</th></tr>
<tr><td colspan="2">人員薪資、平台費用、管銷費用</td><td colspan="3">遊戲收入</td></tr>
</table>

8.6 韓國

韓國官方與民間對元宇宙的態度都很積極，因此成立了元宇宙國家隊：韓國科學技術情報通信部在 2021 年 5 月宣布成立「元宇宙聯盟」，集結了元宇宙相關技術的企業，最早包括現代汽車、電信龍頭 SKT 與 KT、LGU+，三大無線電視公司 KBS、MBC、SBS，網路公司 Kakao 與 NAVER，以及韓國國內最大娛樂媒體內容公司 CJ E&M 一起加入。

韓國科技部表示，成立聯盟主要是為在新世代平台革命中，不為一家企業獨大，而是由多個企業為主體共存，希望聯盟能成為相關業者的合作核心。後來更快速在三個月內增加了包含韓國電子大廠三星電子，新韓銀行、國民銀行等金融業者，還有知名經紀公司 SM 娛樂。

政府單位也很積極：首爾市政府也宣告在 2022 年將分三階段打造元宇宙行政服務體系，第一階段示範項目已在跨年當天，以透過元宇宙平台舉行普信閣新年敲鐘儀式，民眾可在元宇宙平台上欣賞虛擬世界中的普信閣與首爾廣場，還能創造虛擬人物、與虛擬普信閣拍照留念。之後將逐步開展「虛擬市長辦公室」、「首爾金融科技實驗室」、「投資首爾」、「首爾大學城」等各項企業支援項目；並且同時創建涵蓋光化門廣場、德壽宮、南大門市場等首爾主要觀光景點的「虛擬旅遊特區」，除讓疫情下無法直接走訪當地的旅客可一過旅遊之癮，也將在虛擬世界後重現敦義門等已消失的古代建築風華[54]。

而 SM 娛樂旗下的 aespa 是其嘗試利用 4 實體人＋4 虛擬人結合的偶像團體，強調打造粉絲文化的元宇宙。另外，NCSoft 旗下 Universe 的《K-POP》平台也是強打跟粉絲交流的線上線下平台。

接下來就其中最具代表性的組織做介紹：

元宇宙組織 23：三星電子

在 VR 裝置上，三星電子有搭配手機的 Gear VR，最近搭配《Relumino》應用程式，這一款適用於低視力人群的視覺輔助應用程序。將手機連接到 VR 設備後運行《Relumino》，透過手機後置攝影鏡頭可以更清晰地看到世界。其提供反轉顏色並以高對比度顯示以閱讀文本，也有放大/縮小、屏幕截圖等功能[55]。另外也正跟微軟達成協議，合作開發 AR 裝置[56]。

三星電子也在 2022 年初在《DecentraLand》推出「Samsung 837X」沉浸式體驗，玩家可在其中完成任務可得到 NFT。「Samsung 837X」是一棟虛擬建築，在《DecentraLand》可以透過虛擬替身進入探索，在這棟建築中，可以獲得 NFT 徽章以及有限定供應量的三星電子穿戴物[57]。

---

54 資料來源：聯合新聞網 https://udn.com/news/story/6843/6137952

55 資料來源：Samsung Relumino 官網 https://www.samsungrelumino.com/home

56 資料來源：新浪香港 https://m.sina.com.hk/news/article/20211208/0/5/2/Samsung%E5%A4%9A%E9%83%A8%E9%96%80%E5%8F%83%E8%88%87-%E5%92%8C%E5%BE%AE%E8%BB%9F%E5%90%88%E4%BD%9C%E9%96%8B%E7%99%BC%E5%9F%BA%E6%96%BCHoloLens%E7%9A%84AR%E9%A0%85%E7%9B%AE-13887330.html

57 資料來源：鉅亨網 https://news.cnyes.com/news/id/4798352

圖 8.23：三星在《DecentraLand》內的「Samsung 837X」Launch Recap

圖源：https://www.youtube.com/watch?v=9SkF1Y-CLRk

三星在元宇宙的佈局包含了互動設備、3D 設施構建，以及經濟的這幾類發展。三星關於元宇宙的商業模式圖如下：

表 8.23：三星關於元宇宙的商業模式圖

<table>
<tr><th>關鍵夥伴</th><th>關鍵活動</th><th>價值主張</th><th>客戶關係</th><th>客戶區隔</th></tr>
<tr><td rowspan="3">DecentraLand</td><td>軟硬體開發、管銷活動</td><td rowspan="3">平價體驗數位世界、提供虛擬世界的專門店有 NFT 對應三星穿戴物</td><td></td><td rowspan="3">平價 VR 體驗的人</td></tr>
<tr><th>關鍵資源</th><th>通路</th></tr>
<tr><td>軟硬體開發及維護人員、管銷人員</td><td></td></tr>
<tr><th colspan="3">成本</th><th colspan="2">獲得</th></tr>
<tr><td colspan="3">人員薪資、平台費用、管銷費用</td><td colspan="2">硬體收入</td></tr>
</table>

元宇宙組織 24：Naver Z 的 Zepeto

2018 年 3 月 1 日 Naver 旗下的 Snow 推出了《Zepeto》，現在由 Naver Z 營運。目前擁有 2.5 億用戶，主打年輕世代以數位分身在虛擬空間，依照喜好布置與互動，以得到個人化體驗。而《Zepeto》在工研院產科國際所蘇孟宗院長的研究報告《元宇宙全球趨勢與臺灣產業機會》被稱為亞洲第一大元宇宙。

2020 年 9 月，《Zepeto》上舉行了韓國偶像「BLACKPINK」的虛擬簽名會，超過 4,000 萬人參加。

Zepeto 還與時尚名牌 Gucci、Nike、Supreme 等合作推出系列聯名虛擬產品。

《Zepeto》上也開設了「首爾創業中心世界」展示首爾 64 家優秀創業企業和首爾市的創業支援政策。

韓國旅行公司 TRAVOLUTION 在《Zepeto》上開展了「首爾 PASS」活動，連接虛擬空間和現實生活做行銷，在旅行地圖的一些地點設置了優惠券。使用者可以在虛擬空間旅行，尋找隱藏的打折優惠券來在現實生活中使用[58]。

Zepeto 也跟三星電子合作在虛擬空間中行銷大螢幕裝置、家電及行動產品[59]。

《Zepeto》於 2020 年 3 月上線桌面端創作者平臺「Zepeto Studio」，讓普通使用者也成為虛擬服飾的創作者，好自製服飾可在《Zepeto》上線銷售。

---

58 資料來源：《2020-2021 年元宇宙發展研究報告》

59 資料來源：《元宇宙全球趨勢與臺灣產業機會》報告

Zepeto Studio 提供的模板編輯器降低了設計門檻，讓使用者可以修改模板中的貼圖檔案訂製商品。對於熟悉 3D 建模、UV mapping[60]的創作者，可以根據 Zepeto Studio 的 3D 設計師教程，自行進行產品設計。

完成的商品在系統查核通過後就可以售賣，用《Zepeto》的數字貨幣 ZEM 用於商品交易，當創作者的商品收益餘額達到 5000ZEM 就可以申請提現。

除自製商品，Zepeto Studio 還新上線了「自製世界」、「虛擬直播」等 UGC 玩法[61]。

圖 8.24：Zepeto Studio，圖源：https://www.youtube.com/watch?v=4Tgwn5McVIo

另外，Naver Z 也以投資方式強化其元宇宙佈局：

1. 2021 年 8 月，Naver Z 以 4.5 億韓元價格獲得了區塊鏈創業公司 Super Block 5.63% 的股份，將在 NFT 上合作。
2. 2021 年 9 月以 8 億韓元買下媒體內容製作公司 Versework 3.33 萬股股票，取得其 40% 股份。而 Versework 運營 Pixid 這個自 2020 年 9 月開設已累積了超過 13 萬名訂閱者的 YouTube 頻道。

---

60 將 2D 圖像投影到 3D 模型表面以進行紋理映射的 3D 建模過程。（資料來源：Wikipedia）

61 資料來源：MdEditorhttps://www.gushiciku.cn/pl/a21U/zh-tw

Naver Z 以《Zepeto》在元宇宙的佈局包含了遊戲、社交、經濟，以及 3D 設施構建的這幾類發展。

Naver Z 在《Zepeto》關於元宇宙的商業模式圖如下：

表 8.24：Naver Z 在《Zepeto》關於元宇宙的商業模式圖

關鍵夥伴	關鍵活動	價值主張	客戶關係	客戶區隔
三星電子、首爾市政府、Super Block	管銷活動、AI 虛擬分身開發	以數位分身在虛擬空間依照喜好布置與互動得到個人化體驗、社交、定製商品售賣的 UGC 機制	Zepeto 軟體	年輕世代
	關鍵資源		通路	
	開發人員、管銷人員			
成本			獲得	
人員薪資、開發費用、管銷費用			廣告收益＋與品牌合作＋創作者手續費	

元宇宙組織 25：Hodoo Labs

Hodoo Labs 公司推出了《Hodoo English》，可說是教育元宇宙：在 Betia 的虛擬世界中探索 6 大洲時，孩子可以直接與 300 個角色互動並執行各種任務。在這個過程中，透過不斷地接觸英語環境，接受語言刺激，來體驗不同的生活和文化，同時培養英語能力。豐富的故事讓學習英語像玩耍一樣有趣。有 4,300 個情境，讓參與孩子執行各種任務，培養解決問題的能力。

這套系統是由 NCsoft 開發的 3D 沉浸式環境，以及常春藤研究人員的學習系統，共同打造了《Hodoo English》。包含 300 億韓元的製作成本、6 年的製作週期、好萊塢本地錄製、優質動畫全部投入[62]。

62 資料來源：Hadoo English 官網

Hodoo Labs 將引進在虛擬世界裡可以進行多種課程的 Hodoo Campus[63]。

圖 8.25：Hodoo English，圖源：Hodoo English 官網

Hodoo Labs 包含了遊戲（教育及遊戲）的發展。目前 Hodoo Labs 在元宇宙的商業模式圖如下：

表 8.25：Hodoo Labs 關於元宇宙的商業模式圖

<table>
<tr><th>關鍵夥伴</th><th>關鍵活動</th><th>價值主張</th><th>客戶關係</th><th>客戶區隔</th></tr>
<tr><td rowspan="3">NCsoft</td><td>管銷活動、平台開發</td><td rowspan="3">在虛擬世界內遊戲而學習</td><td>Hodoo Labs 官網</td><td rowspan="3">年輕世代</td></tr>
<tr><th>關鍵資源</th><th>通路</th></tr>
<tr><td>開發人員、管銷人員</td><td></td></tr>
<tr><th colspan="2">成本</th><th colspan="3">獲得</th></tr>
<tr><td colspan="2">人員薪資、開發費用、管銷費用</td><td colspan="3">廣告收益+與品牌合作+創作者手續費</td></tr>
</table>

63 資料來源：《2020-2021 年元宇宙發展研究報告》

元宇宙組織 26：NCSoft 及旗下的 Universe

NCSoft 是韓國著名的連線遊戲公司，台灣最出名的天堂系列遊戲就是出自其手。

NCSoft 在元宇宙的佈局基於兩個方面：

1. NCSoft 宣告其將在 2022 年內發展基於 NFT 的遊戲，以透過吸引新遊戲玩家，並從運營 NFT 交易所獲得佣金，好增長其業務。
2. NCSoft 旗下的 Universe 在 2021 年 1 月開始服務的 K-POP 平台《Universe》APP，是在手機上可以享受多種線上/線下的粉絲活動的服務。在粉絲社區中，以將原創內容、粉絲見面會、演出等所有要素，融入一個應用程式的形式營運。

NCSoft 在元宇宙的佈局包含了遊戲、社交、經濟，以及 3D 設施構建的這幾類發展。

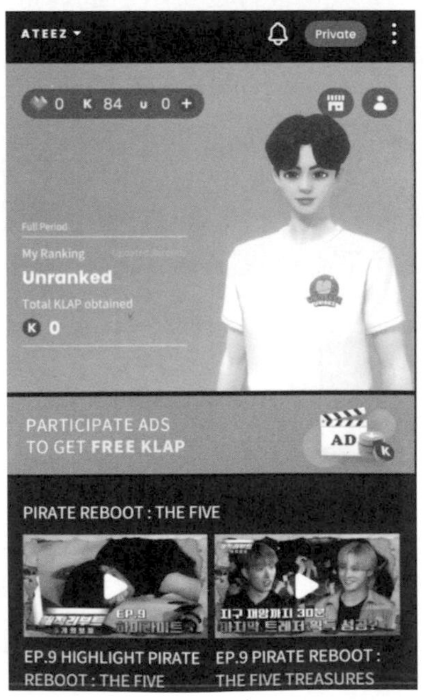

圖 8.26：Universe APP，圖源：https://www.youtube.com/watch?v=aYo5BWIBc6c

NCSoft 關於元宇宙的商業模式圖如下：

表 8.26：NCSoft 關於元宇宙的商業模式圖

<table>
<tr><th>關鍵夥伴</th><th>關鍵活動</th><th>價值主張</th><th>客戶關係</th><th>客戶區隔</th></tr>
<tr><td rowspan="3"></td><td>管銷活動、平台開發</td><td rowspan="3">粉絲在線上線下的互動、社交、好玩的遊戲、Play to Earn 的 NFT 機制（預定）</td><td></td><td rowspan="3">年輕世代</td></tr>
<tr><th>關鍵資源</th><th>通路</th></tr>
<tr><td>開發人員、管銷人員</td><td></td></tr>
<tr><th colspan="2">成本</th><th colspan="3">獲得</th></tr>
<tr><td colspan="2">人員薪資、開發費用、管銷費用</td><td colspan="3">遊戲收益、NFT 佣金收益、Universe 粉絲活動收益</td></tr>
</table>

元宇宙組織 27：SK Telecom

SK Telecom（簡稱 SKT）是韓國最大的電信公司，其於 2021 年 7 月 14 日推出了全新應用《Ifland》，具備多樣化的虛擬空間和虛擬形象，以最大化用戶體驗。SKT 計劃基於其透過運營「社群虛擬實境」和「虛擬聚會」等元宇宙服務而積累的先進技術和專業知識，將《Ifland》發展成 5G 時代具有代表性的元宇宙平臺。

SK Telecom 在元宇宙的佈局包含了遊戲、社交，以及 3D 設施構建的這幾類發展。

圖 8.27：Ifland，圖源：https://www.youtube.com/watch?v=sDBI-o2EOq4

SK Telecom 關於元宇宙的商業模式圖如下：

表 8.27：SK Telecom 關於元宇宙的商業模式圖

關鍵夥伴	關鍵活動	價值主張	客戶關係	客戶區隔
	管銷活動、平台開發	虛擬空間的互動、社交		年輕世代
	關鍵資源		通路	
	開發人員、管銷人員			
成本			獲得	
人員薪資、開發費用、管銷費用				

8.7 東南亞

這裡介紹的這兩家東南亞廠商：Enjin 及 Sky Mavis，他們以 GameFi 著名，Sky Mavis 是第一個區塊鏈遊戲 Axie Infinity 的開發公司，Enjin 是另一個以很早開始經營遊戲社群的公司，現在更是讓開發者能夠簡單的將遊戲內容移植到區塊鏈上，也協助開發者發行數位貨幣。

元宇宙組織 28：Enjin

Enjin 最早是一個創立於 2009 年遊戲社群平台，讓使用者可以在其平台上架設遊戲群組，成立討論區，或者是開設虛寶商店，以及其他與遊戲相關的社群活動。

2017 年，Enjin 團隊跨足區塊鏈產業，開始將原本的社群平台擴建到區塊鏈上，並且透過 ICO 成功推出可以跟以太坊兼容的代幣 ENJ。

在《Enjin》平台上，商品、寶物會透過融入 ENJ 鑄造成 NFT，賦予實際價值，讓玩家可以拿回投入的資金，玩遊戲還能順便賺錢。玩家之後也可以藉由銷毀 NFT 來取回鑄造時所使用的 ENJ 代幣，換取實質資產。

《Enjin》平台同時也是個跨鏈項目，除了本身的公有鏈以外，也能夠與以太坊兼容：Enjin 在 Polkadot 的平行鏈[64]上建立了自己的公有鏈[65]Efinity，比起以太坊快速許多，讓使用者能夠安全、快速的交易 NFT。

Enjin 提供開發者資源，讓開發者能夠簡單的將遊戲內容移植到區塊鏈上，並且協助開發者發行數位貨幣，確保完善的貨幣制度。

ENJ 也提供交易功能，讓使用者可以在《Enjin》平台上藉由支付 ENJ 來使用平台所提供的功能。無論是要在虛擬寶物商店購買虛擬寶物、還是造訪討論區留言，都可以透過 ENJ 來完成。

因為《Enjin》擁有多年歷史，從還沒跨足區塊鏈時就已開始經營，是全球最大的遊戲社群平台之一。目前已經有超過 1,900 萬的玩家註冊，平均每個月有超過 600 萬的瀏覽次數。

Enjin 技術團隊非常優異，成員包含以太坊聯合創始人 Anthony Diiorio，以及開發出以太坊代幣標準 ERC-1155 的 Witek Radomski。此外，Enjin 也與三星集團、微軟等科技公司達成合作，共同開發相關技術[66]。

64 平行鏈是與主網並行運作的區塊鏈，是用於安全性和驗證交易使用。

65 公有鏈是整個區塊鏈的系統都是公開透明，任何人都可以查看這條鏈的規則、機制以及交易紀錄。

66 資料來源：每日幣研 https://cryptowesearch.com/blog/all/enj-intro

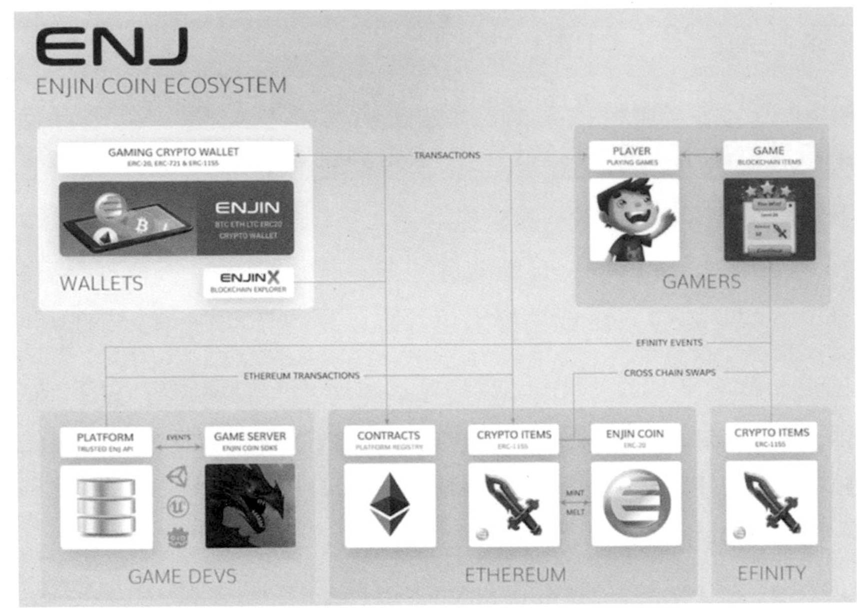

圖 8.28：Enjin 的生態系，圖源：https://www.youtube.com/watch?v=VdRI_27eu-s

Enjin 包含了遊戲、社交，以及經濟的這幾類發展。Enjin 關於元宇宙的商業模式圖如下：

表 8.28：Enjin 關於元宇宙的商業模式圖

關鍵夥伴	關鍵活動	價值主張	客戶關係	客戶區隔
	管銷活動、平台開發	遊戲社群社交、NFT 玩遊戲賺錢、虛擬世界交易、遊戲內容移到區塊鏈		年輕遊戲世代及開發者
	關鍵資源		通路	
	開發人員、管銷人員			
成本		獲得		
人員薪資、開發費用、管銷費用		NFT 相關獲益、虛擬世界交易獲益		

元宇宙組織 29：Sky Mavis

《Axie Infinity》是由越南工作室 Sky Mavis 開發的線上遊戲，其使用基於以太坊的加密貨幣的遊戲經濟。《Axie Infinity》的玩家會收集和鑄造 NFT，這些 NFT 代表了數字寵物 Axies。這些生物可以在遊戲中相互繁殖和戰鬥。

Sky Mavis 在 2018 年 2 月開始第一波 Axies 預售，隨後推出自家的 NFT 交易平台，讓 Axies 收藏家進行交易。藉著區塊鏈技術的協助，Axie 營運著一種全新的玩遊戲賺錢（Play-to-Earn）模式，玩家只要在遊戲投入精力和時間就能從遊戲機制和生態體系中獲得獎勵。要加入遊戲，玩家必須先把實體世界的貨幣兌換成以太幣並購買 3 隻 Axies。跟其他遊戲購買虛擬角色或是道具不同，玩家能獲得 Axie 的所有權，在遊戲中玩家可以自由決定是否要持續戰鬥破關以賺取兩款遊戲代幣（AXS & SLP），也可以將 Axies 和代幣兌換成實體貨幣變現後離開。

圖 8.29：Axie Infinity，圖源：https://www.youtube.com/watch?v=YuYAq2ToNf0

當新玩家加入的時候，需要在市集和其他玩家進行交易購買 Axies。舊玩家可以將手上既有的 Axie 賣掉，或是花費 SLP 繁殖更多的 Axie。當然，玩家不是憑空鑄造新的 Axie 寵物，遊戲規定每隻 Axie 最多可以繁殖 7 次，每次繁殖的費用也會隨著繁殖次數而遞增。其中針對玩家的誘因是去獲取代幣以培育更稀有的 Axie 好贏得對戰、銷售給新進玩家或是兌換成實體貨幣，更有甚者，是作為投資標的而持有。

《Axie Infinity》世界中的土地也是可交易的。Lunacia 大陸上會生成怪獸和遊戲代幣。每一塊土地都對應到一個 NFT 並開放拍賣[67]。

《Axie Infinity》包含了遊戲，以及經濟的這幾類發展。《Axie Infinity》關於元宇宙的商業模式圖如下：

表 8.29：《Axie Infinity》關於元宇宙的商業模式圖

<table>
<tr><th>關鍵夥伴</th><th>關鍵活動</th><th>價值主張</th><th>客戶關係</th><th>客戶區隔</th></tr>
<tr><td rowspan="3"></td><td>管銷活動、平台開發</td><td rowspan="3">遊戲、NFT 玩遊戲賺錢、虛擬世界交易</td><td></td><td rowspan="3">年輕遊戲世代、想要靠玩遊戲賺錢的人</td></tr>
<tr><td>關鍵資源</td><td>通路</td></tr>
<tr><td>開發人員、管銷人員</td><td></td></tr>
<tr><th colspan="2">成本</th><th colspan="3">獲得</th></tr>
<tr><td colspan="2">人員薪資、開發費用、管銷費用</td><td colspan="3">遊戲內交易獲益、加密貨幣相關獲益</td></tr>
</table>

8.8 結論

以上介紹的都是各個元宇宙的積極投入公司，由以上的資料可知，對元宇宙的發展而言，美國最為積極，中國次之，但是兩國的大公司幾乎都積極參與。而韓國組成了國家隊來衝刺元宇宙，以參與國家數而言，亞洲的積極程度也較除美國外的其他區域積極。

元宇宙已經展開，但是未來的最終樣貌其實是無法清楚描述的，基於之前 Web 2.0 的經驗，可以推估隨著技術的進步和新的需求與痛點的發現，會經過幾次迭代來得到最後的樣貌，但是如果不參與，就會不知道迭代發生的時機，自然也抓不到商機。

67 資料來源：Insidehttps://www.inside.com.tw/article/24956-axie-infinity

9

台灣元宇宙的進展與相關專訪

9.1 台灣在元宇宙的進展

元宇宙現在其實還是在很初始的階段，有很多的想像成分。每個人的解釋也不一樣，其中經營最久也最有整體解決方案的就是宏達電，其他的廠商多是從 VR/AR/MR 或是區塊鏈/NFT 切入。另外台灣的行銷界，也特別強調可以在元宇宙中行銷，或是以 AI 虛擬人物協助行銷。

現在在台灣，很多人提到元宇宙一定會牽扯到 NFT，而其中最多的應用大概會是藝文界用來強調自己的藝文作品的價值，還有就是會員卡的發行，用以綁住粉絲/會員，提升會員忠誠度，利用 NFT 的唯一且可交易的特性，強調會員擁有此類數位資格，就可以擁有其他人所沒有的福利。例如阿妹跟周杰倫就發了 NFT，還有之前的雞排 NFT。

正因為元宇宙還在很初始的階段，所以未來真正的樣貌都是來自想像與推估，加上殺手級應用還沒出現，參與在其中的廠商一定都有其為什麼會選擇投入這個領域的原因，以及自身現有的技術，還有對未來的想像。

由於參與的廠商眾多，因此本書作者就各個領域找代表做訪談並記錄，好讓讀者可以了解現在積極投入的廠商的想法，以及整個元宇宙在台灣的發展狀態。

9.2 從國際視角看台灣

大家都知道 AWS 這幾年深耕台灣與香港，如第 8 章所言，其在元宇宙有很深的佈局，這次特別請 AWS 來從國際視角看台灣。

9.2.1 AWS 台灣香港區總經理專訪

這次特別訪問到 AWS 台灣暨香港區總經理王定愷 Robert，以下以 Rich 代表裴有恆，Robert 代表王定愷。

Q Rich：

一個新科技的發展，通常不會是突然出現，而是經歷過長久的醞釀，等待關鍵性的突破。想請教您 AWS 分別在什麼時候預見 Metaverse 的可能性，並且開始佈局？而現在又是到了整個規劃的哪一個階段？

A Robert：

七年前 Valve VR 跟 Oculus「硬體」出現的時候造成一股風潮，酷炫 VR 遊戲內容以及非常沉浸的體驗讓人印象十分深刻——但僅止於少數遊戲以及少數 Geek，主要原因在於昂貴的 VR 設備還有內容製作產出不易而造成匱乏。六、七年前的 VR 著重在怎樣提供好的硬體設備、提升沉浸感等等，重視的是完善一個虛擬世界，強調的是希望與現實世界脫節。但這恰好也是第一次 VR 浪潮失敗的原因，因為人不可能完全脫離一個現實世界的行為而僅僅存在於虛擬世界。

比較以前僅僅只談 VR 硬體，現在是全面性包括通信技術、AI、雲計算、數位雙生、機器人、VR/AR/XR、PUGC 創作平台、NFT、區塊鏈技術等都有新的進展，元宇宙需要的技術跟平台支援都有顯著的進展。

整個 Amazon 集團其實是廣泛的在支持著元宇宙的養分，包括：

1. 從亞馬遜集團的角度，亞馬遜剛正式完成了 MGM 的收購，而大家熟知的 Twitch 遊戲直播服務，也是亞馬遜旗下提供玩家最沉浸的體驗。

2. 從 AWS 的角度，對特別在製造業、大型企業，AWS 在元宇宙概念下的數位雙生與智慧建築相關解決方案，可以讓大型企業運用元宇宙的概念與成熟技術加速產品掌握、佈建監控與應對措施。例如波音在今年即宣布與 AWS 合作，運用雲端相關技術加速其產品設計發展。

3. AWS 的 Managed blockchain 服務，也支援著如雀巢、Sony Music 等大型企業應用區塊鏈進行供應鏈管理、音樂版權保護等服務。

4. Luna 是我們 AWS 新上架的雲遊戲服務平台，可以讓玩家用訂閱制的方式在手機或電視上玩遊戲，不需要價格高昂的硬體設備。

5. AWS 提供了自製的遊戲引擎，O3DE（Open 3D Engine）支援在雲端上開發遊戲 3D 模擬。我們也支援用網頁版本開發 VR 內容大大降低開發門檻（Amazon Sumerian），並提供 AI 語音模組來支援虛擬人的互動社交跟設計開發。

6. 最近 Meta（臉書母公司）也宣布了選擇 AWS 作為其長期策略雲端服務夥伴，把他們最重要的深度學習模型 PyTorch 放在 AWS 的服務上，讓所有想要開發虛擬互動場景的人更為便利。

7. 因此 AWS 是在雲端技術上全面的對元宇宙發力。

Q Rich：

產業界已經如火如荼在佈局了，但是大眾或是科技以外的產業對於 Metaverse 可能還難以想像，或許電影《一級玩家》的情節是最容易幫助大眾想像什麼是一個現實和虛擬整合的 Metaverse。想請教，在對 Metaverse 的想像中，會是只有一個大一統的 Metaverse？還是可以有很多個大大小小的 Metaverse？而在 Metaverse 的時代，雲端技術為什麼重要？又是怎麼透過雲端技術讓 Metaverse 更符合使用者的需求？

A Robert：

絕對是去中心化的概念，重點是人們可以使用不同的平台，像是 VR/AR 頭盔、手機，甚至是網頁來進入一個相同的元宇宙場景，體驗或許不同但可以利用不同的載具來交流，所以元宇宙的概念已經不僅僅限制在 VR 設備當中，使用族群一下子變大了。

以 Roblox 為例，可以在 Oculus/HTC 等等 VR 設備上玩，也可以透過電腦網頁版瀏覽器進行遊戲，更可以在手機上進行社交，或利用他們自己發行的虛擬貨幣 Robux 來購買遊戲中的道具、廣告，以及其他玩家的開發資源。Roblox 的日常在線人數已經突破千萬，年齡層更是往下到 13~18 歲為主力。也因為跨平台的特性，遊戲跟內容的製作、運營、虛擬貨幣的交易等等，目前都是放在雲端上進行，不僅僅節省成本，突破地域性的限制，更維護了社交跟虛擬交易的安全。

最近非常流行在 Metaverse 裡面開虛擬演唱會，數百萬人次同時上線跟 DJ 互動，進入到不同的房間，每個玩家或使用者可以看到不同的畫面跟不同的互動體驗，這些則是使用了 Amazon GameLift 的功能來分散演場會的參加觀眾進不同房間（伺服器），讓體驗不卡頓。

要讓幾百萬人同時上線，確保「流量」順暢，使用「體驗」良好，用戶資訊和交易「安全」，只有雲才能辦到。

Q Rich：

接下來想幫台灣的產業界問一下，在 Metaverse 發展的過程中，能不能舉例告訴大家，台灣所能扮演的角色以及可以期待的商機有哪些？台灣更適合扮演什麼角色？

A　Robert：

在 Metaverse 生態系，台灣的硬體方面應該是已經初步開始收穫了，重要產品的設計生產應該都有台灣大廠如廣達、HTC、和碩、鴻海等等廠商積極投入。

但真正能夠讓新創公司及大眾參與的，還是屬於遊戲、內容應用、NFT或是虛擬幣等等非硬體的產品及服務。最近看到許多明星、霹靂布袋戲、明華園歌仔戲等等文化產業，不惜投資千萬，設法利用其 IP 轉化為 NFT變現；還有更多的新創公司從事虛擬貨幣的交易，包含不少香港跟新加坡的新創業者也來台灣落地。不過度依賴硬體，以輕資產的軟體商業模式，並善用雲端技術的特性，才是彈性、低成本、擴大市場的最佳途徑。

AWS 在台灣與積極支持新創公司發展，至今已有超過 1,000 家台灣本地的新創公司加入全球性的 Activate program 計劃。我們也與政府單位合作成立聯合創新中心，來進一步加速新創公司的發展。今年 Metaverse 相關新創公司也是 AWS 的重點，提供雲服務資源及技術支援，並計劃以社群的方式鏈接國際及大型企業，相信可以幫助到有志於在 Metaverse 發展的新創公司。

Q　Rich：

台灣傑出的環境與人才在產業發展過程中相當關鍵的力量，在Metaverse 這個趨勢崛起的過程中，能不能建議台灣的政府，應該扮演什麼角色？可以做哪些事情讓台灣的產業界更能夠掌握 Metaverse 所帶來的機會？

A　Robert：

台灣具有優質的人力資源，但教育體系仍偏重硬體及半導體的培育。AWS 過去數年來積極在台灣教育市場紮根，提供超過 35,000 名師生免費的雲端運算學習資源，也希望政府能一起協助解決軟體人才短缺日益嚴重的問題。

另外是法令的問題，目前金融科技相關法令還不健全。如果台灣要發展 metaverse 產業，可能必須從相關技術端的法令著手，讓加密貨幣監管機制更健全，才能吸引更多國內外的創業家及投資人參與，否則未來成功的新創公司可能因法令問題被迫到國外繼續發展，以獲取成長所需的資本及資源，那就可惜了。

圖 9.1：AWS 台灣區總經理在 2022 AWS 元宇宙研討會中之照片

9.3 台灣已投入元宇宙企業專訪

關於元宇宙在台灣，本節訪談了各個相關廠商：包含最早投入的宏達電 HTC，這次很榮幸請到宏達電大中華區總經理 Alvin Wang；而 Yahoo TV 這幾年在虛擬與現實結合的投入是有目共睹的；Ace 王牌資產、光禾感知、方舟智慧、甲尚科技、集仕多、國際信任機器 ITM 都是在元宇宙相關技術有不錯成績的公司，大家可以從他們的訪談看到台灣在元宇宙的可能發展。

同第 8 章的論述，在元宇宙為主力發展相關的公司，其應該具備以下幾類應用發展，在最後面的分析中會標明：

1. 遊戲：包含遊戲引擎。
2. 互動設備：包含 VR/AR/MR 設備及腦機裝置。

3. 社交：有社交功能，包含粉絲經濟。

4. 經濟：包含虛擬貨幣、NFT 跟 DeFi 對應的經濟體系，也因此具備 DAO 的自治組織機制。

5. 3D 設施構建：以 AI 及 3D 圖學構建物件、Avatar、服飾。

6. 物聯網：透過物聯網感測裝置連接虛擬與現實。

7. AI 虛擬人：具備人工智慧，可與真人自主進行非既定對話。

並加以各訪談公司的商業模式分析。

9.3.1 宏達電 HTC

HTC 在元宇宙的佈局，從頭戴式 VR 頭盔 HTC Vive 系列到 2022 世界移動通信大會（MWC）發布《Viverse》的元宇宙平台。VIVERSE 一次結合了 HTC 多年來軟體應用上的研發，會議功能不用多說，還整合了 NFT 經濟，可以到藝廊觀賞 NFT 作品，點擊直接購買，娛樂方面可以用 BEATDAY 觀看線上演唱會，用戶會有一間自己的房間「VIVE ROOM」：可以是海邊的別墅、樹林裡溫馨的小木屋，牆上可以用購得的 NFT 作品裝飾，並且邀請朋友來到房間聚會，一起看影片聊聊天[1]。這次很高興能訪談到宏達電 HTC 的大中華區總經理 Alvin Wang，以下以 Alvin 代表 Alvin Wang，Rich 代表裴有恆。

Q Rich：

從 HTC Vive 第一代然後到現在已經有一段時間了，最近 HTC 投入元宇宙《Viverse》，請問 Alvin HTC 投入元宇宙真正的原因是什麼？

A Alvin：

元宇宙這件事，是這一兩年開始紅起來，但是從真實世界到虛擬世界這個概念，其實是從幾十年前就有的，在做 VR 這個概念的時候，我們已

1 資料來源：數位時代網頁 https://www.bnext.com.tw/article/67895/htc-viverse-metaverse

經遙想有一天這個設備會代替我們的電腦跟我們的手機，真正變成我們主要互相接觸最重要的一個方法。其實現在手機基本上已經可以代替電腦了，做一部我們最重要的螢幕，但是再過 5 年，人類最重要的螢幕，一定是一個在頭上的螢幕，這個頭上的是一個 AR、VR，或是 MR 其實不重要。因為到了那個時候，一個設備全部都可以做到，但是在你頭上的設備，一定是你最重要的一個螢幕。我們一直都在做這個 Metaverse，也就是我們的應用商店，裡面的內容其實都是為了讓大家可以穿越到另一個新的世界，我們覺得要從我們現在的這個地方，到我們要的未來終點的話，還需要一些時間，可能 5 到 10 年。

現在這個設計是一個完全開放的一個系統，也就是說不管你用電腦、手機、平板，還是用一個 VR 設備都可以連結上，而且可以享受到一個 3D 的環境，跟全世界任何人，在任何地方用任何設備實現，這個虛擬世界帶給大家的就是一個開放的世界，用任何一個瀏覽器就可以連上去，你可以有你自己的 APP，然後在裡面走動，也可以有自己的小世界，然後你可以去把它改變內容成你要的那種感覺，因此每個人在這個世界裡面都有一個家，他在世界裡有他的存在，實際上這個會給全球帶來一個更平等的世界。在虛擬世界裡，每個人都可以有一間豪宅、一輛虛擬的跑車，甚至要虛擬的火箭都可以，因為在這個世界裡面，所有東西幾乎都是零成本的，所以我覺得它會給大家帶來更多的平等感，而且也會給大家帶來一個平等的工作環境。

要是全世界人人都有機會可以進入元宇宙的話，你可以在裡面上大學，你可以在裡面工作。你也可能在非洲出生，但是你卻為中國或美國的公司服務。這個會讓全球平等化，讓很多以前沒有機會受教育的人們，可以去虛擬的哈佛上學，跟這些老師來去學習，我覺得這才是元宇宙帶給我們的新希望。

我們要看到一個對社會有價值的虛擬世界，讓這個世界一起跟真實世界發展，然後能解決一些真實世界的長期困難。現在你只要戴上這個頭盔就可以到全世界旅遊，看到其他國家社會、文化的樣子，學習別國語言，認識一些各國的朋友，我覺得這才是這個技術的好處。

當這個技術真正成熟的時候，它可以幫助人們解決一些長期的社會或地球的問題，包括環保問題，要是我們可以在虛擬的世界滿足很多我們這種虛榮的部分，也可以帶來一些以前得花很多錢或者很多能源才能做到的體驗，而且還可能發掘到一些潛在的科學家，這些科學家可能會發現更多新的理論或者新的科技，我覺得這個是可以為我們社會帶來的好處之一。

Q Rich：

Alvin 講的真的太精彩了，HTC 在這一塊真的是很認真。接下來想請教 Alvin HTC 對元宇宙的準備，以及相關的技術與應用。

A Alvin：

真正要做這個準備不是一兩件事，其實我們從多重的角度一直在創新，你可以看到我們做了全球的第一個六自由度設備、第一個一體機的設備，以及跟蹤器，第一個把物理產品帶進來，這樣的一個完整的套件。基本上沒有別的公司，比我們對這個科技更了解。

HTC 本就是科技做主的一個公司，在面對 XR 這個行業，我們有很大的改變，讓我們不只是一間硬體公司，更變成是一個平台公司。我們有自己的應用商店，這個應用商店融合了全球的設備。我們甚至把我們的這些軟體和應用商店，和一些底層的應用和工具都給了我們的一些競爭對手的公司，以中國而言，不管是 Pico、愛奇藝、大鵬[2]都在用這個系統來去營運它們的設備並開發他們的應用商店。

---

2 Pico、大鵬是中國本土 VR 裝置佔有率很高的公司，愛奇藝是中國的影片內容公司，它也有提供 VR 裝置與 VR 頻道產品。

因為這個元宇宙，未來不是只有一個公司可以跑起來或可以去擁有的，而必須要是全球的，包括不同的營運商、不同的硬體設備公司、不同的開發商、不同內容的工具商，都可以去使用它，才能讓它可以去真正有規模的成功。所以我們現在跟很多全球不同的營運商合作，把我們的技術跟他們的東西做一個結合。我們也在做很多的標準化工作，也就是讓全球的這些硬體設備互相兼容。

除了這些，我們現在也做很多工具，讓我們的開發者可以更快的做出東西，這些工具基本上都是捐給我們這些開發者，包括物品追蹤，或者大空間的這些技術，其實都是我們自己內部開發出來的。而且我們也跟現在市場上最領先的遊戲引擎不管是 Unity，還是 Unreal，還有些其他的夥伴，我們都會支持他，給他們底層的支援，讓他們在我們的設備裡面可以跑得最好。

我們在區塊鏈上面也做了很多工作，我們從自家開發的區塊鏈手機裡面學到的技術也帶來元宇宙，所以一個開發者只要打開這個功能就行了，比如說一些有名的藝術家，把他的這些產品虛擬化，或者是我們可以讓一些博物館，把他們真實的一些東西放出來，在這個 Web 3 的群體裡面，可能是幾十塊到幾百塊美金來做一個 NFT，有時候你這個東西的價錢，可能還比較少，這些東西我覺得是不健康的。

Rich：

請問以 HTC 的角度，您對元宇宙未來的描述跟想像？

Alvin：

我認為在 5 到 10 年後，真正元宇宙會來到，在那個時候，大多數人的大多時間，可能就會在這個元宇宙裡實現他們的生活。那時就跟你現在頭上的眼鏡差不多，那個時候你都不會感覺，因為你現在每天都戴著你的眼鏡，所以基本上生活不會有改變，只是那時的眼鏡功能就多很多了。以前只是幫你可以看得清楚一點，現在是可以把你要的全部知識隨時給你。

我覺得這個設備跟元宇宙跟 AI 結合起來的話會帶來一個好處，就是讓每個人都是一個超級人工智能，因為它可以隨時把訊息傳給我們，而且這些設備會越來越便宜，就會跟現在的手機一樣，任何人都有機會可以連上它，到那個時候我可以給每個孩子一個設備，他在家就可以去上學，我也可以給他更好的教育，同時提供他更好的生活。

我們可以用這個設備，讓我們和孩子們都比以前更有知識、更有文化，讓大家的生產力提高，生活的感受更好，教育更好，擁有的東西就會更多。當你有 XR 設備的時候，你的體驗可以跟一個億萬富翁沒有差別，所以不管你的生活、知識、體驗都能平等化，甚至你的開心、幸福感都可以越來越提昇。這個就是我希望看到的未來，也是我覺得元宇宙和 XR 的這個設備可以給大家帶來的未來。

而這個螢幕就可以給我們帶來提示，未來你整個身體的這種感覺、你走動的感覺，甚至你的味覺、嗅覺都可以加進去，讓你有一個完整的體驗。你想回到幾百年前來去學歷史，可以的！你想到太空去學天文學，也可以！你想到海底去學海洋學，完全沒問題！這個才是我想看到的未來，而且其實這個未來離我們不遠了。

圖 9.2：HTC 的 Viverse 意象圖，圖源：HTC 提供

Rich 分析

HTC 在元宇宙的佈局包含了遊戲、社交、互動設備、經濟、3D 設施構建，以及物聯網的這幾類發展。

HTC 關於元宇宙的商業模式圖如下：

表 9.1：HTC 關於元宇宙的商業模式圖

關鍵夥伴	關鍵活動	價值主張	客戶關係	客戶區隔
	社群營運、VR 裝置開發、VR 內容應用製作	有很好的 VR 裝置強化體驗、創造很好的社群體驗、有很好的 VR 虛擬空間與 3D 物件、NFT 結合展覽		各種年齡族群
	關鍵資源		**通路**	
	開發人員、底層平台、管銷人員			

成本	獲得
人員薪資、平台成本、管銷費用	賣設備、合作分潤

9.3.2 Yahoo TV

Yahoo TV 最為人熟知的是在媒體中提供具備虛實整合的效果的節目，2016 年起 Yahoo TV 開始做很多線上的直播節目，2017 年開始挑戰台灣第一個虛擬網紅 - 虎妮，這次很榮幸請到開發製作人許朝欽經理 Bull。以下以 Bull 代表許朝欽，Rich 代表裴有恆。

Q Rich：

我看到 Yahoo TV 這麼棒的虛實整合，覺得這就是台灣的元宇宙，這是這次一定要邀請您來訪談的原因。Bull，請問 Yahoo TV 為什麼會想投入元宇宙？

Bull：

對我們而言，什麼是元宇宙呢？首先元宇宙它有一個自己的虛擬時間跟空間，然後在這個虛擬的時間空間裡面可以創造出多樣的內容，也就是各種文化或數位資產的產出；並且它可以幫助你把真實生活跟虛擬世界做到一個很好的連結。元宇宙就是在這樣的一個架構下，把很多的技術都融合進來。

Yahoo TV 本身目前還是以網路影音為主在發展。進入了元宇宙的時代，我們就開始在思考，網路影音能否再進化？從這兩年開始，我們就希望我們的影音內容，可以跟新科技、AR 或 VR，甚至 XR 運用進去。對 Yahoo TV 而言，就是透過沉浸式相關的技術，把虛擬跟真實做到一個完美的接軌，甚至我們希望是用更低門檻或直覺的方式，就可以把這樣的沉浸式內容打造出來，讓真人與虛擬分身，或是虛擬世界可以創造出好玩的互動，那這種沉浸式的體驗便是我們在元宇宙世代想創造的一種可能性。

Rich：

那 Yahoo TV 在元宇宙上的技術和應用有哪些呢？

Bull：

在元宇宙的價值鏈上它有很多不同的層面，我們覺得很重要的地方，就是面向廣大使用者或消費者的部分，怎樣帶他們更好的沉浸式體驗，把虛擬跟真實做到更無縫的接軌，讓影音創作者用更輕易的方式在虛擬世界做到很多好玩的互動跟新的嘗試，讓更多藝術家能自由地在元宇宙世界創作，豐富影音內容。

為此 Yahoo TV 一直努力在整合這些新科技，比如說像動態捕捉，從 2017 年我們開始打造虎妮，就一直在投入虛擬角色與動態捕捉的技術領域研究，從慣性陀螺儀的動態捕捉裝，一直到光學攝影機的動態捕捉，都持續投入研究，因為透過它的定位跟捕捉，可以把虛擬跟現實完美結合在一起。

當然也同步利用攝影機來進行表情的捕捉，這也是希望要讓虛擬角色的表情更自然，甚至瞳孔、眼睛、嘴巴都可以自然的有變化。我們也嘗試著把數位內容放在 VR 世界裡面，或是透過 AR 直接投影在表演的會場，或是博物館裡面，做虛擬延伸到真實世界的效果。5G 的應用也很重要，所以我們開始整合行動技術讓 Avatar 虛擬分身可以跟直播節目互動等等，最後的這些開發，它背後都是透過動畫引擎來整合。

從早期我們投入新科技創作，便開始累積動畫引擎運用的經驗，投入不少時間在研究，也是希望所有的拍攝，跟所有的展演都可以達到很棒的效果。現在台灣有很多各自發展自己專業領域的公司，比如說有專門發展動態捕捉，也有專門發展虛擬拍攝的廠商，或是專精特效後製的公司，Yahoo TV 較擅長的便是把上面講到的這些技術串聯跟整合，這樣就有機會讓每個不同領域的思維，可以在節目表演上解放或升級。

分享以下幾個新科技整合的案例，例如虛擬藝人虎妮可以舉辦虛擬世界的 VR 見面會，這就會跟傳統只是單純看影片很不一樣，當網友進入到元宇宙世界跟他互動時，那種螢幕上的距離感會突然消除，就好像真的走到你喜歡的偶像面前，甚至可以摸摸她跟她握手，一起拍照合影等等。

在國立台灣美術館，我們佈置了一個虛擬偶像的客廳，在這客廳裡面的各個平板跟螢幕裝置，會以 AR 方式去投影虛擬角色，讓不同裝置上的虛擬角色投影在同一個位置、表演同一個動作、穿同一套服裝。並且任何一個參觀者都可以自由改變他們的服裝與表演內容，藉此與參觀者達到一個有趣的互動。比如說萬聖節時，我們就會幫他們做專屬的服裝造型變化，讓不同時間點進來觀看的體驗都不同。而虛擬就是有這種好處，我們隨時都可以透過遠端、線上的方式去為現場展覽的作品做即時的更新。

近年因為疫情，大家比較不會到展場去人擠人，Yahoo TV 便把車展搬到虛擬世界，讓網友可以在虛擬世界看展，不管用手機或電腦都可以進入看展，在這虛擬車展中可以看到最新款的車子，也會有專人介紹，甚至整點的時間也會有 Show Girl 上來表演，就像真實去看展的體驗。

再來是 Virtual Production 虛擬製播的技術，就是如何把真實跟虛擬做到完美接軌的領域，這一般主要是用在電影拍攝上。以 Yahoo TV 來說，我們希望把這領域的技術門檻降低，讓一般的網路影音，可以使用到這類的拍攝技術，把真人跟虛擬偶像、虛擬物件，一同走進虛擬世界拍攝，讓真實跟虛擬的界線越來越模糊。

另外，我們也有把沉浸式內容的技術做成學院課程，我們請來各領域的專業講師，透過我們虛擬拍攝的技術，在 Yahoo TV 的棚內進行課程的拍攝，像其中有一位日本講師沒有辦法來到台灣的攝影棚內，因此我們採用容積捕捉的方式，把講師的演講都掃描捕捉下來，再透過 AR 攝影機投影在攝影棚內，讓人有真的站在現場的錯覺。

Rich：

那對元宇宙未來的發展，Yahoo TV 有什麼樣的看法呢？

A Bull：

其實元宇宙現在好像有點市場過熱或者期待度過高？然而實際上科技裝置發展好像還沒有走這麼快，現階段還在慢慢的整合中。所以總有人擔心會不會有點期待落空或泡沫化？我覺得目前多少有這樣的氛圍。但我相信這是元宇宙發展中，必然會經歷的一個過程。在元宇宙的發展過程中，需要各專業領域的人進來慢慢的去整合跟嘗試，元宇宙才能逐漸趨於完整。以後也許可以更容易、更直覺的體驗元宇宙。我們相信這是元宇宙發展的必然趨勢。

對我們這些創作者而言，底層的動畫技術是一樣的，所以我們可以用很簡單、很容易的方式，把我們現在的作品立刻轉移到不同的裝置跟載具上應用跟體驗。雖然現階段目前大部分的元宇宙平台還是相對小眾、僅少數人在用，我們期待有新的平台出現後，能讓更多人開始嘗試去使用，Yahoo TV 也有機會把更多精彩的內容往下延展，在新的載具平台上持續創作。

圖 9.3：Yahoo TV 沉浸式內容與元宇宙的技術，圖源：Bull 提供

> **Rich 分析**
>
> Yahoo TV 在元宇宙的佈局，包含了 3D 設施構建的發展。

Yahoo TV 關於元宇宙的商業模式圖如下：

表 9.2：Yahoo TV 關於元宇宙的商業模式圖

關鍵夥伴	關鍵活動	價值主張	客戶關係	客戶區隔
技術夥伴	管銷活動、平台開發	虛擬空間的互動、展示虛擬人偶的互動、整合各種技術		年輕世代
	關鍵資源		通路	
	導播人員、開發人員、管銷人員			
成本			獲得	
人員薪資、開發費用、管銷費用			節目收入分潤	

9.3.3 Ace 王牌資產管理

Ace 王牌數位資產管理在 2018 年成立，除了 Ace 虛擬貨幣交易所，還有 ABM 整合行銷，以及孵化器，是中小企業處所支持補助的，在新加坡還有主要投資虛擬貨幣、區塊鏈相關產業，跟 KPMG、法務部調查局刑事局等等都有合作，而且還是 100%的銀行信託、凱基信託的交易所。在北中南都有門市，其中高雄的部分目前正在籌備當中。

以下是裴有恆 Rich 訪談王牌數位資產管理的創辦人潘奕彰 David 的紀錄。以下以 Rich 代表裴有恆，David 代表潘奕彰。

Rich：

請問 Ace 對於元宇宙投入的原因？

A **David：**

其實我們很早就布局 NFT 了，包括在去年初的時候，我們就已經幫新竹街口攻城獅發行了 NFT 的球員卡。元宇宙絕對是未來的趨勢，對於我們來說，元宇宙應該有個定義，在現實生活的角度，大家都有一個身份，例如我叫做 David，可能觀眾裡面大家都有名字，大家都有一個現實的身份，那未來呢？都會有個數位的身份，這個數位身份就好比你在 Facebook 上面有一個不同的身份，大家對於元宇宙有更多的想法，可能就是看了《一級玩家》，也可能看了《脫稿玩家》等等，因此充滿了想像，就是在元宇宙的世界可能有不同的虛擬身份，在上面可以賺更多的錢，可以做更多的事情，乃至於說有更多的社交。對於 Ace 來說其實也一樣，我們希望的是投入元宇宙，因為元宇宙是未來趨勢，我們對於定義元宇宙這件事情，是希望可以接軌國際。

這樣做的原因，首先是臺灣有非常好的項目，以及非常好的實體服務等等這些軟實力，而這些軟實力需要的就是國際舞臺，但國際上有那麼多的 NFT 平臺，有那麼多正在進行元宇宙的開發。他們投入了資金，都是幾十億甚至幾百億美金，我相信這些金額對於臺灣的任何一家公司來說，都是一個非常龐大的金額跟投入。

第二是臺灣有沒有足夠的人才，有沒有足夠的市場撐起這一個臺灣自己做的元宇宙？如果這兩個原因都構成不了自己要做元宇宙的狀況，我們何不好好的把臺灣的項目送到國際去，例如說發在 OpenSea 上面，發在其他國際的平臺上面等等，讓全世界都能看到臺灣，甚至發光發熱。所以我們要做的第一件事，是輔導臺灣的項目能站到國際上：第二個就是我們現在跟國外的一些媒體平台做溝通、洽談與合作，我們以後要怎麼樣把挑選好的臺灣項目送到國際去孵化他們、輔導他們，甚至讓他們可以藉由 NFT 進入國際的虛擬市場、虛擬世界的平臺，我覺得這樣會比較務實。最好的方式就是到國際市場去，讓臺灣的項目直接放到國際的平臺上，才能讓好的項目能夠發展到國際，否則如果你只是為了自己的公司做了一個平臺，硬要別人進入你的平臺，但你的流量卻沒有那麼大，甚至當你的元宇宙世界裡面沒有那麼多人來使用的話，就會蠻可惜，甚至對於這個項目來說是一個傷害。

Rich：

謝謝 David 剛剛精彩的回答，請問 Ace 還有什麼其他的準備以及有什麼開發好的技術和應用可以跟我們大家分享？

A **David：**

我們現在聯合了幾個國家，如馬來西亞、杜拜，還有幾個中東國家、非洲國家，甚至南美洲國家，其實我們未來就是要挑選他們要的項目跟產品，然後賣到那邊去，讓他們去做認購，甚至我們可以跟一些大的品牌包括 OpenSea，或是其他正在洽談的品牌，未來如何讓臺灣的項目可以更方便的銷售過去，因此我們開發的第一個重點是如何更快、更方便地去鑄造這個 NFT，然後這個 NFT 能夠更快地上架；第二個重點是我們如何透過一些簡單的平臺，讓他們可以更快地躍上國際媒體，乃至於渠道上面去做曝光，甚至可以讓各個國家的各個社區，讓他們也都能看到這個臺灣的項目。

我覺得這些是一個偏行銷宣傳方面較基礎的技術，而在元宇宙的技術方面，我們的確也找了幾個本身已經有遊戲經驗的，或是他的社群數已達到上百萬人的國外合作廠商，目前正在洽談中，我們有參與他們的合作，未來我們可以透過他們的平臺，把臺灣的項目放到他們那邊的元宇宙去，甚至在相關的活動上面把他們置入，讓他們可以更快速的讓全世界看到，這就是我們現在正在做的事情。我們希望把臺灣好的項目讓國際看到，甚至可以讓外國人來做投資，這樣子整個水才會活起來，而不是永遠只有臺灣的 APP，就只有臺灣人會買，最後價格不好。其實這個道理很簡單，因為如果你沒有放到國際上去，你這個水很快就乾了，就像人家說的一滴水要怎麼樣可以不乾，那就是把這滴水放到大海裡。

Q Rich：

David 說得很好，把台灣的好東西展現到國外，獲得活水，我們接下來要請 David 來跟大家說明對元宇宙未來的看法。

A David：

我們對元宇宙未來的看法，第一個就是，不是只有戴上頭盔才叫做元宇宙，我們要思考的是，未來拿掉頭盔之後的元宇宙長什麼樣子。其實頭盔很重，如果真的要戴上頭盔才可能進入元宇宙，那我相信這個撐不久，因為每一個人能夠承受的時間有限！第二個就是元宇宙，它讓你有一個數位虛擬身分，當你在這個分身裡面，你希望可以做到哪些事情是你現實生活做不到的事情。例如你可以在虛擬世界自己當國王，在虛擬世界裡面可以自己做第二個職業、第三個職業，甚至可以在虛擬世界裡面進行一些不同的賺錢方式，讓大家看得到你的專長，而這些可能都是在現實生活中做不到的。

之所以我們會希望這個平臺的搭建，主要是因為有一些國際大廠的平臺搭建好了之後，我們可以附加他們的功能，把臺灣的文化、臺灣的軟實力附加上去，讓全世界都能看到這些軟實力的產品，例如，我們可以替故宮博物院創建 3D 建模，然後放到國際上去。在虛擬的世界裡人們就可以看到這個臺灣設計非常好的產品，如果你要購買，我甚至可以把紀念品送到你家去；或者你也可以利用第二個身分，戴上你相關的配件，這就是一個虛擬世界可以做的事情，我們應該要思考的是，有什麼事情是真實世界做不到、但虛擬世界卻可以做到的，你要去滿足人們在虛擬世界中的需求。

圖 9.4：ACE 王牌交易所，圖源：ACE 提供

Rich 分析

Ace 王牌資產管理在元宇宙的佈局包含了經濟的發展。

Ace 王牌資產管理關於元宇宙的商業模式圖如下：

表 9.3：Ace 王牌資產關於元宇宙的商業模式圖

關鍵夥伴	關鍵活動	價值主張	客戶關係	客戶區隔
OpenSea…等國外 NFT 平台	買賣虛擬資產、管理平台、開發平台	將 NFT 快速鑄造、快速上架，以 NFT 把台灣的好東西帶到國外		全球客戶
	關鍵資源		通路	
	開發人員、SaaS 平台、管銷人員			
成本			獲得	
薪資、管銷費用			交易數位資產手續所得	

9.3.4 光禾感知

光禾感知是 2017 年的 3 月份成立的，到現在為止已經成立超過 5 年。一開始的時候，公司核心就是在做影像 - 視覺辨識，定位為研發型的公司，一直到 2018 年，選定了兩大主題：一是智慧運動場裡面的影像科技，另一個是在會展中心裡面的影像科技。目前為止公司有 50 多名員工，分別在臺灣和日本。這次特別訪問到光禾感知總經理王友光 Joseph，以下以 Joseph 代表王友光，Rich 代表裴有恆。

Rich：

關於元宇宙，請問光禾感知為什麼要投入？

A **Joseph：**

因為這個疫情來臨的時候，我們是重災戶，我們的業務衝擊是來自於沒有人去現場了，但是這些現場，他們其實也在謀求轉型，從原本線下的方式變成線下線上的展覽。於是我們從 2020 年開始就做了很多的這種線上活動的展覽，包含 Computex 或是工具機展。臺灣五大展裡面我們大概服務過 3 個，也包含到日本 TSO 最大的辦展，甚至到最後連婚喪喜慶、線上告別式、線上典禮等等，我們都有相對的平臺。從 2020 年開始到現在已經服務過上千萬人、四五千個客戶。2021 年突然出現元宇宙，我們看了人家描述的宇宙的樣子，才驚覺我們做的東西原來就是元宇宙。因為我們從疫情開始就一直在做線上的沉浸。

Q Rich：

光禾感知在這方面的技術真的很好，現在這個元宇宙，你們公司當然不會缺席，請告訴大家你們公司有哪些對應的技術和相關的準備。

A Joseph：

我們一開始服務的對象，其實都是 B 端客戶，他們對於使用這個 UI、體驗、畫面的精緻度、功能上的完整，甚至是對資安，都有嚴格的要求。被要求之後，我們現在所開發出來的這一套產品，不管你是使用手機、平板或是電腦的用戶，都不需要下載任何的 APP，它就是一個連結點，點進去以後就會有一個非常高畫值的 3D 環境，就如同進入一個仿真的世界啊！透過 360 度的相機，我們的系統會自動變成一個 3D 精緻模型，這在網頁上就可以執行了。另外，我們也支援 3D Max、Maya…等很成熟的設計軟體所建造出來的模型。在網頁的環境之下，可以快速生成超高畫質的 3D 元宇宙空間，在裡面也支援視訊跟語音系統，只要純粹瀏覽都可以進入一個元宇宙的世界了。

Q Rich：

太棒了，那最後想請教你對元宇宙未來的看法。

A Joseph：

我們認為在未來元宇宙沉浸式的這種網頁體驗肯定是一個趨勢，各式各樣的行業都有可能會應用到。元宇宙不應該只是單純的一個沉浸體驗而已，其實應該還要有金融的引擎。所以去年臺灣最大的加密貨幣交易所 - 臺灣幣託集團就跟我們合作了一個我們覺得非常有意義的項目，叫做

O2Meta，好像氧氣一樣的元宇宙。我們也一起跟全家便利商店合作。在全家便利商店買東西結帳的時候，他都會問你有沒有 APP，讓他可以把點數放在 APP 裡面。

但是今年我們 O2Meta 這個項目起步以後，因為在這個 O2Meta 裡面有幣託集團，它會連接加密貨幣 O2 幣，以後在全家便利商店，店員可能就會問你要不要把這次的點數直接換成 O2Meta 裡面的加密貨幣，這樣一來，可能就會有大量的民眾移民到這個元宇宙世界裡。在這個全家的 APP 裡面，將會有一個 button，你只要按同意，就能夠自動在這個 APP 裡開啟一個元宇宙的小房間，那是屬於你自己的房間，在這個房間裡面，一進去就會看到你目前所有的點數。你當然也可以邀請別人到你的房間來玩，因此你可能會需要用這些點數去買一些裝飾品，把你家弄得很漂亮，或者是在你身上做一些裝飾，好做一些服裝，這都是可以用 O2 幣，就像你在 Line 上面買貼圖一樣的道理，就會產生一個生態系。在這個元宇宙世界裡，會有很多經營型的項目，例如收費型的博物館、演唱會、電商的模組，或是俱樂部等等，只要用戶在這些項目裡面消費，這些人就可以得到好處。

今年第 2 季我們打算推出元宇宙的土地系統，在 O2Meta 裡面會推出 1 萬筆的土地，純粹就是收藏用，你可以把它當成是一個電商的空間，也就是每一筆土地上面可以去蓋這種所謂的經營型項目，隨著土地的大小跟等級不一樣，那個土地上面的品牌，就等於是一個超連結，可以點進去這個土地看，不但會得到很巨大的曝光，同時也可以享受到人流跟加密貨幣的這些金流所帶來的實際營收。這個系統的未來會把真實世界中從文化、藝術、娛樂，到很多日常的社交等等真正的搬到元宇宙裡面的平臺，裡面有貨幣系統、金融引擎，然後也有最棒的 3D 技術，讓大家可以無痛地進入一個高畫質的元宇宙世界。每個人都能夠得到科技進步所帶來的實惠跟好處，你的想像力也可以瞬間得到一些彰顯，所以我覺得元宇宙能夠帶來很多的機會。

圖 9.5：O2Meta 在手機上的截圖，圖源：光禾感知提供

Rich 分析

光禾感知在元宇宙的佈局包含了遊戲、社交，以及 3D 設施構建的這幾類發展。

光禾感知關於元宇宙的商業模式圖如下：

表 9.4：光禾感知關於元宇宙的商業模式圖

關鍵夥伴	關鍵活動	價值主張	客戶關係	客戶區隔
幣託、全家便利商店	空間引擎製作、VR 內容應用製作	創造很好的 3D 體驗、有很好的 VR 虛擬空間與 3D 物件、NFT 結合買賣		各種年齡族群
	關鍵資源		通路	
	開發人員、底層平台、管銷人員			
成本		獲得		
人員薪資、平台成本、管銷費用		合作所獲、NFT 買賣手續費、專案所獲		

9.3.5 方舟智慧

方舟智慧於 2020 年 8 月成立，聚焦於 3D 實物建模、演算法之技術開發，以及 VR+3D 技術整合的新創公司，擁有獨家 3D 專利技術，可縮短傳統 3D 建模 90%的時間，藉此降低成本，並且提高精度達 8K。值得一提的是，方舟智慧的 3D 專利技術可應用於各式場景，如 3D 博物館、3D 數位藝廊、3D 公仔、3D 真人電商，以及 3D+VR 體驗的跨境 3D 奢侈品電商服務。這次很高興能夠訪談到方舟智慧的創辦人林俊宏 Ray。以下以 Ray 代表林俊宏，Rich 代表裴有恆。

Rich：

請問 Ray，關於元宇宙，你會投入的原因是什麼？

A

Ray：

我一開始在做所謂的 3D 跨境醫美，在當時就是一個非常元宇宙的 concept，那只是因為它當時太新了，因為我們在 6 年前就投入了技術，當時是很難想像，尤其在 4G 的環境下，它跑的速度並不像現在這麼快，所以當時那個項目其實並沒有很成功。2019 年，我們把這個技術運用在藝術品上，在新冠疫情發生之後，我們整個博物館在這個領域獲得很多人的關注，於是我們在一年之內，完成將這個技術轉換為我們開發的快速掃描的 3D 技術，把實體的東西快速轉換成為虛擬世界的物件，我們也因為這個核心能力，在元宇宙的世界中有一個特殊的位置。我認為元宇宙裡包含了空間、互動、金流，以及遊戲。我們公司做的東西是事物間的轉換，所以在元宇宙的世界中，我們擅長的就是把你實體有的東西，轉換成到虛擬世界，透過這種形態，未來可能你沒有到羅浮宮，也可以看得到羅浮宮的自由女神，而且解析度還很高。加入元宇宙這件事情其實是一個巧合，因為我們擁有在這方面很不錯的核心能力——3D 技術。

Q Rich：

元宇宙四大型態中就有數位孿生，而方舟智慧在這方面其實具備了很強的能力，那我們就請 Ray 來談談你們對元宇宙的準備，以及已經開發好的技術和應用。

A Ray：

我們的技術是當你把手機打開來，只要快速的點擊，就可以把物件叫出來，並且看清楚它的底部跟內部的細節。基本上，除了可以看到它的簡介之外，我還可以聽到它講述這個東西本身的功能，同樣的物件可以看得鉅細靡遺。因為這樣的關係，我們在元宇宙裡頭提出一個很特殊的模式，這個模式就是在手機上面，未來還有一個叫私人博物館的應用，讓你可以把所有的收藏都放在這裡。

當元宇宙的整個基礎建設做得更完善的時候，我們就可以將這些已經掃描好的 3D 物件，無論是你個人收藏還是博物館收藏。甚至是你自己個人喜歡的小東西，未來有一天都可以放進元宇宙的世界裡頭，你可以把它投放在當地，就像現在不是有很多跟元宇宙相關販售的虛擬土地嗎？那土地上的建築物內就有可能會需要家具，可能就需要你的收藏，或者需要放你自己的東西。

我們做的事情是有分階段的。第一個階段，我們只要把東西放在這個平臺上，就能把物件轉換成 3D，大約連續旋轉 3~5 分鐘，我們就可以取得一個 3D 物件的高擬真檔案，而且影像的解析度高達 8K，在這樣的技術之下，我們可以透過這個設備快速的在全世界各個國家應用。以臺灣來說，目前在臺北、臺中、高雄和花蓮都有設置這樣的設備，我們是以城市為單位來服務當地的博物館，未來應該會慢慢普及到家用。我認為手機以後也應該會有這種功能，透過這樣的方式，我們才能快速服務更多的人、更多的城市及更多的博物館，未來不管是誰成為元宇宙裡頭的領頭羊，您所掃描的物件，都可以很快地帶到其他元宇宙的平臺上。

Rich：

太棒了，那請問方舟智慧接下來對元宇宙的未來有什麼看法？

Ray：

第一個階段，我們其實是聚焦在博物館，目前我們是跟全世界最大的博物館導覽公司合作，在臺灣我們設立了 5 個城市據點，我們希望今年能夠在全世界設置完成 15 個城市據點，透過這 15 個城市據點，希望能夠服務 60 個博物館，我們不僅提供 3D 影像，同時要去幫它做導覽。我們希望這樣的東西不只臺灣人可以看得到，更可以透過元宇宙的方式，讓全世界都可以看得到臺灣的收藏是多麼有價值。

第二個階段可能是授權，我們公司最大的特色就是 3D 技術的成熟，以及高擬真度的 8K 影像，因此我們最有把握的方式是跟故宮談 3D 數位授權的概念，如同版畫的 120 版和 60 版的價位不同，透過限量的這種模式，可以讓以前原本無法擁有的所謂世界級古董收藏品，經由 3D 版畫的概念就能取得 3D 物件。

圖 9.6：方舟智慧創辦人 Ray 展示 3D 掃描自己模型的樣子，圖：方舟智慧提供

> **Rich 分析**
>
> 方舟智慧在元宇宙的佈局包含了經濟，以及 3D 設施構建的這幾類發展。

方舟智慧關於元宇宙的商業模式圖如下：

表 9.5：方舟智慧關於元宇宙的商業模式圖

<table>
<tr><th>關鍵夥伴</th><th>關鍵活動</th><th>價值主張</th><th>客戶關係</th><th>客戶區隔</th></tr>
<tr><td rowspan="3"></td><td>平台營運、3D 掃描製作</td><td rowspan="3">有很好的 3D 物件對應實體物件、NFT 結合買賣</td><td></td><td rowspan="3">博物館</td></tr>
<tr><th>關鍵資源</th><th>通路</th></tr>
<tr><td>開發人員、底層平台、管銷人員</td><td></td></tr>
</table>

成本	獲得
人員薪資、平台成本、管銷費用	專案獲得

9.3.6 甲尚科技

甲尚科技 - Reallusion Inc.是台灣唯一以動畫軟體行銷全球的國際品牌公司，於 1993 年成立、2000 年於美國矽谷設立公司。結合創新科技與數位內容兩大優勢，甲尚自行研發 2D 與 3D 即時動畫工具，其直覺性、易用性獲得廣大忠誠使用者的熱愛與口碑，主要用戶遍及北美及歐洲各國，約佔營收之八成。此外深耕台灣、中國教育市場有成，並積極拓展東南亞新興市場，包括印尼、馬來西亞、泰國等，已正式啟動台灣 IPO 計畫，委由券商輔導登錄興櫃及申請上櫃。

近年與國際 3D 產業領導品牌公司展開行銷與技術合作，2017 起以開放程式架構，迎向「專業」、「開放平台」的業界主流，已經獲得好萊塢電影工作室、3A 級遊戲製作公司、百萬訂戶 Youtuber 等專業人士搶先採用。甲尚各代創新產品，榮獲國內外媒體一致讚賞，包括 T 客邦、CGW、Macworld、3D World 等。每年亦舉辦國際大專盃 48 小時動畫比賽（ASIAGRAPH Reallusion Award），不僅成為青年學子國際競技的年度盛事，也成功培育優秀的動畫創作人才。這次訪談了甲尚科技前瞻創新部經理黃勝彥 Elvis，以下以 Elvis 代表黃勝彥，Rich 代表裴有恆。

Q Rich：

在西元 1999 年到 2000 年中的一年半時間我是在甲尚科技工作，那時甲尚科技代理了《Active Worlds》，這個以《Snow Crash》小說為腳本的世界，算是元宇宙的先驅，我那時印象很深刻的是甲尚率先導入動作捕捉設備。這次很榮幸訪問到 Elvis，請問 Elvis 甲尚現在對元宇宙的發展為何？

A Elvis：

甲尚科技早期可能是一面做品牌一面做專案，一直到 2010 年左右，公司方向純粹是以開發軟體工具為主，也就是製作動畫的軟體工具，我們會結合我們的內容，順便培植我們的生態系，然後直接面對到 C 端的客戶。目前在工具或是內容的生態系方面，已經遍及 100 多個國家。我們的會員有 200 萬個，而我們工具產生的人數超過了 400 萬個。另外，作為一個軟體公司，我們的 YouTube 訂閱頻道已經超過了 11 萬訂閱人數。因為我們需要面對 C 端，因此很多行銷語言都是盡量以網路來做內容生態系，現在全球大概有 2,000 位以上的設計師都加入了我們的生態系，一起幫我們做內容的生產。

Q Rich：

甲尚現在是做內容生產，也有生態系了，請再更進一步地告訴我們，甲尚科技現在對元宇宙的準備及已經開發好的技術與應用為何？

A Elvis：

我們是做自有品牌的工具，因此角色及動畫工具我們都很重視，也是我們想要經營的。新一代的角色創作工具能做的東西越來越細膩，除了外觀極為相似之外，它的表演細緻度也很重要。我們已經可以做到角色近似真人的擬真人，除此之外，其實角色的風格跟元素也很多，我們有獨家的技術，只要使用者利用一張自己的照片，透過我們的工具，就可以快速產生一個 3D 人臉的模型，針對你想要做的皮膚質感，或者更多像是受傷、綠色皮膚、科幻系列…等等都能做到。我們這次推行的是很大量、高品質的動作編輯跟動作捕捉的串接，這些都是有利於其他業者能夠製作出更好的角色動畫所需要的工具。

我們跟主流的遊戲引擎 Unity 和 Unreal 有非常好的銜接。今年韓國有一個趨勢論壇，因為疫情嚴峻，所以很多的實體會議都改用遠端虛擬的方式來召開，所有的來賓都是透過視訊來參加會議，而這場會議也不例外。對於我們來說，其實元宇宙最重要的就是角色，不管你去哪個世界，你第一個要買的東西、第一個會擁有的資產，就是角色。每個人在元宇宙的世界中，第一步都是要先創作自己的 Avatar。有了角色之後，其次重要的就是動作，而這就是我們的強項——角色和角色的動作。

從 2019 年起，我們跟 NVIDIA 就開始一起打造 Omniverse 這個平台，希望能夠翻拍真實世界的所有東西，所以他們叫做數位孿生，去解決會有危險性、成本過高的問題。NVIDIA 想像未來是個協同作業的時代，大家可以像打開 Google Doc 一樣，在不同的地方同步共同編輯，他們希望未來的 3D 創作也可以這樣做，所以這個平台就有了這個使命。在 2021 年 4 月跟 NVIDIA 還有 BMW 一起合作的一個案子，是把 BMW 的工廠自動化，在那個平台中做模擬，而我們的人物角色就是透過裡面的 AI 做運算，只要他們能夠把真實世界的資訊或數據搬到虛擬世界的話，我們就可以在裡面做一些模擬優化的過程。

我們有一個國內的案例，就是《二零四九》這部影片，影片中有一個很重要的關鍵角色，就是小寶寶，影片內容主要是在未來世界，他們發現這個小寶寶有可能會是將來的殺人魔，他從小就有一些拿刀洩憤的傾向，但是要拍這一幕其實非常的危險，因為實際拍攝時不可能讓小寶寶拿刀，所以他們採用 3D 虛擬角色的方式，最後整個製作團隊就透過我們的軟體來完成這個角色的畫面。像這種影視產業的案例，其實我們這幾年遇到非常的多。

另一個案例是德國的一支團隊，他們是一個舞台劇的劇場，因為疫情的關係，原本打算要實體表演的舞台劇突然被迫停止了，但由於票都已經賣出去了，最後他們毅然決然提出「讓我們來開一個元宇宙的舞台劇好了」，於是他們找了一些技術公司，剛好技術公司用的就是我們的方案，因此使用了我們的角色，然後再幫他們依照舞台劇的故事劇情，刻畫出他們裡頭的主角和配角，並且搭建了一些場景，讓他們透過我們的動作捕捉的設備，能夠及時將表演改成在那個元宇宙裡面進行，最終他們就是邀請所有已買票的觀眾在線上觀看這種角色的表演，其實那個操作是利用現場即時的動作，並不是預先錄製的。

遊戲，其實也是最常會運用到角色，並且最接近元宇宙概念的應用。我們跟《微軟模擬飛行》有合作，在《微軟模擬飛行》裡面有非常好的飛機，以及硬體機場的還原度，但是他們最大的問題是，裡面是個無人世界。他們是一個很好的數位孿生的工廠，但是因為裡面沒有人，所以我們跟他合作的重點是在機場，以及在機場工作的人和他們的動作上，讓他們整個模擬可以更接近寫實。

Q **Rich：**

甲尚在 3D 角色上的技術應用非常的棒，而且已經跟這麼多大公司合作了，接下來請問 Alvis 對元宇宙的未來看法？

A **Elvis：**

未來的元宇宙裡面不只是要有人，也不只是我自己的角色，或是我看到別人的角色，或者是人跟玩家互動，我認為未來應該會有很多是玩家跟 NPC 的互動，舉例來說，我處理的可能不是每個玩家，有可能是 NPC 的故事。如何讓每個角色就是裡面的 NPC 也有自己的情感，或者有自己的思考，應該是很多公司未來可以去著手的重點。這個例子就是有一個鋼琴訓練的 AI 新創公司，他們基本上是在賣鋼琴的 AI 訓練，然後用我們的角色，聽到樂譜演奏，就是角色自動會有手勢的彈鋼琴動畫去自動匹配。

目前整個甲尚對於自己的定位，不管你今天的素材與原始是透過哪些軟體來製作，都可以在我們這邊設計出角色，也可以完成角色的動畫，最後帶到你們要去的地方。

我現在看到的就是不管它是用在工作，或是做娛樂，我認為元宇宙還是很早期的階段，也許再過個 10 年，應該就會看到一些比較貼近我們真實生活會用到的東西。

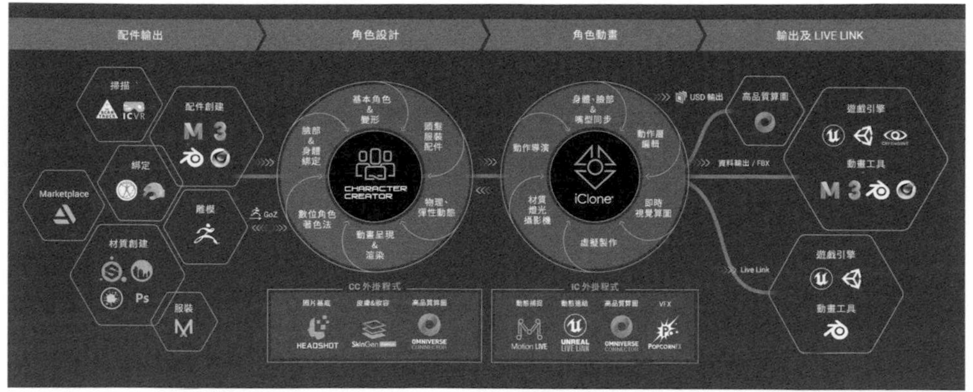

圖 9.7：甲尚科技的 3D 角色設計製作流程，圖：甲尚科技提供

> **Rich 分析**
>
> 甲尚科技在元宇宙的佈局包含了 3D 設施構建，以及 3D 虛擬人的這幾類發展。

甲尚科技關於元宇宙的商業模式圖如下：

表 9.6：甲尚科技關於元宇宙的商業模式圖

關鍵夥伴	關鍵活動	價值主張	客戶關係	客戶區隔
NVIDIA、微軟	3D 軟體製作	有很好的 3D 角色、結合人工智慧後有很不錯的表現	設計師社群	需要用到 3D 角色的企業及設計師
	關鍵資源		**通路**	
	開發人員、管銷人員			

成本	獲得
人員薪資、管銷費用	販賣軟體所得、專案所得

9.3.7 集仕多

集仕多於 2020 年 8 月成立，在台灣第一個主要產品是虛擬人偶，包含 AI 主播及導覽員的公司，使用 GAN[3]的 AI 技術，AI 主播可以代替真人去做播報新聞、去訪談，著重在互動採訪的部分。目前跟網路媒體合作，包含雅虎新聞、蕃薯藤⋯等等合作夥伴。以下是裴有恆 Rich 訪談集仕多創辦人梁哲瑋 Jared 的紀錄，以下以 Jared 代表梁哲瑋，Rich 代表裴有恆。

Q Rich：

今年的未來商務展，我有看到 Jared 在裡面展出元宇宙，請問集仕多在元宇宙這方面的投入原因是什麼？

A Jared：

其實對於元宇宙，我們也不是第一次投入了，早在 2015 年的時候我們就有做 AR 跟 VR 的專案，那時候一個比較代表性的就是，我們幫信義房屋的總部做 AR 看物，它們有一支電視廣告「老婆未來的樣子，看丈母娘就知道！」，就是用 AR 來看物，因為實體的空間是一個空的房子，你不需要花那麼多錢讓設計師整個設計一次，也不用去拿平面圖，只要初步透過 AR 的方式看一下，就可以知道這個房子如果裝潢後會不會喜歡？適不適合？所以我們最早其實在 2015 年的時候，就已經開始有做 AR/VR 相關的經驗。

在這次的未來商務展，或者說最近的一些展覽，元宇宙應用是個大爆發，很多公司都有投入。而我們在這塊投入的原因，一方面是因為我們過去在技術上就有經驗，另一方面，我們公司是數據導向，會觀察非常多長期的數據，配合比較有潛力的主題一起成長，因此我們投入元宇宙。此外，前一陣子不管是在 Web 3.0 或是 Metaverse 的熱度都是一度往上很大幅的

3 Generative Adversarial Network，中文為生成對抗網路，是非監督式學習的一種方法，透過讓兩個神經網路相互博弈的方式進行學習。最終目的是使判別網路無法判斷生成網路的輸出結果是否真實。（資料來源：Wikipedia）

成長，它等於是宣告另外一種時代的來臨，也就是 VR 提升到另外一種體驗，所以我們投入的原因其實跟我們看到的數據也有相關。

我們實際上投入的角度是在社群體驗的部分。元宇宙是一個大群體的共同體驗，我們也認為元宇宙是我們產品跟技術的一個載具，它很有潛力，期望我們的產品可以置入到這樣的載具上面去傳播。

Q Rich：

那請問集仕多現在對元宇宙已經做好的準備，以及你們已經開發好哪些技術和應用呢？

A Jared：

在疫情期間，我們發現大眾對於這個虛擬世界跟元宇宙的接受度頗高，由於人們大多是遠端工作。但有趣的是，元宇宙不會是一個純虛擬的世界，它是一個實體世界的延伸。在疫情以前，大家對元宇宙的詮釋可能是它是一個虛擬空間，也就是第二人生，你在現實世界中不能做的事情，在元宇宙裡面是可以的，但是在疫情期間我們發現這論點似乎有點改變，虛擬世界不見得跟現實世界是脫離的，應該說它反而是一種延伸。我們的元宇宙，它的承載量非常大，我們就曾經代理國外可以乘載上百人同時上線的系統。這個系統開發的公司對於元宇宙未來的看法跟我們很相近，且它的產品功能都蠻符合我們的想法，因而我們把我們的產品放上去，讓這一百人可以同時在同一個空間聊天做互動。

我們同仁設計了一個在這個元宇宙的房間。當其他同仁嘗試進入後，都立刻「哇」的一聲叫出來。這是因為有情感的連結，房間內完全複製了我們公司的大門、門牌，還有我們公司的攝影棚。對我們同仁來說，這就是他們認識的公司，自己熟悉的公司完整地搬到線上真是酷！我認為元宇宙是現實跟虛擬的連結。我們希望它是一群人的元宇宙，而且這一群人不需要特殊的設備就可以進入元宇宙。我們的元宇宙是人們的手機無須安裝任何 APP，只要使用電腦、VR 頭盔，輸入網址就可以馬上登入，因此手機、電腦和 VR 頭盔要能相互連結，操作模式也不一樣。

在元宇宙平台的部分，我們選擇不自己去開發，而是去取得授權。我們會把自己的產品擺上去，所以我們的二代 AI 主播會擺在元宇宙的空間裡，其中展示間就有很多的電視牆，而電視牆播報的就是我們想要傳達的訊息。目前有幾個應用，其中一個是博覽會的應用，六月份展出的城市博覽會就有五大展區，我們在元宇宙做了很多跟現實生活體驗相連結的部分，而這個城市博覽會是有導覽員的，導覽共 20 分鐘。導覽員是一個名叫邱小莫的人偶，她會帶領進來觀展的人從一樓走到二樓，並且對每個展品一一做介紹，就像你參觀實體展覽的體驗一樣，而且你在過程中還可以跟你身旁的人聊天，而你也只會聽到你這個小空間裡面的人講話的聲音而已。

另外在 AI 主播的部分也同樣擺入了這個元宇宙的空間，來介紹跟你這個展覽相關的一些重要的 3D 展品，AI 主播在上面可以製作你的內容，成本較其他的做法大幅降低，只要把相關的素材提供給我們就好。

Q Rich：

把虛擬跟實體連接起來，其實它很重要一點是有一個情感的連接，那是一個認知連接，我個人非常認同。那集仕多對元宇宙的未來發展有什麼樣的看法呢？

A Jared：

就像 Meta 在美國、加拿大，他們都已經開放了《Horizon Worlds》這樣的服務，我認為元宇宙因為疫情的因素，又讓它的參與度更高了。元宇宙的未來會有比較多的面向，但它和遊戲不太一樣，它是朝向社交的走向，也就是著重在群體社交的體驗，因此我想元宇宙會是越來越多人可以接受的未來趨勢。

我更看好一些對現實體驗的連接，尤其是現實生活的延伸，是未來最有機會的應用。舉例來說，我想要建立一個名人紀念館，但如果我真的去購買一塊土地蓋紀念館，那個費用會非常可觀。但如果我們可以在元宇宙中建立一個名人紀念館，走廊當中都可以擺放這一位名人的生平、經歷，還有他過去一些有趣的訪談，甚至一些影像，比如他比較知名或具代表性的作品，利用我們在 3D 的 Model 部分可以製作跟他有情感連結的 3D 模型，尤其是在現實中無法實現的部分，在元宇宙中我們都能讓它得以實現。

圖 9.8：集仕多展示在 2022 城市博覽會元宇宙的 AI 導遊，圖源：集仕多提供

元宇宙應該要能延伸像企業對員工之間的關係、企業對客戶之間的關係，甚至是組織對一般民眾的關係。像展間就是組織對一般民眾更不一樣的連結，元宇宙的每一個房間，都是一個可以跟你交流以及互動的空間。因此對於元宇宙的未來，我們是看好它跟現實世界連結的部分，而且延伸的部分它可以跨越國境。例如，可能某一位明星在元宇宙空間裡會想要跨國跟粉絲做互動，舉辦粉絲見面會，特別是在疫情嚴峻的情況下，他可以用零接觸的方式讓這些想法實現。

Rich 分析

集仕多在元宇宙的佈局包含了 3D 設施構建，以及 3D 虛擬人的這幾類發展。

集仕多關於元宇宙的商業模式圖如下：

表 9.7：集仕多關於元宇宙的商業模式圖

<table>
<tr><th>關鍵夥伴</th><th>關鍵活動</th><th>價值主張</th><th>客戶關係</th><th>客戶區隔</th></tr>
<tr><td rowspan="3"></td><td>3D 平台製作、人工智慧</td><td rowspan="3">多人線上會議、3D 物件、生動的虛擬人</td><td></td><td rowspan="3">年輕人、企業</td></tr>
<tr><th>關鍵資源</th><th>通路</th></tr>
<tr><td>開發人員、管銷人員</td><td></td></tr>
</table>

成本	獲得
人員薪資、管銷費用	專案所得

9.3.8 國際信任機器 ITM

ITM 於 2019 年 1 月成立，是做 AIoT 方面的區塊鏈公司，主要將現實社會產生的大量資料放到區塊鏈，透過其專利的安全協定演算法的打包技術，把高達 100 萬筆的資料，透過一個小數據存證到區塊鏈中。ITM 提供的服務讓企業每年可以免費存入 100 萬筆資料到公有鏈以太坊，並且可取用這些數據進入 NFT，好進入元宇宙。目前配合的客戶包含有台電、緯創、神達…等等。在元宇宙的部分則是跟臺灣 Kdan 合作，先做了資料存證，再用一個平台鑄造 NFT。這次很榮幸邀請到 ITM 的共同創辦人陳洲任 Julian 接受訪談，以下以 Julian 代表陳洲任，Rich 代表裴有恆。

Rich：

請問 ITM 往元宇宙方面投入的原因是什麼？

A Julian：

元宇宙是一個區塊鏈技術延伸的議題。區塊鏈的技術使加密貨幣的發展擴及到元宇宙的部分，區塊鏈所帶來的最大改變就是比如說我不用知道誰在記帳，但是我永遠可以相信帳本裡的資料是正確的，因為透過集體共識，一個全球性的共識來確認這個帳本的不可篡改特性。元宇宙不會是透過少數的中心來做壟斷，它可以說是基於區塊鏈這個底層技術，透過一個形態的介面，協助資產的交換跟交易，因而可以獲得一個更好的解決方案。

從 ITM 目前在元宇宙的發展跟布局來看的話，我們在元宇宙世界的應用是：我們把現實世界產生的這些大量資料，做到確認資料的一個來源跟產生者，並且能夠對應、丟到元宇宙裡面，讓未來在元宇宙上的這些決策能夠跟現實世界結合在一起。

區塊鏈底層是一個分散式的系統，很多節點的分散式系統其速度通常很慢，而現實社會產生的資料量非常大，就好像我們早上才跟一個很大的車聯網公司開會，這個未來的電動車 1 秒就能產生 200 多筆的資料，而這麼大量的資料不可能完全記錄到這個區塊鏈上面，所以怎麼樣透過一個有效的安全協定，把現實社會所產生的這些大量資料記錄到元宇宙？元宇宙的興起跟元宇宙的未來到底會怎麼樣？目前現階段還算非常早期，但至少我們看到了它發展上的需求。從元宇宙出發，怎麼回應到現實世界？又，現實世界所產生的大量資料，要如何回應到元宇宙？一個中心系統不可能承載那麼大量的資料，因此，現在能夠透過我們的產品，把大量的資料跟區塊鏈做連結了。

Q Rich：

ITM 有這麼好的東西，是不是可以再跟我們做一些詳細的說明？例如 ITM 在元宇宙上已經做好的準備，還有已經開發好的技術與應用？

A Julian：

我們 ITM 的產品能夠透過幾個介面，藉由拖拉的方式，類似 Dropbox，讓個人或企業把大量的資料去做存證。另外，我們有一個 API 的介面，也就是透過 API 的對接，能夠讓你的系統直接把密碼學的證據做一個處理，我們讓設備能夠在接收到資料的時候，從設備端直接存證到區塊鏈，同時設備端自己做稽核，其實一個低階的晶片就能夠做到：協助現實社會產生的大量資料，然後存證到區塊鏈上。

再來是如何跟元宇宙產生互動？例如在藝術部分，很多人都想為藝術作品發行這個 NFT，但是他要怎麼確認這個 NFT 所指的這個藝術作品是原來創作者的？創作者又是在什麼時間完成的？所以現在我們在 NFT 的第一個應用，就是讓創作者先把他創作的內容做存證。接著我把這個存證的訊息放到裡面，那麼當你在 NFT 交易平臺上，就可以透過敘述看到這個資料是哪一種原始檔案。然後透過存證的證據，你可以去區塊鏈上面做驗證。當發行一個元宇宙的資產，證明你現實世界所有數位檔案所有權的時候，就能夠去驗證這個數位檔案是屬於誰的，還有在什麼時間產生的，這就是我們現在的基礎應用。

我們最近跟 Kdan 正在合作，要讓 Kdan 創作平台上的創作內容，先透過 ITM BNS 存證，再透過 ITM Mint Server 鑄造出來的 NFT，它其實就具有創作履歷的一個證明了，也就是說，對於這個創作履歷，我們可以去區塊鏈做驗證。

但是眾所周知，要把一個證據利用一筆資料存證到區塊鏈的價格非常高，所以 ITM 提供了一個安全又便利的機制，讓大家把現實社會產生的資料存證到區塊鏈，作為未來 DAO 決策的一個基礎，ITM 透過智能合約，利用區塊鏈帳本，自動執行。這些資料因為經過區塊鏈存證，大家不用再去問傳統的可信第三方，直接就可以知道這個資料是否確實曾經存證過。簡單來說，區塊鏈存證技術可以讓現實社會跟未來的元宇宙世界做一個更好的結合。

Rich：

請問 ITM 對於元宇宙未來的發展有什麼看法？

A **Julian：**

我們因為是做區塊鏈，也在這個底層技術的一環。我們看到了一個雙向的賦能：未來我的身份就是一個錢包，所以我有多少資產、我過去做過什麼樣的履歷，就像 NFT，可以透過區塊鏈知道它就是一種賦能，達成資產的一種新型態的交易，而能夠降低交易的成本，降低彼此的不信任感。

但因為知道你已經買過什麼樣的產品，所以我可以給你不同的優惠，也因為你知道我產品的特性或服務，因此我們可以透過區塊鏈系統來快速達成交易。

我希望我們能夠讓這個元宇宙的未來跟現實社會的關係，是一加一必須大於二。元宇宙對我們而言，其實是一個新的世界，但是新的世界跟舊的世界是融合的，是彼此共存的。

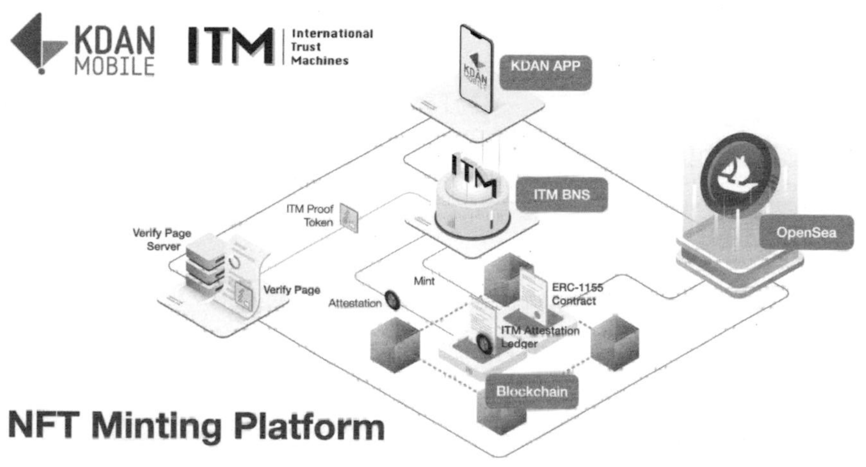

圖 9.9：ITM 的 NFT Minting Platform

Rich 分析

ITM 在元宇宙的佈局包含了經濟的發展。

ITM 關於元宇宙的商業模式圖如下：

表 9.8：ITM 關於元宇宙的商業模式圖

關鍵夥伴	關鍵活動	價值主張	客戶關係	客戶區隔
Kdan	區塊鏈及 NFT	區塊鏈憑證的安全性、NFT 合作鑄造		年輕人、企業
	關鍵資源		通路	
	開發人員、管銷人員			

成本	獲得
人員薪資、管銷費用	專案所得

9.4 台灣剛開始投入元宇宙組織專訪

有鑒於元宇宙的狂潮，從遊戲界及 AIoT 界轉戰元宇宙的智慧價值，以及行銷界的獨立女子整合行銷跟 WeMedia 合作的十二道傳媒都紛紛投入，大家可以從他們的訪談中了解，從他們的角度看到了什麼商機。

另外，這邊也請本書共同作者，紡織產業綜合研究所沈乾龍副主任來告訴我們紡織產業綜合研究所針對元宇宙的技術應用與未來想像。

9.4.1 智慧價值

智慧價值股份有限公司在 2019 年春天成立，由陶建宇創辦，陶建宇有二十多年的遊戲產業經驗，而智慧價值是陶建宇針對人工智慧浪潮創業的公司，陶建宇本人是台灣人工智慧學校經理人班第三期的學員。

以下是裴有恆 Rich 訪談陶建宇 Jerry 的紀錄，以 Rich 代表裴有恆，Jerry 代表陶建宇。

Q Rich：

Jerry 在遊戲界有非常深的經驗跟實力，現在創業的智慧價值公司，最近決定重心要轉到元宇宙，請問智慧價值對元宇宙投入的原因是什麼？

A Jerry：

投入的原因最主要有兩個面向，一個是我覺得它是未來，就像我當初決定要投入到 AI 一樣，是因為我也覺得 AI 是未來，數據是未來。元宇宙的方向是一個很大的趨勢。另一個算是更重要的原因，就是我當時做 AI 創業，本來是希望從 AI 創業可以先賺到錢，再去做遊戲。因為我一直最喜歡也最熱愛的就是做遊戲，我當時在遊戲產業待了非常久，從單機做到 on-line Game，做了次世代主機的遊戲，後來再去做手機遊戲、網頁遊戲。其實做遊戲是一直是我的最愛。而在未來的元宇宙，遊戲必然是裡面非常重要的一個環節，所以在 2021 年底我們公司就開始轉型，把公司核心跟數據跟 AI 的部分變成隱藏在水面下的基礎，改為專攻元宇宙賽道。

Q Rich：

要投入元宇宙，請問貴公司有什麼已經準備好的事情，或是已經有什麼技術跟應用呢？

A Jerry：

我認為它有三大塊是非常重要的領域：一部分是區塊鏈，另一部分是顯示的相關技術，像 VR 這種顯示技術，最後一部分當然就是遊戲化這件事情，它會在各個領域中出現。對我們公司來說，原本一半以上的工程師就是做遊戲出身的，所以我們對遊戲的領域是熟到不能再熟了，遊戲視覺相關的應用對我們來說也相當容易，因此在元宇宙相關的準備階段主要有二，一個就是關於遊戲開發的技術，另一個很重要的是，我認為未來不管任何一個領域，商業、工業還是遊戲，背後都需要數據和 AI 作為支撐，以我們公司過往開發的一些經驗，比如說我們之前開發過大型的商業會員平台、CDP[4] 的系統，或者物聯網相關的技術，都是我們現在最好的養分。又例如，我們正在跟一家視覺和行銷都非常強的公司合作，對方同時也找了一間做 AR 眼鏡的公司一起合作，希望在明年能夠推出一個真正結合虛擬與實際的產品。也就是最近在網路上瘋傳的一支影片：當消費者用手機掃描會員卡，就等於去掃描它背後區塊鏈的相關資訊。而這其中的會員資訊、整個系統的後台其平台跟數據系統都是我們公司製作的。我們打算結合在遊戲這塊的經驗，加上我們把數據跟 AI 當成核心，來作為底層的支撐。

Q Rich：

基於 Jerry 你多年來在遊戲方面的經驗，智慧價值對元宇宙未來的看法是什麼？

A Jerry：

由於我做遊戲做了很久，包括一開始的臉書遊戲、過去 PSP 這種手持式的主機遊戲，或者單機遊戲、手機遊戲，當大家開始玩遊戲的時候就會發現，遊戲本身一直都驅動著硬體的變動。元宇宙遊戲，因為現在 VR 技術的成熟，5G 網路的頻寬夠大，電腦運算的能力越來越強，整個虛擬世界跟真實世界的結合程度會變成越來越高，當這個奇點來臨的時候，就是元宇宙爆炸的時候了。我們現在在講的元宇宙，目前還有非常多的障礙存在。就像明明 AI 已經講了 30 幾年的，為什麼我在 3 年前覺得 AI 會發展，就毅然而然跳出來創業，從 4 個人做到 20 幾人的公司？因為 AI 在那時候，我判斷它很重要的一個關鍵瓶頸被打破了，而這個瓶頸是牽涉到整個運算力的基礎，很多基礎的環境成熟，就能夠達成這件事情。

---

4 Customer Data Platform，中文為客戶數據平台，是一個軟件集合，它創建一個持久的、統一的客戶數據庫，其他系統可以訪問該數據庫。數據從多個來源提取、清理和組合以創建單個客戶檔案。然後將這些結構化數據提供給其他營銷系統。（資料來源：Wikipedia）

元宇宙的情況也很類似，我認為元宇宙是即將發生的事實，以現在的視覺技術不斷的進步，AR/VR 眼鏡發展也越來越厲害，我們可以從還不是那麼成熟的產品感受到未來可能的發展。在虛實整合以後，人們可以在虛擬的元宇宙世界裡面做很多事。所以真正的虛擬世界元宇宙，就是把虛擬生活跟真實生活結合在一起，我認為這在我們有生之年一定會發生，而且以我現在看技術或硬體的進步，我認為它很可能在 5 年之內就會發生，快的話大概 2-3 年就會到來，而什麼時候會爆炸呢？以我的判斷應該是在那個關鍵的輕量化設備出現的時候，價格合理，單價約在一萬元以下，其實 Quest 2 為了搶市佔率已經壓到這個價格了。所以我認為元宇宙是必然會來的，只是時間早晚而已。

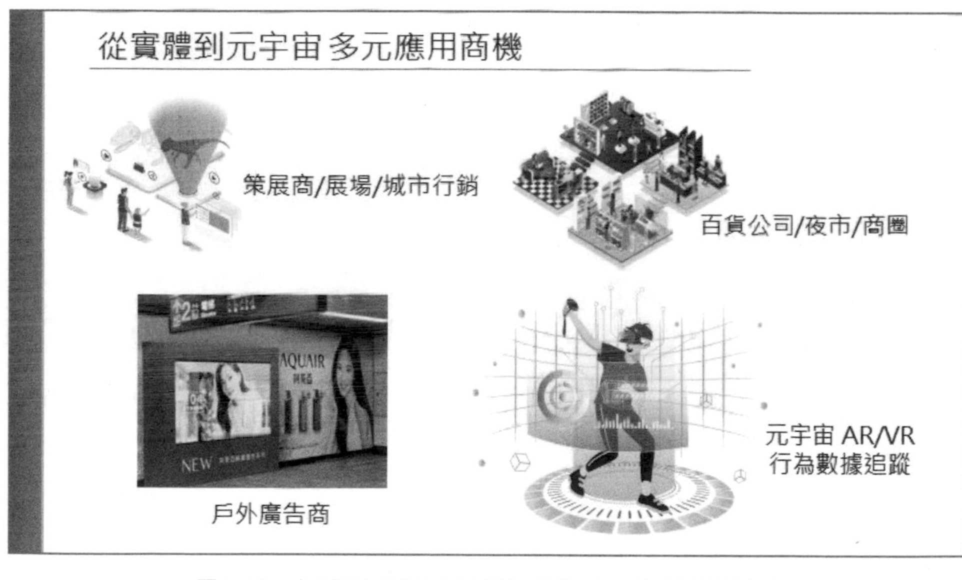

圖 9.10：智慧價值的元宇宙應用情境，圖：智慧價值提供

9.4.2 十二道傳媒

獨立女子整合行銷是做品牌顧問跟 SEO 顧問的部分，SEO 顧名思義就是在做搜尋引擎的優化，讓企業主能夠有一些比較好的排名。WeMedia 一直專注投身在新媒體行銷領域，從數據分析與市場研究中策動廣告行銷佈局，這兩家公司在 Web 2.0 都有不錯的表現，一起針對 Web 3.0 合作了十

二道傳媒，這次特別邀請獨立女子整合行銷的執行長林艾達 Edda 及 WeMedia 的執行長李首清 David 來做訪談。以下以 Rich 代表作者裴有恆，Edda 代表林艾達，以及 David 代表李首清。

Rich：

先請教兩位，你們成立的十二道傳媒為什麼會投入元宇宙？

David：

十二道傳媒是一個我們專門針對區塊鏈加密貨幣以及元宇宙相關訊息匯集的全新媒體平台。在十二道傳媒中，更提供了 360 度數位整合行銷服務，協助企業與品牌對接進入到所謂的元宇宙中。

在現階段的行銷環境裡，要達到行銷目的需要越來越多元的工具與佈局，更需要從整體的策略到內容，甚至到曝光上，都要有一個整合的全面性配套的規劃。接下來我們會透過十二道傳媒，讓這樣的訊息有更多的曝光機會，引領大家更輕鬆、更快速的進入到元宇宙的世界。

Edda：

從 Web 2.0 到 3.0 這個過程當中，大家可能還沒有那麼快速的要去做一個改變。我們兩家公司會選擇聯手合作的原因，是因為元宇宙是一個非常大的一個產業鏈的結合，這會牽動非常多的產業鏈，也會有不一樣的就業需求會出現，還有新興的人才會出現。之所以會成立十二道傳媒，是因為我們希望將最正確的資訊提供給大家。

品牌是 360 度的，不管是從社群媒體、戶外看板，甚至到公車捷運等等，它就只是一個工具，元宇宙也是一個工具，可是要如何運用這樣的工具，品牌端應該怎麼去使用，以及應該具備什麼樣的思維。我們希望能夠透過十二道傳媒這個平台給大家一個正確的觀念。

Q Rich：

請問十二道傳媒對元宇宙的準備，還有已經開發好的技術跟應用有哪些？

A David：

在現階段的 Web 2.0，我們在網路上有很多種的身份，但這個身份企業或品牌並不一定能夠跟這個 user 真正的對應溝通到，但是到了 Web 3.0 之後，每一個人都會有一個對應到自己的身份鏈結，讓你在 Web 上的身份賦予了靈魂。所以進入到了 Web 3.0 元宇宙之後，無論是透過 AR/VR，企業與品牌就可以更直接的一對一去做溝通與傳遞。

目前十二道傳媒至少和 5 個台灣大型的神等級 mod 在做合作，所以接下來大家可以期待會有一些元宇宙的消息進入到十二道傳媒。我們可能跟品牌的合作，也會在 Web 3.0 時完全去中間化的結合在一起，所以說將來在 Web 3.0，其實我們做的最簡單的一件事情就是，讓所有的訊息完整並清楚透明，讓所有人能同步獲得這些訊息，而且沒有所謂的身份貴賤，大家彼此平等的去做交流。我們要做的事情就是協助企業與品牌如何在這樣的轉型過程中，再去跟我們的消費者做更好的接觸跟連接，這是我們一直在進行的部分。

A Edda：

因為疫情的推波助瀾，讓消費者習慣改變。我們可以在元宇宙上面看到一些案例，比如說在疫情之前，大家很習慣用會議室去開會，但我們現在做這個訪談，就是線上平面化的會議，進到元宇宙世界，它變為 3D 化的會議，大家會越來越習慣。疫情前大家也很習慣聯誼，要聚餐、喝酒、聊天等等。但疫情之後你會發現多數都變成了線上聚會，以我們三位來說，如果不是因為 clubhouse 的聚會，我們根本就不可能認識，所以這類事情在未來只會持續發生。

元宇宙最重要的東西就是沉浸感，而且便利性很重要。就像我們那時候看《一級玩家》，你上線了，你就有自己不同的身份，而這個身份跟你現實是完全不一樣的。它能夠在虛擬世界去創造你的影響力，甚至在裡面創造你的收入，而且還可以結合到現實生活中。

我覺得在元宇宙世界裡面，做行銷有幾大重點：第一個就是要具備趣味性，然後是社交感、經濟性去做兌現或收益；再來就是在品牌端最重要的歸屬感，原因是它能夠讓大家貼近元宇宙。生產力也很重要，因為大家會在上面開會、合作、執行業務。趣味性便可以帶動社交感。

在元宇宙行銷裡面，就是把商業化行為搬到元宇宙，讓它有真實感。過去我們在逛網站的時候，我們會看產品的說明圖片，這時候大家就會發現電商中網站的照片跟收到的東西外觀不一樣。但在元宇宙世界裡面，怎麼讓消費者覺得好像真的在逛街，或者跟這個品牌在做互動，這時趣味性就變得很重要。

如果元宇宙要使用到一些技術，那就是我剛剛提到的上下游產業的結合，比如以收益來說，可以透過 NFT 的交易平台。回到一個重點，你能不能夠提供所謂的附加價值。在元宇宙世界，要有一些有趣的、有社交感的，就像一個品牌同好俱樂部的概念。

A **David：**

在技術與經驗上，十二道傳媒都不斷地在跟進與佈局，我們會站在品牌的立場去思考三個重點：要說什麼、為什麼而說，以及你要對誰說。元宇宙確實是一個新的商機，更是一個趨勢，更是顛覆現在我們所認知的。若能趁勢抓住紅利期，那就有機會能夠掌握先機，帶動品牌的行銷與獲利。

Rich：

最後請教兩位十二道傳媒對元宇宙未來的看法為何？

David：

十二道傳媒要傳遞的是正確而且是正面的訊息，我們現在也跟全球前三大的媒體平台在做相關的合作，讓全世界的一些相關訊息透過十二道傳媒，可以去了解全球在加密貨幣、區塊鏈，以及 NFT 與元宇宙上面的一些訊息。未來當我們連接到元宇宙的時候，無論是舉辦演唱會、演講，或是其他活動，都要能將正確的訊息傳遞出去，才能夠在未來建構一個真正美好的元宇宙。我們希望能夠有一個讓大家進入後能感到舒適的地方。

Edda：

在十二道傳媒，我們會希望這個媒體是可以傳遞真理的。站在品牌端，告訴品牌在元宇宙世界裡面，品牌端應該怎麼去看待行銷這件事情，以及如何去運用這樣的工具，因為你等於是進到那另外一個世界裡面去，可能是透過不同的身份，在這個不同的元宇宙裡面穿梭。

David：

我們兩家公司會做這麼密切的合作，就是持續的在數位轉型與數位行銷的領域上面深度經營，並把這樣的理念放到十二道傳媒中，將信息正確的傳遞出去。協助企業或品牌進入到元宇宙，需要有很多的過程，更需要有一個專業的團隊、或者專業的經理人去做 360 度的全方面佈局，我與 Edda 攜手的十二道傳媒，會一直朝著這個目標去邁進。

圖 9.11：十二道傳媒的元宇宙媒體圖，圖源：十二道傳媒提供

9.4.3 台灣紡織產業綜合研究所

紡織產業綜合研究所是台灣紡織技術的研究單位，近年來在智慧紡織有很不錯的成績，讀者可以回顧前面的相關章節（第一部分 2~5 章）。

以下訪談內容以 Rich 表示本書作者裴有恆，以 Chien-Lung 代表本書共同作者沈乾龍。

Q Rich：

臺灣廠商現在在智慧紡織品有非常不錯的成績，很多都是紡織產業綜合研究所協助技術轉移的成就，而本書共同作者沈乾龍沈副主任是這個團隊的帶領者，請沈副主任來告訴我們大家紡織產業綜合研究所在元宇宙的時代，如何運用智慧紡織的技術。

A Chien-Lung：

元宇宙的來臨，對於我們把現實的東西帶入數位，讓人充滿了很大的憧憬，其實現在我們在元宇宙這個平台裡面，很多的溝通正是透過我們的鍵盤或者雙手來做一個輸入的介面。但我認為在不久的將來，透過很多的智慧穿戴紡織品就可以跟元宇宙串接在一起，因此這時候我們更需要很多這種現實中的資訊，能夠跟虛擬資訊產生一個互動的串流；並且把我們的操作從以前的搖桿轉變為直接使用身體自然擺動的輸入方式，來跟 Avatar 之間產生一些互動。

我們正在研究，如何強化現實與元宇宙的沉浸式體驗，未來人們只要穿上最新的觸覺反饋智慧衣，Avatar 在元宇宙內的社交活動，如：握手、擁抱或者撫摸…等，都可以透過衣服真實地傳遞元宇宙的虛擬體驗。

Q Rich：

接下來要請問沈副主任，紡織產業綜合研究所對於元宇宙的未來，特別是在智慧紡織品上面的一些看法？

A Chien-Lung：

我們會有幾個階段，第一個就是在虛實之間的磨合後，我們如何讓現實跟虛擬之間的資訊能夠有更緊密的互動，這是目前我們正在努力而且正在邁進的一個方向。但當我們已經開始用 Avatar 來做，成立新的社交活動或者新的生活型態時，我想未來在紡織的發展也會有更多的數位化，比如數位的衣服、數位的鞋子，因此我們嘗試將現實數位化之後，帶入虛擬的下一個世代，這就是我們目前正在做的。

具體來說，像剛剛提到的我們在現實中的社交活動，比如握手、擁抱，未來在元宇宙中，人們也會期待保有這種情感與觸覺的體驗。我想未來人們都有可能在虛擬的元宇宙中產生更多的其他互動，或者更多體驗的連結。而能夠使之實現的這些數位型的服飾或布料，也將會是未來我們發展的重點之一。

9.5 結論

元宇宙方興未艾，從以上的廠商訪談中，可得知各個相關廠商分別從 AR/VR/MR、區塊鏈、3D 圖學、影視、人工智慧、遊戲，以及行銷等相關領域切入，而相關的商機與未來發展十分值得期待，而早期投入的企業，未來雖不一定能成為引領風潮的主力，但仍有很大的機會能掌握商機。

另外本章相關訪談細節多可以從以下 QR Code 中的相關影片獲得。

10 未來展望

10.1 未來展望

不論是穿戴運動健康或是元宇宙，都是為了滿足人類本身的需求，新冠肺炎疫情更是強化人們對健康的重視，而穿戴運動健康正是往這個方向來協助人們。由於智慧紡織品的貼身，可以量測生理訊息以獲取精確數據，建模後可以造福人類，協助治療與照護。目前雖然系統單價偏高，隨著技術進步，使用者愈來愈普及之後，未來有了經濟規模，價格將會越來越親民，甚至掀起一股熱潮，到最後成為生活必需品。當然其功能會越來越好，幫助人們更有效率及效果的運動，更了解自己及家人的健康狀況，並且協助照護，使人們擁有更美好的健康人生。

元宇宙時代未來的樣貌很可能跟我們現在想像的不完全一樣，隨著科技的進步，特別是 XR 裝置跟腦機介面，結合智慧紡織品，或是未來 Hologram 的技術越來越發達，可以直接在空間投影，就能把虛擬世界的體驗真實地傳達到人的大腦與神經系統，讓虛擬與現實結合，創造更美好的生活。這就像當年本書作者 Rich 在 1995 年進美國南加州大學研讀電腦工程碩士時，因為大學是機械系畢業，認定未來會有智慧型的機器人，因此決定專攻人工智慧，之後經歷了 20 年的歲月，終於因為科技進步與電腦運算能力的發達，看到了可以協助人類的智慧機器人。而能夠創造美好體驗的元宇宙的到來，也許還需要另一個 20 年，或者更短，這個只能看未來世界局勢的發展。就像新冠病毒疫情，催化了這一切的進展，但是不變的是，隨著社會的富裕，為滿足每個人的需求，它會是必然的趨勢。

10.2 結論

數位科技的發展，在應用上還是要以人的需求為本，這樣使用者才會付費，發展也才可能蓬勃。在供過於求的世界中，唯有滿足甚至超越消費者需求，給予使用者很棒的體驗，而如能在消費者意識到自己深層的需求前，服務廠商就能提供，就會讓消費者驚喜與感動。而這個可以利用物聯網獲取數據，以數據用人工智慧來建模，因此可以做到精準預測。就像我們常聽到的一句話，「Google 比你更了解你自己」，這是因為我們常常在用 Google 的工具，像是 Gmail、Google Map、Google Doc、Google Meet、使用 Android OS 的智慧型手機以及 Nest Hub…等等，而 Google 在我們一開始使用時，就詢問過我們是否願意讓它獲取我們的行為數據，我有朋友就因為選擇不願意，結果無法使用相關服務。

在這個人人越來越注重養生跟體驗的時代，企業在做數位轉型的產品上更需要符合這樣的潮流。透過 AIoT 的系統獲取數據，不僅應用在工廠、農業、零售、城市，針對個人需求的滿意度更是必然的發展趨勢，而從運動健康的生理數據偵測與健康協助，到元宇宙的全面感官沉浸，正符合這樣的發展，不過這也讓人們交出了自己的數據，影響到個人的隱私。而自從歐盟開始發表 GDPR[1] 之後，人們也對自己的隱私權屬於自己，而非屬於

---

1 General Data Protection Rule，《一般資料保護規則》，又名《通用資料保護規則》，是在歐盟法律中對所有歐盟個人關於資料保護和隱私的規範，涉及了歐洲境外的個人資料出口。（資料來源：Wikipedia）

平台的認知越來越強烈。之前 IBM 以 Watson 投入智慧醫療健康時，誤以為可以將客戶的健康數據據為己有，造成了軒然大波，也間接地造成這個事業體的衰敗。

世界進步的腳步不會往回走，只會一直前進，但因為疫情的關係，除了強化個人的體驗之外，更有對環境的低碳與資源循環的注重，以及對社會的人道關懷，而這兩大趨勢也跟本書所強調的兩大主軸「運動健康」以及「元宇宙」息息相關。

利用科技強化「運動健康」以及利用「元宇宙」強化體驗的趨勢已然興起，接下來技術只會更精進。科技必須符合人性，而人性會讓科技滿足人類的需求。

A

中華亞太智慧物聯發展協會介紹

台灣有 96% 的企業是中小企業，中華亞太智慧物聯發展協會是為了協助台灣中小企業數位轉型成立的協會，協會有很多會員來自台灣人工智慧學校校友，協會現有六大榮譽顧問，前行政院長張善政、國發會前主任委員 & 地方創生基金會董事長及台灣區塊鏈大聯盟總召集人 陳美伶、二代大學校長李紹唐、新漢股份有限公司董事長林茂昌（也是智慧製造首席顧問）、銀行家劉奕成，以及台灣人工智慧學校校務長蔡明順。

底下就協會的成員及重要夥伴公司的能力，分為數位轉型輔導與教練、智慧場域，以及智慧產品三個類別做說明：

類別	公司：提供服務方向
一、數位/綠色轉型輔導與顧問	1. 昱創企管顧問有限公司：AIoT、智慧製造、智慧物流、智慧照護、智慧零售、綠色轉型、循環經濟。 2. 智能演繹股份有限公司：AI 顧問、智慧零售、智慧餐飲。 3. 菁賦雲端服務有限公司：製造業、服務業、零售業。

類別	公司：提供服務方向
二、智慧場域	1. 新漢智能系統股份有限公司及創博股份有限公司：智慧工廠、智慧農業、智慧零售、智慧城市、資訊安全。 2. 新呈工業股份有限公司：智慧製造。 3. 先知科技股份有限公司：智慧製造。 4. 慧穩科技有限公司：智慧製造。 5. 谷林運算股份有限公司：智慧製造。 6. 智能演繹股份有限公司：AI 顧問、智慧零售。 7. 鍠麟機械有限公司：智慧農業。 8. 智慧價值股份有限公司：AI 服務、元宇宙。 9. 群邁通訊股份有限公司：智慧醫療、物聯網。 10.杰倫智能科技股份有限公司：智慧製造、智能工廠。 11.臥龍智慧環境：水處理與回收產業、半導體業、農漁業。
三、產品及服務	1. 桓竑智聯股份有限公司：Arctos - 互動式影音通訊方案。 2. 智來科技股份有限公司：智慧家庭、機器人。 3. 品感覺：家電跟 AIoT。 4. 新聚能科技公司：專利相關服務。 5. 資鋒法律事務所：法律服務 6. 永旭聯合會計師事務所：會計服務

另外，本協會還有 ESG 顧問團，專門協助企業做 ESG，顧問群具備 SGS 即 TUV 萊茵 ISO14064-1、14064-2、14067、50001 及 GRI 報告相關課程完成證書，並根據自己 AIoT 方面的素養協助企業在循環經濟、節能減碳，以及數位治理方面達成 ESG 的要求。

中華亞太智慧物聯發展協會官網的 QR code 如下，歡迎大家上網查詢最新資訊：

B

台灣智慧型紡織品協會介紹

穿戴科技已蔚為全球發展的重要潮流，國內紡織業者開始積極投入智慧型紡織品的研發，並將成為台灣紡織廠下一波主導全球紡織市場的亮點，以及在 Nike、Adidas、Under Armour、Intel、Samsung、Apple 等國際品牌的趨使下，智慧型紡織品也成為電子與紡織產業所高度關注之議題與發展重點。根據 IDTechex 市場調查報告（2017）指出全球智慧型紡織品/電子紡織品的市場價值到 2027 年估計將達到 50 億美元。

紡織產業綜合研究所（以下簡稱紡織綜合所）在經濟部科技專案支持下，於 105 年成立「台灣智慧型紡織品聯盟（Taiwan Smart Textiles Alliance, 簡稱 tsta）」，成員涵蓋電子、紡織、資通訊等產業 41 家業者，以共同推動智慧型紡織品產業規範、展覽行銷及促進技術交流等。歷經 5 年推動成效彰顯，透過產官學研完成建立 10 件智慧型紡織品的產業規範，並於 106 年 11 月提出首件智慧型紡織品國家標準 CNS 草案建議案，期可作為國內智慧型紡織品新興產業的基礎。再者，透過該聯盟的跨領域平台，紡織綜合所協助福懋興業與聚陽實業分別通過經濟部技術處 A+企業創新研發淬鍊計畫補助，以垂直整合成衣廠及跨領域整合電子廠與系統商等，共同合作發展高值化之「智慧戶外服飾與救難服務技術」與「科技運動健身輔助服飾整合技術研發計畫」，期能接軌國際運動與健身服飾之應用市場。

圖 B.1：2018.1.23 台灣智慧型紡織品協會 30 位發起人合影

鑑於國內智慧型紡織品已趨於熱絡，於 2018 年 1 月 23 日由 30 位產學研代表發起下，成立「台灣智慧型紡織品協會（Taiwan Smart Textiles Association,tsta）」，並於 3 月 14 日（三）下午 2:00 假紡織綜合所大智館 2 樓舉辦「台灣智慧型紡織品協會成立大會暨第一屆第一次會員大會」。截至 2022 年 5 月 31 日，已入會之會員涵蓋材料電子、紡織、成衣、機械、資通訊以及各公會代表等共計 56 個單位，包含：三司達、南緯、絲織公會、紡織所、富順、聚陽、正基科技、三芳、華電聯網、金鴻、福懋、廣越、萬九、南良、潤泰、愛克智慧、宏遠、金磚、巨金、豪紳、製衣公會、手套公會、崑洲、電電公會、手提包公會、織襪公會、和明、毛衣公會、帽子公會、弘裕、恒大精密、興采、禾茂電、曜田、IDTechEx、韋僑、台端、力泰、臺隆、中良、台灣檢驗、東紡、耀登、台南企業、聯嘉光電、中華電信、金鼎、漢鴻生物、科工館、奇凡、汰原、電腦公會、台灣物聯網產業技術協會、台灣全球無線平台策進會等。

期希未來能透過「台灣智慧型紡織品協會」，以積極推動智慧型紡織品之發展、促進企業進行技術及產品創新、推廣產品檢測標準與產業規範以及舉辦研討會、學術或產業座談會及推廣活動，提升國內智慧型紡織品能量及於國際市場上建立台灣高科技智慧紡織品形象，並為國內紡織產業再創高峰。

台灣智慧型紡織品協會網站的 QR code 如下，歡迎大家上網查詢最新資訊：

參考文獻

1. 《AIoT 數位轉型策略與實務——從市場定位、產品開發到執行，升級企業順應潮流》裴有恆著 商周出版社

2. 《AIoT 人工智慧在物聯網的應用與商機》裴有恆、陳玟錡著 碁峰資訊股份有限公司

3. 《物聯網無限商機——產業概論 x 實務應用》裴有恆、林祐祺著 碁峰資訊股份有限公司

4. 《改變世界的力量 台灣物聯網大商機》裴有恆、陳冠伶著 博碩文化股份有限公司

5. 《元宇宙時代》金相宇著 中信出版集團（中國簡體中文版）

6. 《區塊鏈與元宇宙：虛實共存・人生重來的科技變局》王晴天、吳宥忠著 創見文化

7. 《元宇宙大未來：數位經濟學家帶你看懂 6 大趨勢，布局關鍵黃金 10 年》于佳寧著 高寶書版

8. 《元宇宙》趙國棟、易歡歡、徐遠重著 中國對外翻譯出版公司（中國簡體中文版）

9. 《元宇宙通證》邢杰、趙國棟、徐遠重、易歡歡、余晨著 中國對外翻譯出版公司（中國簡體中文版）

10. 《NFT 大未來》成素羅、羅夫、胡佛、史考特麥勞克林著 高寶書版

11. 《NFT Metaverse & DeFi: 3 Books in 1: The Complete Guide to Invest and Build Wealth in a Decentralized World - How to Lend, Trade & Invest in Cryptocurrency and Digital Assets Kindle Edition》Peters, Lucas 著

12. 《COVID-19 疫情下零接觸商機》陳佳榮 IEKConsulting

13. 《2020-2021 年元宇宙發展研究報告》王儒西、向安玲 中國清華大學新媒體研究中心

14. 《元宇宙全球趨勢與臺灣產業機會》蘇孟宗及工研院研究團隊 IEK Consulting

15. 《Metaverse 是否能為 5G 帶來新局面？》鍾曉君 IEK Consulting

16. 《MMA：開啟元宇宙行銷時代》MMA Culture Group

17. 《元宇宙全球發展報告》Newzoo x 伽馬數據

18. 《探索元宇宙入口——AR/VR 頭戴裝置發展新契機》報告 鄭宜玲 電子時報

19. 《從認知到落地 元宇宙應用實踐 2022》報告 AWS 中國

20. 《元宇宙：人類的數位化生存，進入雛形探索期》報告 中國中信證券

21. 《Metaverse 元宇宙：遊戲系通往虛擬實境的方舟》報告 中國天風證券

22. 《元宇宙，下一個「生態級」科技主線》報告 中國華西證券

23. 《元宇宙：始於遊戲，不止於遊戲》報告 中國中信建投

24. 《利眾產業研究電子報 EP01》利眾公關股份有限公司

從穿戴運動健康到元宇宙，個人化的 AIoT 數位轉型

作　　者：裴有恆 / 沈乾龍
企劃編輯：江佳慧
文字編輯：江雅鈴
設計裝幀：張寶莉
發 行 人：廖文良

發 行 所：碁峰資訊股份有限公司
地　　址：台北市南港區三重路 66 號 7 樓之 6
電　　話：(02)2788-2408
傳　　真：(02)8192-4433
網　　站：www.gotop.com.tw
書　　號：AEN005400
版　　次：2022 年 09 月初版
建議售價：NT$450

國家圖書館出版品預行編目資料

從穿戴運動健康到元宇宙，個人化的 AIoT 數位轉型 / 裴有恆, 沈乾龍著. -- 初版. -- 臺北市：碁峰資訊, 2022.09
面；　公分
ISBN 978-626-324-290-6(平裝)
1.CST：物聯網　2.CST：人工智慧　3.CST：技術發展
448.7　　111013342

讀者服務

- 感謝您購買碁峰圖書，如果您對本書的內容或表達上有不清楚的地方或其他建議，請至碁峰網站：「聯絡我們」\「圖書問題」留下您所購買之書籍及問題。(請註明購買書籍之書號及書名，以及問題頁數，以便能儘快為您處理)
http://www.gotop.com.tw

- 售後服務僅限書籍本身內容，若是軟、硬體問題，請您直接與軟體廠商聯絡。

- 若於購買書籍後發現有破損、缺頁、裝訂錯誤之問題，請直接將書寄回更換，並註明您的姓名、連絡電話及地址，將有專人與您連絡補寄商品。